环境与健康的
主要研究进展与管理模式

于云江 等 编著

中国环境出版社 • 北京

图书在版编目（CIP）数据

环境与健康的主要研究进展与管理模式/于云江等编著.
—北京：中国环境出版社，2014.6
ISBN 978-7-5111-1585-0

Ⅰ. ①环… Ⅱ. ①于… Ⅲ. ①环境污染—影响—健康
Ⅳ. ①X503.1

中国版本图书馆 CIP 数据核字（2013）第 232137 号

出 版 人 王新程
责任编辑 葛 莉 安子莹
责任校对 尹 芳
封面设计 宋 瑞

出版发行 中国环境出版社
（100062 北京市东城区广渠门内大街 16 号）
网 址：http://www.cesp.com.cn
电子邮箱：bjgl@cesp.com.cn
联系电话：010-67112765（编辑管理部）
010-67113412（教材图书出版中心）
发行热线：010-67125803，010-67113405（传真）
印 刷 北京中科印刷有限公司
经 销 各地新华书店
版 次 2014 年 6 月第 1 版
印 次 2014 年 6 月第 1 次印刷
开 本 787×1092 1/16
印 张 13.25
字 数 320 千字
定 价 38.00 元

《环境与健康的主要研究进展与管理模式》

编著组主要成员

于云江　李　琴　孙　朋　杨　彦　张艳平

王　琼　王菲菲　王红梅　王先良　全占军

段小丽　聂　静　李　屹　赵秀阁　李良忠

高丹丹　叶　昊

序 言

自新中国成立以来，我国政府十分重视环境保护和人民群众的健康问题，在经济社会发展的不同阶段，为推进我国环境与健康工作发展，开展了有针对性的科学研究，采取了一系列措施，有效应对了出现的环境健康问题。在计划经济时代，我国工业规模较小，“三废”排放污染物的数量不大，环境污染对人群健康损害事件较少，这个阶段环境与健康工作主要集中在局部污染环境与人群健康事件的调查研究与处理上，同时也针对水体、土壤、大气中主要环境污染物的毒理作用和健康损害进行了初步探索。可以说，这个阶段无论是环境与健康的管理还是科学研究都处于起步阶段。

改革开放以来，我国经济社会发展取得了举世瞩目的成就，也付出了很大的资源环境代价。虽然在环境污染防治方面采取了许多积极的防治措施，但由于生产方式粗放，产业结构不合理，经济发展速度超过环境资源承载力，环境保护与经济发展严重不平衡，环境污染影响超过环境治理效应，因此，目前我国环境形势依然严峻，发达国家一两百年间逐步出现的环境问题在我国集中显现，呈现明显的结构型、压缩型、复合型特点，环境污染导致的人群健康损害事件频繁发生。当前我国环境状况总体恶化的趋势尚未得到根本改变，由长期环境污染造成的人群健康损害还有进一步加剧的趋势。因此，环境健康问题已经成为我国环境保护面临的非常紧迫的问题，也是制约我国社会进步、经济发展、环境保护、生态文明、人民幸福、社会稳定的“瓶颈”问题之一，着力加强环境与健康的科学研究与管理，对于实现环境管理从污染控制为主向污染控制与质量改善兼顾，最终实现环境与健康风险管理的转变十分必要。要转变经济发展方式，推动环境管理从总量控制走向质量控制，实现环境与健康风险防范的跨越式发展，就要科学评估经济活动对环境及健康带来的压力与风险，制定保护人群健康的环境标准和对策，因而，现阶段做好环境与健康风险评估的基础性技术保障工作具有重要的现实意义。

近年来特别是“十五”以来，我国政府在环境与健康的管理以及科学研究方面积极开展工作，逐步形成日趋完善的管理与科研体系。2007年环境保护部与卫生部共同牵头，联合十六个部委局制定并颁布了《国家环境与健康行动计划（2007—2015）》，该文件现已成为指导我国环境与健康工作的纲领性文件。此外，环保部制定的“环境与健康‘十二五’专项规划”又将环境与健康管理纳入环境保护部的日常工作，组织了一系列的基础研究和情况调查，在国家层面有力推动了环境与健康工作的深入开展；国家“十五”科技攻关计划、“十一五”科技支撑计划、环境保护部的环保公益专项中均设立了多项关于环境健康问题的科研项目，这些研究成果为我国环境与健康管理工作提供了科学依据，促进了环境与健康工作发展。

本书在广泛参考国内外文献资料基础上，首次对我国已开展的环境与健康相关工作成果进行了集成、总结，对不同环境介质中主要有毒有害物质在环境学、毒理学及流行病学等方面的研究成果进行了系统总结和概述，对广泛使用的环境污染的健康风险评价方法进行了阐述，对国际上主要环境与健康管理模式以及重要研究机构特点进行了综述，是一本集环境健康研究与管理的实用工具书，既可为我国环境与健康管理工作者提供参考，也可为该领域科研人员从事相关研究提供借鉴。相信本书的出版，将对提高我国环境健康的科学研究与管理水平发挥积极的作用。

环境与健康工作是关系人民身体健康和生命安全的重大民生问题，也是体现“以人为本、执政为民、关注民生”执政理念的重要方面，推动环保事业发展，保障人体健康是时代赋予我们环境科技工作者的神圣使命。我们期待广大环境与健康科研人员能够共同参与，就我国当前面临的环境健康问题展开深入研究，为解决我国环境和健康管理问题提供科技支撑，为实现天蓝、水清、地肥、人健康的美丽环境梦作出更大的贡献。

环境保护部科技标准司　胥树凡

二〇一四年一月

前　言

随着社会经济的快速发展，我国面临的环境污染形势日趋严峻。近年来，由环境污染导致的健康损害群体事件频发，防控环境污染引发的健康风险已成为我国环境与健康领域研究及管理工作的重中之重。

自新中国成立以来，我国的环境与健康工作由起步到发展，取得了一定的成果，但到目前为止，缺乏专门对这些工作系统总结的文献，为了使科研工作者和管理人员更好地了解和掌握我国环境与健康领域已取得的主要成果，避免重复工作，并为环境污染健康的管理与研究提供参考借鉴，有必要对环境与健康领域的研究成果进行系统的梳理和总结。

本书是在广泛查阅国内外关于环境污染物与健康方面文献资料的基础上，对我国已有的环境与健康相关工作成果进行系统梳理、归纳和深入凝练而形成的。本书对不同环境介质中主要有毒有害物质在环境学、毒理学以及流行病学等方面的研究成果进行了细致的归纳，并介绍了国际上环境污染的健康风险评价方法和国内外主要环境与健康管理模式以及研究机构。全书分为三篇，第一篇主要介绍了空气、水和土壤中主要污染物在环境学、毒理学及流行病学等方面的研究成果以及环境污染的健康风险评价方法；第二篇介绍了国内外环境与健康领域的主要研究机构和重点研究领域；第三篇介绍了发达国家（美国、欧盟、日本等）、发展中国家（印度、印尼、泰国等）、转型国家（俄罗斯）以及我国的环境与健康管理模式及其相关法律、法规体系。本书是一本集环境健康研究与管理的实用工具书，适于从事环境污染与健康研究的科研工作者阅读，也可供从事环境污染与健康管理的人员参考借鉴。

本书编著过程中得到环保部科技标准司胥树凡副巡视员、宛悦副调研员以及相关人员的鼎力支持，谨向他们表示衷心感谢。环境污染与健康领域涉及面宽泛，理论与实践发展迅速，很多新知识、新成果不断涌现，因此本书难以穷尽该领域方方面面，不免存在一些不足，恳请广大读者批评指正。

作者

二〇一四年一月

目　录

第三篇 国内外环境与健康管理介绍

第一篇

大气、水体、土壤环境污染与人群健康影响的相关研究

第1章　大气污染与人群健康

人类活动排出的污染物扩散到大气中，当这种污染物浓度超过大气自净能力时便构成大气污染，直接或间接地影响人体健康，如引起感官和生理机能的不适反应，产生亚临床和病理的改变，出现临床体征或存在潜在的遗传效应，发生急、慢性中毒或死亡等。1930年12月的比利时马斯河谷烟雾事件，1948年10月的美国多诺拉烟雾事件和1952年12月的英国伦敦烟雾事件都是由大气污染造成。随着现代工业化的发展，大气污染已不再局限于部分地区，而是逐渐波及全球。

大气污染物种类繁多、排放量大、污染范围广、危害严重，主要可分为化学性污染物、放射性污染物和生物性污染物三类。

1.1　化学性污染与人群健康

大气中的化学性污染物质主要来自煤和石油的燃烧，其中通过冶金、火力发电、石油化工和焦化等工业生产过程中排入大气的有害化学物质最多。近年来，随着汽车工业的发展，机动车尾气对人体健康的影响也越来越大。

目前最常见的大气污染物有：① 有害气体，包括二氧化硫（SO_2）、二氧化氮（NO_2）以及光化学氧化剂、硝酸雾和硫酸雾等；② 颗粒悬浮物，包括降尘、飘尘、石棉和无机金属粉尘等。

1.1.1　二氧化硫

SO_2在常温下为无色有刺激性气味的有毒气体，是我国大气主要污染物之一，同时也是我国“十五”、“十一五”和“十二五”期间重点控制的空气污染物之一。大气中的SO_2主要由人类活动产生，大部分来自煤和石油的燃烧以及石油炼制等。

SO_2被人体吸入后，会刺激人体的呼吸道，减弱呼吸功能，并导致呼吸道抵抗力下降，诱发呼吸道的各种炎症，危害人体健康。SO_2除能够直接引起呼吸道疾病外，其在体内生成的衍生物也会对肝、肾等造成不同程度的损伤，或产生全身毒性，严重时还会致人死亡。空气中硫的氧化物随雨水降下还会形成酸雨，酸化土壤和湖泊，直接破坏农作物、森林和草原，给生态系统以及农业、森林、水产资源等带来严重危害；同时，酸雨还会加速建筑物、桥梁、工业设备以及电信电缆等的腐蚀。

1.1.1.1 环境领域的主要研究成果

（1）二氧化硫污染溯源及现状调查

大量的研究表明，燃煤是我国空气污染的主要污染源之一。早在 20 世纪 80 年代，环保及卫生部门的专家就对我国 26 个城市的空气污染状况进行了系统调查，其中北京市 1980—1981 年市区 SO_2 日均浓度范围为 0.01～0.54 mg/m^3，超标率 31.71%，最大浓度超标 2.6 倍。同时大量的研究发现，各城市 SO_2 浓度呈明显的季节性变化，特别是在我国北方城市，冬季采暖期空气污染非常严重，如天津市在 2002—2005 年，SO_2 的年均浓度逐年升高，均超过国家二级标准，其采暖期 SO_2 平均浓度高于非采暖期浓度的 3 倍左右，主要是由于我国北方城市采用的小煤炉及锅炉等燃煤取暖，排放出大量的 SO_2，使得市区大气环境中的 SO_2 浓度变高。

我国工业化程度日益加深，钢铁工业的矿石冶炼、煤炭焦化及工业锅炉等排放的 SO_2 也不容忽视。如通过对安徽省马鞍山市能源结构、历年工业用煤量、SO_2 排放总量、酸雨发生频率、硫酸盐化速率等数据资料分析，发现该城市大气污染物 SO_2 主要来源于钢铁工业的矿石冶炼、煤炭焦化及工业锅炉等点源污染。随着能源结构的调整和治理力度的加大，我国部分城市的 SO_2 污染有所缓解，但仍有部分城市环境空气 SO_2 年平均浓度及日平均浓度超标，而且有不断升高的趋势。

世界卫生组织（WHO）推荐保护公众健康的 SO_2 指导值，24 h 平均浓度值为 0.1～0.15 mg/m^3，我国现行的《环境空气质量标准》（GB 3095—1996）和新发布的《环境空气质量标准》（GB 3095—2012）中规定的 SO_2 的日平均浓度一级和二级标准分别为 0.05 mg/m^3 和 0.15 mg/m^3，与国际接轨。

国外大气中 SO_2 大多来自于工业企业（如电厂）废气及机动车等，如美国排入大气中的 SO_2 65%来自于电厂（特别是燃煤电厂、冶金矿业等），另外大型机车、轮船和其他燃油设施也是 SO_2 的主要排放源。为了有效降低空气污染指数，提高空气质量，许多发达国家投入了大量的人力和物力。如美国政府于 1995 年启动的“降低 SO_2 及其他相关污染物排放的规划”; 2005 年又投入 1 000 亿美元启动了“清洁空气洲际章程”，用以解决由于 SO_2 污染带来的土壤酸化修复及名胜古迹维护等问题。近些年来国外许多发达国家的大气污染状况已经得到有效的控制，但部分发展中国家的环境污染状况依然不容乐观。

（2）环境检测分析方法

空气中 SO_2 的分析方法主要有化学分析法、仪器分析法和生物监测法。

化学分析法是以化学反应为基础的分析方法，主要是通过吸收剂将气体中的硫化物吸收固定，再用重量分析法、滴定分析法或气体分析法进行准确的定性和定量。目前，我国空气中 SO_2 的分析方法有《环境空气二氧化硫的测定　甲醛吸收—副玫瑰苯胺分光光度法》（HJ 482—2009）和《环境空气二氧化硫的测定　四氯汞盐吸收—副玫瑰苯胺分光光度法》（HJ 483—2009）。两种方法各有优缺点。甲醛吸收—副玫瑰苯胺分光光度法操作要求比较严格，测试结果的准确度受诸多因素（如主要试剂质量、显色温度和显色时间、溶液加入顺序、比色皿、空气采样器流量、采样温度、导气管的吸附等因素）的影响。四氯汞盐—盐酸副玫瑰苯胺比色法也有不足之处。例如，使用的药品多、器具多，偶然误差大，分析测定时间长，有些药品用后排放会污染环境等，但该方法操作简单，对仪器设备无特殊要求。

仪器分析法是化学学科的一个重要分支，它是以物质的物理和物理化学性质为基础建立起来的一种分析方法，是通过较特殊的仪器，对物质进行定性、定量以及形态的分析，比化学分析方法灵敏、快速、准确。气相色谱仪的出现标志着先进的总硫分析仪器的到来。我国色谱工作者经过近半个多世纪的技术研究，先后开发出了30多种通用或专用检测器，如热导检测器（常量分析）、氢火焰离子化检测器（微量分析）、电子捕获检测器和火焰光度检测器（微量专用分析），同时研制的色谱分离柱对气体中各种硫化物的分离也达到了较高水平。例如，使用TCD热导检测器，利用柱填充物为GDX104或401固定相，就可以分析常量的H_2S、SO_2、CS_2等硫化物；利用FID氢火焰离子化检测器，色谱柱为GDX和TCP柱，就可以分析微量的H_2S、SF_6、SO_2、CS_2、甲硫醚[$(CH_3)_2S$]、乙硫醇（C_2H_5SH）、噻酚（C_4H_4S）等气态硫化物。当GC—MS联用后，对于各种含硫气体，都可以很好地在此类仪器上定性定量分析，并总结出一些色谱保留指数及色谱图编入相关文献，人们可以根据科学生产或实验的实际情况，随时查验有关数据，所以色谱分析已经成为现在应用最广的仪器分析方法。利用离子色谱法分析空气中SO_2，方法简便、灵敏、快速、准确，其主要是利用氧化反应将SO_2转化为H_2SO_4，利用离子色谱测定SO_4^{2-}含量进而计算出空气中SO_2的含量。基于以上研究成果，人们探讨并发明了应用于人体健康效应研究的被动式个体采样器，大量的研究发现用被动式个体采样器采样检测的结果与国家标准方法采样测定的结果差异无统计学意义。王心宇等探讨了用被动式个体采样器进行空气质量检测的可行性，在北京的城区和郊区各选择10户家庭，用被动式个体采样器采样，并用离子色谱法测定室内外空气中的NO_2和SO_2浓度，结果显示，国标法测定的SO_2和NO_2浓度均比被动式个体采样器测定的结果略高，但差异无统计学意义。因此被动式个体采样器现已被广泛应用于污染所致健康效应的研究工作中。

生物检测法是根据生物个体、种群或群落对环境污染或变化所产生的反应来阐明环境污染状况的检测方法。大量的研究表明，许多植物（如树种）叶片中硫含量与空气SO_2污染的程度有明显的正相关性。张金恒等对某钢铁企业内的当年生桂花叶片进行采集，测试叶片光谱反射率、叶液pH、叶片含硫量等，研究生长在SO_2污染环境下桂花叶片光谱的变化以及相应的部分生理生化指标的变化，结果显示叶片含硫量的变化随着大气SO_2浓度的增加或者减小而相应地增加或者减小。因此，许多科研人员探索除了利用分析仪器对空气中的SO_2进行监测外，也在研究利用某些植物作为其监测物种，如某些对SO_2极为敏感的附生苔藓类植物和绿化树种等。H.M.Andre等通过对某些植物的研究，建立了相应的剂量-反应关系模型，对大气中SO_2的浓度进行定量监测。

1.1.1.2 毒理学领域的主要研究成果

目前，对SO_2的毒理研究报道主要集中在它所引起的生化指标的改变、遗传毒性、氧化应激及DNA损伤等方面。

SO_2进入人体后，在体内很快与水结合，在呼吸道中产生硫磺酸，硫磺酸分解产生其衍生物亚硫酸氢盐（HSO_3^-）和亚硫酸盐（SO_3^{2-}），亚硫酸氢盐和亚硫酸盐可进入血液或其他体液。国内外的研究均表明，SO_2及其衍生物除了导致呼吸系统的损害外，对肝、肾等器官均可造成不同程度的损伤，甚至引发全身毒性。如孟紫强等研究指出，SO_2是一种全身性毒物，对肝、肺、肾、心、脾、脑等多种器官均可产生氧化应激损害。国内有研究表明：SO_2是基因毒性因子和染色体断裂剂，接触SO_2污染的工人其外周血淋巴细胞染色体畸变（CA）、姊妹染色单体交换（SCE）和微核（MN）率均显著增高。SO_2对小鼠脑、心、肾、睾丸超微结构的影响研究也为SO_2是一种全身性有毒因子的观点提供了病理学证据。国外通过对脑、肺、心、肝、肾组织中 GST 和 G-6-PD 活性以及 GSH 含量的对比研究发现：SO_2吸入可使谷胱甘肽氧化还原系统中的关键性酶 GST 和 G-6-PD 活性发生显著降低，可使抗氧化物质 GSH 含量显著下降，而脂质过氧化物 TBARS 则显著升高，最终使谷胱甘肽氧化还原系统发生大的变化，可引起多种器官组织发生氧化损伤。同时研究还发现：肾脏可能是SO_2氧化损伤毒性作用的重要靶器官之一，而脂质过氧化作用可能是SO_2肾脏毒性的机制之一。

（1）SO_2与呼吸系统疾病

SO_2对呼吸系统的损害主要是抑制了肺泡巨噬细胞合成细胞因子如肿瘤坏死因子、白细胞介素、转化生长因子等的能力，从而降低其清除异物的功能。当SO_2进入人体后，首先会对呼吸道产生损害，刺激人们的呼吸道，减弱呼吸功能，并导致呼吸道抵抗力下降，诱发呼吸道的各种炎症，危害人体健康。因此，SO_2的产生、迁移以及清除和净化一直是人们关注和研究的课题。

吸入SO_2最主要的生理反应是轻度的气管收缩，但长期接触SO_2可削弱或破坏呼吸系统的免疫功能和防御能力，诱发各种呼吸道炎症反应，高浓度SO_2将降低肺功能。SO_2在体内的衍生物SO_3^{2-}与哮喘的发作有关，尤其对于敏感个体（儿童和哮喘患者）。轻度哮喘患者暴露于浓度高于 0.75 mg/m^3 的SO_2中 10 min 即能引起短暂的呼吸困难。Bemstein 等通过流行病学调查显示SO_2单独或与其他污染颗粒一起可引起支气管收缩，增加呼吸道疾病（如哮喘、肺癌等）的发病率。在SO_2致呼吸系统疾病的研究过程中发现颗粒物、氮氧化物与SO_2有协同致病作用。

肖纯凌等就大气污染物对呼吸系统的影响开展了大量研究，通过对大鼠肺细胞毒性及病理学改变的研究发现：SO_2可引起大鼠气管纤毛的摆动功能减弱及丧失，导致其排出功能障碍，同时还可导致肺组织发生急性炎症，呼吸面积极度变小，并有早期硬化改变。

（2）SO_2与心血管系统疾病

流行病学资料显示SO_2与心血管系统疾病也有关。长期接触SO_2可增加心血管疾病（如心律失常、缺血性心脏疾病、肺心病等）的风险和死亡率。目前认为SO_2及其衍生物主要是通过电压门控钙通道增加了细胞内的钙离子浓度，通过电压门控钾通道增加细胞外钾离子浓度造成心肌细胞的损伤。此外，SO_2也可影响脂质代谢。Kueukatay 等报道吸入SO_2的小鼠脂质过氧化反应增强，各组织器官抗氧化酶如超氧化物歧化酶（SOD）、谷胱甘肽过氧化物酶（GSH-Px）等显著改变。而且，吸入SO_2可通过氧化应激损伤促进或加剧原发疾病的进展。

（3）SO_2的生殖毒性

美国科学家采用SO_2衍生物亚硫酸钠和亚硫酸氢钠（二者的物质的量之比为 3∶1）腹腔注射的方法，研究其对雄性小鼠生殖细胞的遗传毒性，结果表明：SO_2衍生物可引起小鼠精子数量尤其是正常活动度精子数量减少，引起不活动精子数量增加，且呈剂量—效应关系；SO_2衍生物可引起多种类型的精子畸形增加，尤其可引起不定形畸变精子的频率显著增加，总精子畸变率随染毒剂量的增加而呈剂量依赖性增高。由此推论，SO_2 污染有一定的雄性生殖毒性。

（4）SO_2 的神经毒性

桑楠等利用全细胞膜片钳技术研究了 SO_2 代谢衍生物——$NaHSO_3$ 和 Na_2SO_3（二者分子比为 1∶3）对大鼠海马 CA_1 区神经元瞬间外向钾电流（I_A）和延迟整流钾电流（I_K）的影响，研究发现：SO_2 代谢衍生物对大鼠海马神经元电压依赖性外向钾电流的增大作用，可导致神经元细胞内 K^+ 通过 K^+ 通道的外流增加，使得细胞内 K^+ 浓度降低，造成中枢神经系统损伤。

（5）SO_2 的“三致”效应

我国许多学者致力于 SO_2“三致”效应的研究。孟紫强等采用 SO_2 吸入染毒法就大气污染物中 SO_2 的遗传毒理效应进行了研究，研究发现：短期与长期 SO_2 吸入均可引起小鼠骨髓 PCE 细胞核率和微核细胞率显著升高，且有明确的剂量—效应关系，随着吸入 SO_2 浓度的增高，细胞遗传物质损伤加重，单微核细胞率和双微核细胞率均显著升高；SO_2 气体还可抑制小鼠骨髓细胞分型，引起染色体畸变；说明空气污染物 SO_2 是哺乳类细胞染色体断裂剂和基因毒性因子。研究还发现，长期接触环境低浓度 SO_2 污染，有引起人体细胞遗传物质损伤的潜在危险，并可能加剧某些疾病的发生与发展。陈娟等探讨空气中 SO_2 对人体的危害及相关问题发现，SO_2 可以加强致癌物苯并[*a*]芘（B[*a*]P）的致癌作用，在 SO_2 和苯并[*a*]芘的联合作用下，动物肺癌的发病率高于单个因子的发病率，在短期内即可诱发肺部扁平细胞癌。

1.1.1.3　流行病学领域的主要研究成果

空气污染所致健康危害是通过长期反复接触产生的累积作用，危害程度不仅取决于环境污染因子的暴露水平，还与人群暴露时间和人群的敏感性等有关。北京、沈阳等大城市曾被列入世界十大污染城市之中，中国城市空气污染已明显引起了公共健康效应和经济损失。研究人员对太原市大气污染对公众健康的危害进行了探讨，研究发现：太原市空气污染物中的致癌化学污染物主要为砷（As）和 B[*a*]P；非致癌化学污染物主要为 SO_2。本课题组探讨了兰州市大气主要污染物污染对人群健康的影响，利用环境空气质量指数法对区域大气污染状况进行了评价，结果显示：颗粒物的 IAQI（空气质量分指数）普遍高于 SO_2，并且颗粒物粒径越小，对人体健康的危害越大。同时国外大量研究表明，SO_2 能够对人体的多个组织和器官造成较为严重的健康损害。

作为主要的空气污染物之一，SO_2 流行病学研究一直被关注和重视，其流行病学研究成果主要体现在以下几个方面：

（1）SO_2 与死亡率

SO_2 对人群健康的流行病学研究报道最多的是对人群死亡率的影响。

香港从 1990 年起限制使用含硫量超过 0.5%的燃料，有研究评估了该控制政策对心肺疾病死亡率和总死亡率的影响，结果表明：控制政策出台后，年平均死亡率明显下降，其中总死亡率、呼吸系统疾病死亡率和心血管疾病死亡率下降分别为 2.1%、3.9%和 2.0%，说明 SO_2 对死亡率尤其是呼吸系统和心血管死亡率有较大影响。

PM_{10}、$PM_{2.5}$、NO_2 和 SO_2 的日均水平与呼吸系统疾病和心脏疾病死亡率的上升有关。其中，SO_2 是唯一单独与总死亡率有显著相关的污染物。在巴西圣保罗的研究发现，空气污染物浓度同心肌梗塞死亡日门诊量显著相关，但 SO_2 表现出最强的统计显著性。在亚洲公众健康和空气污染研究中也发现，SO_2 与日死亡率有相关性，当 SO_2 的两天平均浓度增高 10 μg/m^3 时，日总死亡率、呼吸系统死亡率和心血管死亡率分别会增高 1.00%、1.09% 和 1.47%；在排除 PM_{10} 和 O_3 后，SO_2 依然与日死亡率相关。有学者研究了英国 10 个城市室外空气污染同婴儿死亡率关系后，发现婴儿死亡率虽和一般空气污染物相关性小，但 SO_2 却除外，SO_2 浓度增加 10 μg/m^3，婴儿死亡率增加 1.02%。

国内也有关于 SO_2 与死亡率关系的报道，关于重庆 $PM_{2.5}$ 和 SO_2 与日死亡率关系的研究发现，当日均 SO_2 浓度增高 100 μg/m^3 时，每日总死亡率的相对风险在第二天和第三天达到最高，呼吸系统死亡率的相对风险第二天为 1.11，第三天为 1.20；心血管死亡率的相对风险第二天为 1.10；在排除了 $PM_{2.5}$ 的影响后，SO_2 对呼吸系统和心血管死亡率的风险依然存在。

（2）SO_2 对呼吸系统健康的影响

当短期暴露于高浓度 SO_2 中时能够导致哮喘病人呼吸困难，长期暴露能够导致人体呼吸系统疾病，特别是对儿童和老人，可同时增加心血管系统疾病的负担。空气 SO_2 污染与成人（男、女）感冒时咳嗽、咳痰呈显著正相关。SO_2 已经成为呼吸科、急诊科、儿科日门诊量的显著性预测因子。

有研究表明，长期暴露于这些以 SO_2 为主的空气污染物中的交警人员，其经常咳嗽、经常吐痰、感冒时咳嗽、感冒时吐痰、眼睛不适、咽喉不适及过度疲劳的阳性率均明显高于内勤人员，在各种呼吸道症状中，咽喉不适的阳性率最高。道路空气污染使交警人员患呼吸道病症的风险性明显增大，即使 SO_2 浓度未超过国家卫生标准，但长期接触低浓度 SO_2 者眼部、鼻部、咽部不适感明显高于对照组，慢性鼻炎、慢性咽炎、胸部 X 线异常检出率也高于对照组，说明长期接触低浓度 SO_2 可引起慢性支气管炎、慢性鼻咽炎等上呼吸道损害，慢性呼吸道损害发生率随着工龄的增加而升高。有学者对由于 2000 年火山气体喷发被迫离岛，在 2005 年重返 Miyake 岛两年后居民的呼吸系统健康状况以及 SO_2 浓度时间和区域变化进行了研究，发现该地居民肺功能虽然未受影响，但咳嗽和类支气管炎症状却明显增高，表明 SO_2 暴露和呼吸系统疾病有相关性。

此外，大量的流行病学调查说明了 SO_2 污染已对儿童呼吸系统健康产生影响。国内有人对唐山市部分 7～15 岁儿童的局部非特异免疫功能和肺功能进行检测并开展了问卷调查，发现空气污染尤其室外空气污染可导致儿童局部非特异免疫功能及肺通气功能降低；此外，SO_2 浓度与儿童感冒时气喘有显著的正相关。对太原市的空气污染与儿童医院日门诊量的相关性研究发现，空气污染物 SO_2 浓度与儿童医院内科日门诊量之间相关。也有报道显示：冬天太原市小学生哮喘症同室内外的空气污染尤其是 SO_2、NO_2 和甲醛极其相关。魏复盛院士负责的中美科技合作项目“空气污染对儿童肺功能影响研究”，于 1993—1997 年在兰州、重庆、广州和武汉 4 个城市，8 所小学中的 7～12 岁儿童的家庭室内环境、家庭成员健康状况进行问卷调查，累计调查 7 900 人，并在校内进行了两年空气质量监测；监测结果显示：8 所小学的室外环境均未达到国家二级空气质量标准；儿童呼吸系统疾病（感冒时咳嗽、咳痰、气喘、哮喘和支气管炎）的患病率与空气污染呈显著正相关，已产生轻度至高度有害的影响，污染因子中以 $PM_{2.5}$、PM_{10} 影响最大，而 SO_2、NO_x 的影响相对较轻。国外也有研究表明，短期 SO_2 暴露也可促进儿童哮喘症发作。

（3）SO_2与其他疾病

以煤炭、液化气为燃料所引起的室内空气污染（主要为 SO_2 和 NO_2）可引起烹调人员血清生化指标异常。在进行室内空气污染与健康关系研究中，血清唾液酸（SA）、SOD、GSH-Px 可作为早期人群监护的灵敏指标。关于加拿大温哥华地区医院急诊科偏头痛门诊量同 SO_2 暴露的相关性研究中发现，在寒冷季节当 SO_2 水平四分位数间距增加 1.9 ppm 时，急诊病人增加 16.8%，且 SO_2 同偏头痛有相关性，目前国内的此类报道还不多见。此外，Luiz Fernando C.等发现，空气污染物中 SO_2 和 O_3 是导致婴儿低出生体重的风险因子，其风险模型的回归方程为$\pi(x) = -1.79 + 1.30(SO_2) + 1.26(O_3)$。

1.1.2　氮氧化物（NO_x）

氮氧化物（NO_x）种类很多，包括一氧化氮（NO）、二氧化氮（NO_2）和一氧化二氮（N_2O，又称笑气）等。造成大气污染的 NO_x 主要是 NO 和 NO_2，因此环境学中的 NO_x 一般指这二者的总称。NO_x 不仅是光化学烟雾的主要成分，也是形成酸雨的重要物质。NO_2 不易溶于水，进入人体呼吸系统后可侵入肺部深层，然后缓慢转变为硝酸，产生刺激和腐蚀作用引起肺水肿，NO_2 对人肺的毒性比 SO_2 更剧烈；NO 对血红素有极强的亲和力，当 NO 和血红蛋白结合后，可使血红蛋白失去输氧能力，导致人体内缺氧。

1.1.2.1　环境领域的主要研究成果

就全球来看，空气中的 NO_x 主要来源于天然源（如火山爆发和森林失火等），但城市大气中的 NO_x 大多来自于各种燃料在高温下的燃烧以及硝酸、氮肥、炸药和染料等的生产过程，尤以燃料燃烧排出废气造成的污染最为严重。在燃料燃烧排出的废气中，天然气燃烧产生的 NO_x 量为 6.35 kg/t；石油为 9.1～12.3 kg/t；煤为 8～9 kg/t。据 20 世纪 80 年代初的研究估计，全世界每年由于人类活动向大气排放 NO_x 约为 5 300 万 t。

（1）溯源调查及现状

NO_x 是大气污染的重要来源之一，其毒性大，对农作物及人体健康都有严重影响。理清它的来源，测量并控制它的排放量，对环境保护有十分重要的意义。大气中 NO_x 的两种来源为人为源和自然源，自然来源主要是由于火山喷发和土壤中反硝化细菌的活动造成的，同时植物也是氮氧化物的释放源之一，有研究发现，作物 NO_x 的释放量约占其总量的 11.2%。人为污染主要来自各种燃料的燃烧，例如，热电厂和汽车排出的废气中含有大量 NO_x。另外硝酸、氮肥、炸药、染料等生产，以及金属酸洗、金属焊接和某些有机化工生产也排出 NO_x。

NO_x 是不稳定的气体混合物，主要成分为 NO 和 NO_2，NO 在空气中很快变成 NO_2。分散于大气中的 NO_x（NO_2）在阳光紫外线的照射下，放出氧原子并与空气中氧结合成为臭氧。NO_2 是机动车尾气排放的 NO 在空气中氧化后形成的二次污染物，因白天的气温较高，更有利于 NO 的转化，所以 NO_2 的浓度在昼间较高，同时交通道路两侧的浓度明显高于城市其他区域。

监测表明，近年来我国一些大城市的空气 NO_x 浓度超标，NO_x 的环境容量已基本处于饱和状态，一些地方甚至产生光化学烟雾现象，NO_x 已成为部分大城市空气中的主要污染物。2002 年我国《室内空气质量标准》（GB/T 18883—2002）已将 SO_2 和 NO_2 列入室内空气监测指标。

1）机动车尾气

机动车尾气是城市大气中 NO_x 的主要来源之一。“十一五”期间，我国机动车保有量呈快速增长态势，由 1.18 亿辆增加到 1.9 亿辆，平均每年增长 10%。其中，汽车保有量由 3 088 万辆增加到 7 721.7 万辆，增加了 150%。2010 年，全国机动车排放污染物为 5 226.8 万 t，其中汽车排放的 NO_x 和颗粒物超过 85%，汽车尾气成为空气污染重要来源。有研究发现在交通干线周围学校学生的 NO_x 暴露量明显高于其他地方学生。天津市 2002 年的监测数据表明：各交通干线路口 NO_x 浓度值全部超过国家日均二级标准，高出城区各功能区浓度值数倍，高的竟达 8 倍以上。深圳市的空气质量监测结果也显示：2002—2004 年，空气 NO_x 的浓度呈上升趋势，甚至有的监控点位氮氧化物的浓度已经超出了三级标准，从 2005 年开始，各监控点位的 NO_x 浓度均有不同程度的下降，但随着机动车保有量的不断增加，其污染形势仍不容乐观。

2）燃料燃烧

燃料的燃烧也是 NO_x 主要来源之一。煤、重油等在炉内燃烧时，燃料中的氮和空气中的氮氧化生成 NO_x，从烟囱中排出，尤其是在高温情况下燃烧会生成更多的 NO_x。天然气、液化石油气和蜂窝煤 3 种燃料的气态燃烧产物（SO_2、NO_2、CO、甲醛）中，均以 CO 和 NO_2 的排放量最高，在相同日均用量下，石油的 NO_2 排放量远高于天然气和煤。

3）工业企业废气

很多工业企业废气中都有氮氧化物。例如，黄金及其他贵金属湿法冶炼过程硝酸分银、王水分金工艺中会产生大量的 NO_x 气体，电站锅炉排烟中也含有 NO_x、SO_2。西方发达国家比我们早数十年就面临大气 NO_x 污染的问题，有计划和针对性的研究开展得较早，控制对策施行更早，其中有很多经验值得我们借鉴。目前，NO_x 和光化学烟雾问题已上升为日本大气污染的主要问题，针对 NO_x 不同的发生源，日本分别采取了相应的控制对策。

（2）主要监测分析方法

大气中 NO_x 含量的确定对评价大气环境质量好坏非常重要。当气体中 NO_x 的浓度相对较高，且基体干扰不严重时，可用仪器直接测定，这一类主要应用于工业装置烟气中的 NO_x 测定。当气体中 NO_x 的浓度比较低或者基体干扰比较严重时，需采用一定的前处理手段对气体样品中的 NO_x 进行富集或排除干扰，达到仪器的测定范围后再进行测定，这一类主要集中在大气中 NO_x 的测定。NO_x 的监测分析方法有分光光度法、滴定法、色谱法、化学发光法和化学传感器法等。

分光光度法是目前国家环境标准监测分析方法中主要采用的方法，该方法是通过测定被测物质在特定波长处或一定波长范围内光的吸收度对该物质进行定性和定量分析的方法。现行标准《环境空气 氮氧化物（一氧化氮和二氧化氮）的测定 盐酸萘乙二胺分光光度法》（HJ 479—2009）、《固定污染源排气中氮氧化物的测定 盐酸萘乙二胺分光光度法》（HJ/T 43—1999）、《固定污染源排气中氮氧化物的测定 紫外分光光度法》（HJ/T 42—1999）都是采用分光光度法测定 NO_x。2013 年发布的《固定污染源排气 氮氧化物的测定 酸碱滴定法》，规范了火炸药生产企业污染源 NO_x 的监测方法。

20 世纪六七十年代，气相色谱法（GC）用于气体中 NO_x 分离检测工作的研究比较多。但由于 NO_x 的活性高（需进行脱活处理），吸附性强，对 GC 进样系统要求较高，且在 O_2

存在的情况下同时分析气体中 NO 和 NO_2 没有合适的固定相，以及常用于气体检测的热导检测器（TCD）对 NO_x 的检测灵敏度不高，因此，这几种情况都制约了 GC 在气体中 NO_x 分析方面的广泛应用。

在复杂试样分析中采用分离、测定相结合的方法发展迅猛。离子色谱法灵敏度高、分析速度快，能实现多种离子的同时分离，是一种有效的分离检测方法。有学者采用含 0.9% H_2O_2 的淋洗液为吸收液，使大气中的 NO_x 全部氧化转变为硝酸根后，用离子色谱法测定，方法简便快速、灵敏、准确，无二次污染。

化学发光法主要是基于 NO 的光化学性质，含氮化合物将转化为 NO 后进行测定。化学发光法测定 NO_x 具有灵敏度高、反应速度快和选择性比较好等特点，多用于气体中 NO_x 的自动监测。但该方法受水分干扰在化学发光时会发生猝灭，对测定值有负影响。当气体中存在 SO_2 时也会产生干扰。一些仪器研发公司开发出可以配在 GC 上使用的化学发光检测器，目前已经有成熟的 GC—氮化学发光检测器（CLND），它结合了 GC 的分离特性和化学发光法的高选择性、高含氮化合物的检测灵敏度特点，可用来测定各种基体中的含氮化合物。虽然目前没有看到使用 GC—CLND 分析气体中 NO_x 方面的资料，但是，它的出现使得用 GC 同时测定气体或复杂基体中微量 NO 和 NO_2 成为可能。近年来用非分散红外分析法（NDIR）和傅立叶变换红外分析技术测定烟气中的 NO 的方法也被广泛使用，该法取样方便，可以进行实时分析。

除以上传统监测方法外，化学传感法也应用于 NO_x 的测定，根据测定原理的不同，NO_x 化学传感器主要有声表面波 NO_x 化学传感器、NO_x 光纤化学传感器、半导体 NO_x 化学传感器和 NO_x 电化学传感器等。

1.1.2.2　毒理学领域的主要研究成果

NO_x 与空气中的水结合最终会转化成硝酸和硝酸盐，硝酸是酸雨形成的原因之一；它与其他污染物在一定条件下能产生光化学烟雾污染，降低可见度，对人体的视觉器官和呼吸道有强烈刺激作用，同时也可以对机体的其他组织、器官等造成损害。

（1）氮氧化物对呼吸系统的影响

大气中的 NO_x 对人体健康造成的损害是直接的，肺部受到刺激，使人较难抵抗感冒之类的呼吸系统疾病。呼吸系统有问题的人士如哮喘病患者，较易受 NO_x 影响，长期吸入 NO_x 可能会导致肺部构造改变。对儿童来说，NO_x 可能会造成肺部发育受损。

NO_x 中 NO 毒性虽然较低，但是它易被氧化为 NO_2。NO_2 毒性较大，刺激性强，吸入后可直接到达细支气管和肺泡组织，其中 80%～90%可被肺脏吸收，进入肺循环后，与红细胞相互作用被氧化为 NO_3^-。当大气中的 NO_2 达到 5 mL/m^3 左右，就会对哮喘者有影响；在 20 mL/m^3 左右，一般人虽然没有自我感觉，但会通过呼吸逐渐侵入肺部，严重损坏肺功能；在 100～150 mL/m^3 之下连续呼吸 30～60 min，就会使人陷入危险状态。NO_2 急性中毒常发生肺水肿，主要表现为呼吸困难、紫绀、胸疼、咳嗽、发热、哮喘、头痛、无力、昏迷及血压下降等症状。NO_2 慢性中毒可使机体免疫力下降，使肺部易发生感染。

NO_2 本身是一种自由基，它能直接作用于多种不饱和脂肪酸的乙烯基产生自由基，启动自由基链式反应，引发肺组织细胞膜脂质过氧化；它能影响谷胱甘肽过氧化物酶，超氧化物歧化酶等抗氧化酶的活性；此外，高浓度的 NO_2 能导致前列环素-血栓烷素平衡的失调。临床实验已经证实，两者平衡的失调是引发肺动脉高压、支气管哮喘、慢性支气管炎及败血症引起的肺损伤等许多肺疾病发生和加重的主要因素。目前，尽管对 NO_2 的毒性作用实验研究开展很广泛，但大多局限于动物实验方面的研究，尚难推广到人群用于 NO_2 的健康效应评价。陈大方等观察了大鼠暴露在低浓度 NO_2 条件下其肺脂质过氧化、抗氧化酶及花生四烯酸代谢的变化，探讨了大鼠肺损伤与抗损伤的关系，为寻找评价 NO_2 对人群健康影响的早期、灵敏又便于取材的生化指标提供了实验依据。

（2）氮氧化物的“三致”效应

1）致突变性

许多学者开展了 NO_x 的致突变性研究，多数研究显示 NO_x 具有致突变性。例如，有研究用气体暴露染毒法进行实验，NO_2 浓度为 1.28～18.8 mg/m^3 暴露 40 min 或 18.8～28.2 mg/m^3 暴露 6 h 皆可诱发沙门菌 TA100 菌株基因突变。Kosaka 等将 NO_2 气体（浓度为 18.8～169.2 mg/m^3）通入 TA100 细菌悬液 30 min，基因突变实验结果显示阴性；但是，SOS 实验却获得阳性结果，说明 NO_2 气体对该菌 DNA 有损伤作用。另有研究用埃希大肠杆菌检测 NO_2 的致突变性，同样使用细菌悬液曝气法，NO_2 浓度为 169.2 mg/m^3，曝气 30 min，结果诱发基因突变和 SOS 修复。利用枯草杆菌进行实验，NO_2 的浓度为 940 mg/m^3，暴露 2～3 h，结果亦诱发了基因突变。哺乳动物细胞实验检测结果也显示 NO_2 可诱发哺乳动物细胞 DNA 断裂、染色体畸变、SCE 频率升高。Gorsdorf 等将体外培养的中国仓鼠 V79 细胞用 Hank’s 盐溶液漂洗，然后暴露于含有 NO_2 18.8 mg/m^3 的染毒柜中，持续 20 min 后，用碱洗法检测 DNA，结果表明，NO_2 可诱发 DNA 单股断裂。Tsuda 等将中国仓鼠 V79 细胞暴露于 18.8～188 mg/m^3 的 NO_2 染毒柜中持续 10 min，结果诱发染色体畸变和 SCE 率升高。Shiraishi 等将漂洗过的 V79 细胞暴露于含有 1.88～15.04 mg/m^3 的 NO_2 转鼓中 2 h，有同样效果。Isomura 等将 SD 大鼠暴露于 15.04～50.76 mg/m^3 的 NO_2 中，3 h 后将大鼠肺剪碎，经胶原酶处理，获得肺细胞悬液，置入含哇巴因的培养基中进行原代细胞培养，结果显示肺细胞发生哇巴因抗突变，其突变率随 NO_2 浓度升高而上升。紫露草微核实验和雄蕊毛突变实验结果亦显示 NO_2 具有致突变性，当 NO_2 浓度为 9.4 mg/m^3 染毒 24 h，94 mg/m^3 染毒 24 h，9.4 mg/m^3 染毒 6 h，94 mg/m^3 染毒 6 h，均能诱发花粉微核率升高，并诱发雄蕊毛突变。

NO 的遗传毒性较 NO_2 低，但是遗传毒性相似。有研究用沙门菌检测，NO 浓度为 47～56.4 mg/m^3，暴露 40 min，可诱发 TA100 菌株基因突变，但是 SOS 实验结果显示阴性。哺乳动物细胞体外实验的结果表明，NO 可诱发仓鼠 Don 细胞 8-氮杂鸟嘌呤抗性突变。利用人体淋巴细胞进行基因突变实验，结果发现 NO 可诱发 TK 座位和 HGPRT 座位基因突变，且能诱发 DNA 单股断裂。另外，也有研究报道当 NO 的浓度为 15.04～50.76 mg/m^3，染毒 3 h 时，大鼠肺细胞可发生哇巴因抗性突变。但也有一些致突变性研究结果显示阴性的报道。Isomuri 等将中国仓鼠 Don 细胞用 Hank’s 盐溶液漂洗，然后暴露于含有 3.76～5.64 mg/m^3 的 NO_2 染毒柜中持续 10 min，然后用新鲜的培养液孵育 48 h，移入含 8-氮杂鸟嘌呤的培养基中培养 12～14 d，结果未发现 8-氮杂鸟嘌呤抗性突变。Gooch 等和 Victori 等用小鼠实验结果显示，NO_2 浓度为 0.188～18.8 mg/m^3，染毒 6 h 的情况下，未发现淋巴细胞和精细胞染色体畸变；NO_2 浓度为 37.6 mg/m^3 染毒 23 h，亦未发现骨髓微核率升高。利用果蝇进行隐形致死实验和体细胞突变实验，结果均为阴性。除此以外，Gors-dorf 等用中国仓鼠 V79

细胞实验，结果也未发现 NO 导致 DNA 链断裂。

2）致癌性

目前对 NO 和 NO_2 致癌性研究结果尚不能明确其致癌性。动物实验结果表明，NO_2 具有促癌作用，而且能加速动物体内的肿瘤细胞发生转移和扩散。Adkins 等用 A/J 小鼠进行 NO_2 致癌实验，实验分成 3 组，以 NO_2 吸入染毒，NO_2 浓度分别为 1.88 mg/m^3、9.4 mg/m^3 和 18.8 mg/m^3，每天染毒 6 h，每周 5 天，共 6 个月，结果 18.8 mg/m^3 NO_2 染毒组动物肺腺瘤发生率升高（P<0.05）。Wagner 等用 CAF1/Jax 小鼠（此小鼠对肺肿瘤较敏感）进行致癌实验，采用吸入染毒，NO_2 浓度为 9.4 mg/m^3，染毒期分别为 12 个、14 个和 16 个月，实验结果发现染毒 12 个月的动物肺肿瘤发生率升高，但染毒 14 个和 16 个月者未见升高。Sagai 和 Ichinose 用 Wistar 大鼠研究了 NO_2 和 O_3 的联合致癌作用，一组大鼠吸入 0.075 mg/m^3 NO_2 和 0.098 mg/m^3 O_3 22 个月，另一组大鼠吸入 0.075 mg/m^3 NO_2 22 个月，结果发现前组 18 只大鼠中有两只发生肺腺癌，后组只有一只大鼠发生肺腺癌；该作者曾用同种动物进行过 NO_2 致癌实验，单纯吸入 NO_2（浓度为 0.075～7.52 mg/m^3）的大鼠未发生肺肿瘤。Henschler 和 Ross 将 NM-RI 小鼠暴露于 75.2 mg/m^3NO_2 中 12 个月；另外，将金黄色仓鼠暴露于 75.2 mg/m^3 NO_2 和 37.6 mg/m^3 NO 中 16 个月，结果显示动物肺脏发生肺腺瘤，支气管上皮组织化生，但未见恶性肿瘤发生率升高。Richter 及其同事对 NO_2 促进癌瘤转移和扩散的作用进行过广泛的研究，结果认为：NO_2 具有促进癌转移的作用，他们给 C57BL/J6 小鼠吸入 0.564～1.504 mg/m^3 NO_2 共 12 周，然后给动物注射黑色素瘤细胞，实验结果显示，NO_2 染毒组的动物发生瘤细胞肺转移者明显超过对照组，且死亡时间也明显提前。其促进癌瘤转移和扩散的作用机理可能是因为 NO_2 对肺毛细管内皮组织损伤、微小血栓的形成，以及免疫功能障碍等因素所致。此外，Ichinose 和 Sagai 等在研究 NO_2 和 O_3 的联合致癌作用时，也发现联合染毒组的动物肺肿瘤发生率比单纯注射双（2-羟基丙基）亚硝胺的动物明显增高。

（3）氮氧化物与大气污染物的联合作用

NO_x 在一定条件下可以和碳氢化合物一起形成光化学烟雾。光化学烟雾能够刺激眼、鼻、喉，引起红眼病，造成农作物和其他植物的损害以及降低大气的能见度。

NO_2 与大气污染物中的多环芳烃、烯烃及烷烃反应，可形成硝基或亚硝基化合物。在无光线作用的情况下，1.88 mg/m^3 的 NO_2 与苯并[a]芘作用 24 h，或 18.8 mg/m^3 NO_2 与芘、菲、芴、䓛、咔唑或荧蒽作用 24 h，皆可生成硝基芳烃化合物。用 Ames 实验检测上述化合物的诱变性，结果表明：这些化合物均能诱发沙门菌移码突变，其诱变活性比原化合物更强。芘是无诱变活性的化合物，但是将其注入动物体内，而后再用 NO_2 给动物染毒，在动物体内形成了具有诱变活性的硝基芘。

1.1.2.3 流行病学领域的主要研究成果

（1）NO_x 与其他空气污染物的联合作用

国内外针对 NO_x 的流行病学研究多是与其他大气污染物联合作用，对其单独的流行病学研究鲜有报道，并且主要集中在 NO_x 对呼吸系统方面的影响。

2001 年顾珩等分别在城市大气污染较重的太原市和大气质量相对较好的青岛市随机选择 131 名和 100 名男性外勤交通警察，进行流行病学问卷调查和肺功能测定，发现 1996—2000 年太原市大气中 SO_2、TSP 的年均浓度均高于青岛市，1998—2000 年太原

市大气中 NO_x 的年均浓度均高于青岛市。而太原市交通警察肺功能测定指标肺活量、用力肺活量、第 1 秒时间用力肺活量、25%用力肺活量时呼气流速、50%用力肺活量时呼气流速均低于青岛市交通警察。贺琴等探索了武汉市空气污染与肺癌之间的关系，发现 SO_2、NO_x、TSP 与男性肺癌潜在减寿年数的关联度分别为 0.670 2、0.707 1、0.619 9，与女性肺癌潜在减寿年数的关联度分别为 0.618 8、0.855 5、0.584 2；NO_x 浓度与男、女性肺癌潜在减寿年数均呈正相关。

P. Kongtip 等对马路两侧商贩进行的调查发现，NO_x 与其他污染物联合作用可导致眼病、胸闷及上呼吸道疾病。David M. Stieb 等在研究空气污染与急诊门诊量关系时，也发现了 CO 和 NO_2 的日均浓度与心脏疾病急诊日门诊量的一致性。

（2）NO_x 对敏感人群的影响

国内外学者关于 NO_x 暴露对儿童、孕期婴幼儿等敏感人群的健康影响进行了一系列的研究。空气污染物对儿童患者贡献率由大到小依次为：TSP、SO_2 和 NO_x。在其他条件不变的情况下，NO_x 日指数增长 10%，日门诊量增长 1.74%，健康经济损失约为 0.8 亿元。Liu Ling 等研究了空气污染对哮喘儿童肺功能、气管炎和氧化应激的急性影响，结果表明空气污染包括 NO_x、SO_2、$PM_{2.5}$ 污染能增加哮喘儿童气管氧化应激，降低支气管功能。

Rob McConnell 等研究交通相关污染物与儿童哮喘发现，环境 NO_2 浓度与哮喘发作风险有关联。Nina Annika Clark 等研究了空气污染物暴露对儿童哮喘的影响，发现交通相关污染物对儿童哮喘形成有较大风险，NO、NO_2 浓度增加 10 $\mu g/m^3$，其相对风险度分别为 1.08 和 1.12。Ferran Ballester 等研究孕期空气污染暴露与婴儿出生体长关系发现，孕期暴露于交通有关的污染物（主要为 NO_x）会降低婴儿出生时的体长。

“十一五”国家科技支撑计划项目“环境污染的健康风险评估与管理技术研究”在北京市开展了大气污染对人群健康影响的研究，研究发现，在控制孕妇产次、年龄等因素的影响下，孕后 3～8 周内，NO_2 浓度每升高 100 $\mu g/m^3$，可以导致新生儿畸形发生的危险增加到 2.85 倍。

1.1.3 颗粒物

大气颗粒物是指分散在大气中的固态或液态颗粒状物质，根据其粒径大小，又可分为总悬浮颗粒物（TSP，空气动力学直径小于或等于 100 μm）和可吸入颗粒物（PM_{10}，空气动力学直径小于或等于 10 μm），其中可吸入颗粒物又可分为细粒（$PM_{2.5}$，空气动力学直径小于或等于 2.5 μm）和粗粒（空气动力学直径 2.5～10 μm）。随着对大气颗粒物研究的深入，人们认识到粒径在 10 μm 以下的颗粒物是大气颗粒物中对环境和人体健康危害最大的一类，因此美国国家环保局 EPA 于 1985 年将原始颗粒物指示物质由 TSP 项目修改为 PM_{10}，我国也在 1996 年颁布的《环境空气质量标准》（GB 3095—1996）中规定了 PM_{10} 的标准，并统一在空气质量日报中加入 PM_{10} 指标。

近年来，人们进一步认识到空气动力学直径小于或等于 2.5 μm 的细颗粒物（$PM_{2.5}$）易于富集空气中的有毒重金属、酸性氧化物、有机污染物、细菌和病毒等，其对人体健康的危害远比空气动力学直径在 2.5～10 μm 的粒子大。因此，美国环保局于 1997 年再一次修改了大气质量标准，并规定了 $PM_{2.5}$ 的最高限值，以保护人体健康。据研究，$PM_{2.5}$ 在大气中的停留时间为 7～30 d，这种颗粒物可随气流被输送到几百千米甚至上千千米以外的地方，造成大范围的污染危害。鉴于此，近年来国内外人们越来越重视对 PM_{10} 和 $PM_{2.5}$ 的研究。

1.1.3.1　环境领域的主要研究成果

（1）颗粒物污染溯源及现状调查

颗粒物污染是导致我国多数城市空气污染的首要因素。2000 年，中国的大气环境污染以煤烟型为主，最主要的污染物为总悬浮颗粒物（TSP），在统计的 338 个城市中有 202 个城市的 TSP 浓度年均值超过《环境空气质量标准》(GB 3095—2012）二级标准（0.2 mg/m^3)，占统计城市的 60%，其中的 97 个国控网络城市的年均 TSP 对城市空气的综合污染指数（根据普遍影响我国城市的三类污染物：TSP、SO_2 和 NO_x 计算所得）的年均贡献率超过 46%，而另两种污染物贡献率为 28%和 25%。从国家环境监测总站发布的重点城市环境质量日报中也可以得出同样的结论。

城市大气中的颗粒物污染按来源可以分为三个部分：一是人为源，主要包括燃料燃烧、工业生产过程排放的烟尘、粉尘和交通运输中车辆排放的尾气等；二是扬尘，包括大风将外地的尘土从高空输送到本地产生的扬尘和由城市建筑施工、裸露地面、地面尘土、渣土堆放以及人为排放的颗粒污染物沉降等方面产生的尘土在风力和机动车跑动等外力作用下形成的扬尘；三是其他原因产生的颗粒物，如植物花粉和孢子、各种生物气溶胶以及海盐（沿海城市）等，由于其纯属自然原因引起的，它对城市颗粒物污染的贡献率在短期内变化不大。而第一类污染源（主要为烟尘和粉尘）在政府多年不懈的努力控制下排放量逐年减少，其对城市颗粒物的贡献率也正表现出稳中有降的趋势。对于扬尘而言，由于其控制的重视程度不足以及城市周边生态环境的不断恶化，近年还有加重的趋势，其对城市颗粒物污染的贡献日益突出，已成为城市颗粒物污染的主要原因。

在我国各城市中空气细颗粒物 $PM_{2.5}$ 占 TSP（大气总悬浮颗粒物）的比例自 32%到 68%不等，质量浓度一般都超过 100 μg/m^3。在相当长的一段时期内，由扬尘所造成的颗粒物污染是影响我国城市空气质量的首要因素。在国外，尤其在美国和西欧，颗粒物较多地来源于机动车尾气排放，这种由人为活动引起的大气污染及源的变化，引起了国际上的广泛关注。

（2）颗粒物的源解析

环境科学中污染物的源解析技术大体上可以分为：以污染源为对象的扩散模型（Diffusion Model）和以污染区域为对象的受体模型（Receptor Model）。源解析模型发展始于以排放量为基础的扩散模型，但此模型需要较多资料且难以取得，加之无法应用于源强难以确定的无组织开放源（如风沙尘、海盐粒子等源）。因此，从 20 世纪 70 年代起，美国、日本等国家开始由排放源转移到“受体”进行大气颗粒物的源解析。受体模型经历了 30 多年的发展，逐步形成了通过对环境空气颗粒物样品和源样品的化学或显微分析，确定各类污染源对受体贡献值的一系列的源解析技术，出现了化学质量平衡法（CMB）、因子分析法（FA）、正定矩阵分解法（PMF）、多元线性回归分析法（FA/MLR）、UNMIX 法及各种显微分析法等多种方法。

1）TSP 和 PM_{10} 的源解析

在对 TSP 和 PM_{10} 进行源解析工作时，因其研究对象在物理、化学性质上有相似的特点和变化规律，所以它们的解析方法也大致相同。目前，对 TSP 和 PM_{10} 进行源解析主要运用两种方法：化学质量平衡法（CMB）和因子分析法（FA）。

化学质量平衡法（CMB）

20 世纪 70 年代，美、日等一些国家用 CMB 法对芝加哥、华盛顿等许多城市 TSP 的来源做了大量的工作，取得了与实际情况相符合的计算结果，为针对性地治理 TSP 作出了重要贡献。我国直到 20 世纪 80 年代后期，才开始进行 TSP 来源解析的研究，其基本原理是质量守恒，根据各种排放源的颗粒组成，将颗粒物的浓度分解为一组由各类源贡献的组合，利用有效方差最小二乘法等方法解出各类源对颗粒物浓度的贡献。它建立在以下假设条件下：① 可以识别出对环境受体中的大气颗粒物有明显贡献的所有污染源类，且各源类所排放的颗粒物的化学组成有明显的差别；② 各源类所排放的颗粒物的化学组成相对稳定，化学组分之间无明显影响；③ 各源类所排放的颗粒物之间没有相互作用，在传输过程中的变化可以被忽略；④ 所有污染源成分谱是线性无关的；⑤ 污染源种类低于或等于化学组分种类；⑥ 测量的不确定度是随机的且符合正态分布。

在多来源解析体系中，CMB 的解析结果与实际情况比较符合，因而该受体模型是开展大气颗粒物来源研究，为大气颗粒物污染防治决策提供科学依据的重要技术方法。很多城市已经用该法成功地对大气颗粒物 TSP 和 PM_{10} 进行了源解析工作。A.K.Gupta 等利用 CMB 法对加尔各答（Kolkata）居民区和工业区的 PM_{10} 和 TSP 进行源解析，结果表明，在居民区煤烟尘对 PM_{10} 的贡献最大，占 42%，在工业区机动车尾气是 PM_{10} 的最大贡献者，占 47%。黄辉军等对南京市大气颗粒物的元素质量谱分布及 PM_{10} 的富集因子进行分析，应用 CMB 法计算了各类源对颗粒物 PM_{10} 的贡献，建筑尘为 35.45%，煤烟尘为 22.13%，土壤尘为 20.27%，硫酸盐为 5.43%，汽车尘为 4.61%，海盐为 1.91%，冶炼尘为 1.69%，其他源为 8.51%。陈明华、刘咸德和王灿星等对上海、青岛和杭州等地也应用 CMB 模型计算了各种排放源对大气 PM_{10} 的贡献率。张勇等人根据 CMB 法对安阳市大气颗粒物中多环芳烃进行了源解析，确定了市区多环芳烃的主要排放源类，并建立了相应的源成分谱。陈添等人利用 CMB 法对北京市大气 PM_{10} 进行了源解析，表明北京市 PM_{10} 的最大来源是土壤层。

虽然利用 CMB 模型的源解析工作被广泛地应用，但由于各单一源类之间存在共线性，经常会出现多解现象。冯银厂等根据扬尘既是单一污染物的受体，又是整个分析受体的一个源，多次使用 CMB 模型，提出了颗粒物的二重源解析技术。金永民等利用二重源解析技术对抚顺市大气颗粒物的来源进行了解析，结果表明扬尘、土壤风沙尘、烟煤尘和有机碳是抚顺市环境空气中 TSP 的四大排放源类，其贡献率分别为 37.5%、15.9%、13.9%和 6.0%。

因子分析法（FA）

因子分析法（Factor Analysis）是一种多元统计分析方法，由 Blifford 等在气溶胶研究中首先提出，此后得到广泛应用。FA 法是通过研究多个指标的相关矩阵的内部相关关系，找出控制所有变量的少数公因子及因子载荷，根据各因子的载荷情况并结合源的特征元素知识，推断出该因子可能代表的污染源类型。因子分析的目的是寻求变量的基本结构，简化观测系统，减少变量维数，用少数的变量来解释整个问题。常见的方法为主因子分析法

（Principal Factor Analysis，PFA），又叫主成分分析法（PCA），是指通过观察分析所得到的数据确定可能的源，通过数目相对较少的主成分就可以代替庞大的数据资料，进行污染源种类的确定。通常情况下，被选择作为主成分元素的浓度值，至少要超过其检测限 75% 以上。

FA 法在实际中的应用较为广泛。邹本东等用 PCA 法对北京市大气颗粒物 PM_{10} 的来源进行了解析，表明北京市大气颗粒物的主要排放源有 6 类，而且证明在缺少源成分谱时，可以用 PCA 模型来分析大气颗粒物的来源。陈琳等利用 PCA 法对长沙市 TSP 中重金属元素的主要来源进行解析。杨丽萍等运用 FA 法研究了兰州市的大气降尘主要有 4 类来源：燃煤 41.04%，风沙扬尘 22.97%，汽车尾气 18.67%，建材 12.84%，其他约 4.48%。

受体模型为 TSP 和 PM_{10} 的源解析工作提供了便利，在实际运用时，CMB、FA 和 MLR 等多种方法的联合使用，可取长补短。通过应用 PCA/MLR-CMB 复合模型，既可解决 PCA 不能识别相似源贡献的源的问题，又可避免花大量财力和人力收集所有源详细的污染源成分谱。Viana 等则利用 CMB、PCA 和 PMF 三种模型对工业区 PM_{10} 进行了解析，研究表明，结合多种不同受体模型的应用能解决运用单独模型的局限性，利用多种模型的优势能建立完整准确的源解析。Shinichi Okamoto 等运用 FA/MLR 法对东京地区的悬浮颗粒物进行了源解析，结果表明，在东京地区 TSP 排放源主要来源于土壤。

2）$PM_{2.5}$ 的源解析

在空气动力学中 $PM_{2.5}$ 属于细粒子，在大气中的物理、化学变化过程与上面所讨论的对象有一定区别，其解析源模型为正定矩阵分解法（PMF）。正矩阵因子分析法是由 Paatero 和 Tapper 在 1993 年提出的一种有效的数据分析方法，首先利用权重确定出颗粒物化学组分中的误差，然后通过最小二乘法确定出颗粒物的主要污染源及其贡献比率。Eugene 等改进了 PMF，分析化学成分时把碳分成 8 种：3 种 EC（Elemental Carbon，元素碳）、4 种 OC（Organic Carbon，有机碳）、1 种 OP（Pyrolized Organic Carbon，热解有机碳）。改变了原来只分析 EC 和 OC 的做法，根据各种碳丰度的不同可以区分柴油污染源和汽油污染源，从而解析出汽油车、柴油车、火车和公共交通设施这 4 种相似的源对 $PM_{2.5}$ 的贡献率。

与 CMB 和 FA 相比，PMF 法具有分解矩阵中元素非负等优点，是一种有效、新颖的颗粒物源解析方法。已有一些研究成功应用该方法对一些国家和地区的 $PM_{2.5}$ 来源进行过分析。宋宇采用正矩阵因子分析法对 2000 年北京大气 $PM_{2.5}$ 细粒子的主要来源进行了解析，确定了影响大气 $PM_{2.5}$ 细粒子的地面扬尘、建筑源、生物质燃烧、二次源、机动车排放和燃煤 6 类主要污染源，并估算了其对大气 $PM_{2.5}$ 细粒子质量浓度的贡献。为提高 $PM_{2.5}$ 的源解析准确性，许多学者将多种模型进行联合对其进行分析。K. F. Ho 等将富集因子法、PCA/APCA 法和聚类分析法运用于香港 $PM_{2.5}$ 的解析。Puja Khare 等也采用 EF 法和 APCA 法等方法对印度东北部的 $PM_{2.5}$ 进行解析，97% 的 $PM_{2.5}$ 来源成功地被解析出。Hanlim Lee 等通过利用 UNMIX 与 CMB 模型对韩国光州市的 $PM_{2.5}$ 进行了来源解析，并分析解析存在差异的原因，更好地了解了 $PM_{2.5}$ 的来源。可见，采用多种受体模型方法的联合对 $PM_{2.5}$ 进行源解析或对同区域同样品进行多种方法的解析比较，能得到更可靠、更接近真实情况的解析结果，使得 $PM_{2.5}$ 的源解析工作更具有意义。

近年来随着大气颗粒物治理措施的落实，我国城市大气颗粒物污染已经呈现改善的趋势，PM_{10}已经得到一定控制。但粒径更小，对人体健康、能见度和气候变化影响更为重要的大气细颗粒物 $PM_{2.5}$ 污染问题越来越突出。结合 $PM_{2.5}$ 自身的特点，收集研究区域的污染特征谱，考虑当地气象条件，运用先进的采集、分析技术，并结合各种源解析技术优势，积极开展 $PM_{2.5}$ 源解析工作对改善空气质量尤为重要。

（3）颗粒物监测指标与检测方法

1）监测分析中的采样和质量浓度、粒度分布测定

一般使用大流量或小流量采样器，使用滤膜捕集大气颗粒物（APM）。在测定 PM_{10} 和 $PM_{2.5}$ 时，常使用振荡天平法（Tapered Element Oscillating Microbalance，TEOM）、β 射线吸收法、光散射法或光吸收法。TEOM 是在圆锥形振荡称量装置前安装捕集滤膜（随着捕集粒子的增加振荡频率减少），这是可直接连续测量出粒子质量的方法。与标准粒子切割方法相比较，TEOM 法测定结果偏低，因为在称量前须加热至一定温度，使易挥发成分损失，必须根据季节和测定地点的不同使用系数校正。

对于颗粒物的采集，主要受粒子蒸发损失和气体凝缩的影响。使用滤膜或切割头会引起硝酸盐损失，尤其在气体和粒子浓度比较高时损失更大。使用二段式粒子浓缩器浓缩 8 倍后，这种损失会大大减少。在测定粒径分布时，使用 8 台经过流量校正的安德森采样器连续采样 1 周，不同粒径粒子的变动系数为 4.3%～13%，整体变动系数为 4.2%。

2）元素分析

<u>无损分析</u>

将大气颗粒物捕集后不经样品消解处理而直接进行定量分析多种成分元素的方法有：仪器中子活化法（INAA）、质子荧光法（PIXE）、能量色散和波长色散 X 射线荧光法（XRF）等。在 INAA 法中，必须使用原子能加速器，且测定的元素不同需要冷却的时间长短不同，但能测定多种成分元素，且灵敏度较高。有报道称，在测定汽车用催化剂中 Pt 时，探讨了 ^{199}Pt 母核 ^{199}Au 及共存的 ^{47}Ca 母核 ^{47}Sc 的光谱干扰，用 ^{47}Ca 的其他峰信号进行干扰校正，并利用核素半衰期的差异克服干扰。测定误差探讨的结果表明，捕集膜种类的选择十分重要。

PIXE 测定中必须使用质子加速器，定量测定许多元素成分时灵敏度较高，在大气颗粒物成分测定中应用实例较多。XRF 法与 INAA 法和 PIXE 法相比较，其灵敏度稍低，但仪器相对廉价，且操作方便，元素的相互干扰较少。因此，XRF 法是目前源解析中使用最多的定量分析手段。将活性炭细微粉末均匀以薄层分散于滤膜上，再加入所需定量分析元素的标准溶液，经干燥后作为 XRF 法的标准系列。安藤等研究了用 XRF 法同时测定多元素时的准确性，使用校正系数法（EC）和基础参数法（FP）处理数据，发现原子序数大于 Ti 的元素用 EC 法可准确定量测定，而 Na、Mg 若不进行基体校正则相关性很差且定量不够准确。用前述标样以 FP 法和 EC 法处理数据得到的准确度大致相同，但这类标样使用次数较少，容易变成松散状导致失效。X 射线照射前的强度分布是导致 XRF 法测定误差的因素之一，用直径 150 mm 的石英纤维滤膜捕集大气颗粒物试样，切取 32 mm 用于 XRF 分析结果表明，Ti、Al、Ca、Fe 等在粗粒子中含量较高的元素浓度，从试样中心到外侧减小 8%～10%。全反射 X 射线荧光（TXRF）法测定灵敏度远比 XRF 法高，检测限一般可达到 0.01 ng/m^3，且可直接测定试样中的 Si。然而测定方法的灵敏度越高，滤膜中杂质的影响就越大，必须进行校正，有的滤膜杂质可达 0.7%（Cr、Fe、Cu、Sr）～

20%（Ca）。

试样前处理分析

大气颗粒物的消解方法较多，主要的酸消解方法有聚四氟乙烯衬里的高压釜法和微波消解法，后者是近年来最为常用的方法，具有省时、简单、消解时酸的使用量少、二次污染物少等优点，经消解后的试样可直接用原子吸收（AAS）法、等离子发射光谱（ICP—AES）法、等离子发射光谱法—质谱法（ICP—MS）测定。

火焰原子吸收法（FLASS）是我国最为普及的监测分析方法，且已有许多国家标准方法颁布，在金属成分分析中发挥着重要作用。用微波消解和 Pt-Ir 雾化器可使测定灵敏度大大提高。电热原子吸收法（ETAAS，含石墨炉原子吸收法，GFAAS）可使试样前处理程序简化，即将聚苯丙烯滤膜捕集的试样溶解于异丁基甲酮（IBMK，isobutyl methyl ketone），调成浆状后直接进样测定，测定效果较好。

用油酸涂覆的 PTFE 滤膜捕集经切割器分级的大气颗粒物试样，微波消解试样后用 ICP—AES 测定。微波消解试样时需加入 1 mL HNO_3、50 μL HF 和 1 mL H_2O_2，最大微波功率 650W，只需 35 min 可使样品分解完全。超声波雾化器 ICP—AES 测定了大气颗粒物中 18 个元素，日本标准参考物 NIST SRM 1648 的回收率为 95%～105%（Al 是 90%）。在用β射线吸收法测量后的玻璃纤维滤膜上捕集的试样，加入 HNO_3+$HClO_4$ 及 HF 经微波消解，用 ICP—AES 和 ICP—MS 测定 18 个元素，发现 Na 的滤膜空白值很高。ICP—AES 法光谱干扰比较严重，当测定 Ba、Cr、Cd、Mn、Pb、Zn 时，其他发射线的影响及背景干扰必须进行校正。

用超声波雾化器的高分辨率 ICP—（HR）MS 测定 Pd、Pt、Rh，发现在大气颗粒物分析时 Pd、Pt、Rh 是必不可少的元素，其在大气中的排放情况及大气颗粒物污染源解析中是不可忽视的问题。用四极杆 ICP—（Q）MS 测定时，多原子离子结合物的干扰比较严重，简单改变仪器测定条件及 Ar 流量也不能克服干扰，将等离子炬功率调至 1 350W 可起到一定的克服干扰效果。测定公路旁采集的大气颗粒物试样中 Pd 时，由于 Pd 浓度较低，且 Ar、Cu^+和 YO^+的干扰难以得到准确结果。HfO^+对 Pt 的干扰误差约达 10%，对 Rh 的干扰误差可达 50%～75%，因此必须进行干扰校正。样品消解后用修饰硅胶进行浓缩，以 ICP—AES 和 ICP—MS 定量测定铂族元素的检测限可达 0.05～0.1 ng/mL。Pb 同位素比的测定报告较多，因为这是大气颗粒物来源解析中的热门问题，用切割器分级采样聚乙烯（PE）滤膜捕集后，用冷的 1 mol/L HNO_3 提取 Pb，这种前处理方法比微波消解沾污少。用多道 ICP—MS 顺次扫描测定 $^{207}Pb/^{206}Pb$ 和 $^{208}Pb/^{206}Pb$ 发现，风向不同时采集试样相差仅为 0.5%～0.6%。

3）颗粒物的状态分析

水溶性成分分析

大气颗粒物中的水溶性成分易溶解于雨水，随降水在陆地环境中迁移而进入生物体内，对生态环境及人体健康产生影响，因此分析测定的必要性较大。以水为提取液，样品经超声波提取后，一般金属离子用 AAS、ICP—AES、ICP—MS 法测定。用离子色谱法（IC）分离测定 Cu、Ni、Zn、Co、Fe^{2+}、Fe^{3+}、Mn、Cd、Pb 也有报道，检测限除 Cd 为 30 μg/L、Pd 为 60 μg/L 外，其他元素是 10～15 μg/L。P. Prendes 等认为分析测定阴离子 SO_4^{2-}、NO_3^-、Cl^-等及阳离子 NH_4^+的最佳方法是 IC 法。P. Khare 等用 IC 法测定了甲酸和乙酸离子，检测限分别为 0.03 μg/L 及 0.07 μg/L。经水浸提取试样后，毛细管电泳法（CE）可在 10 min 内分离测定 Zn、Cu、Co、Fe 等离子，其检测限为 0.5～3 μg/L，必须注意用水提取时加水后往往会析出沉淀，以及滤膜和残留颗粒物的吸附损失等问题。然而 T.Kytani 等认为大气颗粒物及雨水淋溶都是在自然环境中发生的过程，用 ICP—AES 法、IC 法及离子选择性电极法测定水提取成分的同时，应该用 0.1 mol/L HCl 提取后使用同样的方法测定，使用两种数据评价大气颗粒物才更为合适。

碳成分分析

大气颗粒物的碳主要以元素态碳（EC）、碳酸盐碳和有机碳（OC）的形态存在。除了在石灰岩地质区域采集的大气颗粒物中含碳酸盐态碳较高外，一般试样中含量较低。因此在研究大气颗粒物时常以 EC 和 OC 为主要对象。在一般情况下 EC 在总碳（TC）中所占的比率较低，但 EC 吸附致癌性物质的能力较强，且又是吸收光能的主要物质之一，其定量测定的意义十分重要。在 EC 和 OC 分别测定中，常使用的方法有热分离法、光学法和酸分解法等。然而由于大气颗粒物来源复杂，试样特性差异较大，将 EC 和 OC 完全分离测定十分困难。M.Iwatsuki 认为用热重量法-示差扫描热量测定时，在 430℃保持 60 min 可使 EC 和 OC 达到良好的分离效果。用热-光学方法（NIOSH 法 5040）和用电化学检测 CO_2 的热学方法，有 11 个单位对相同样品进行了比较研究测定，发现 TC 测定结果相对一致，而 EC 用电化学法测定结果偏高，这主要是由于 OC 去除不够完全，热分解生成的碳未能校正。如果提高最高加热温度，两种方法测定的结果相对一致。

颗粒物生物有效性的测定

环境科学中把与生物靶（如酶、受体等靶分子以及生物膜等靶位点）相互作用产生毒性效应的污染物浓度称为生物有效态。通常把重金属的水溶态、离子交换态、碳酸盐结合态、铁锰氧化物结合态和有机结合态称为重金属的生物有效态，把有机物的自由溶解态浓度称为有机物的生物有效态。自由溶解态浓度是自由溶解在水相，而不与任何介质或系统组分结合的化合物的浓度。国内外大量研究表明，研究污染物的生物有效性能更科学评价污染物环境风险。目前，分析大气颗粒物中重金属有效形态最常用的方法有 Tessier 法和欧共体参比司的三步连续提取法（简称 BCR 法）以及它们的改进方法，其中 BCR 三步连续提取法应用较为广泛。裘娜利用 BCR 法分析了城市垃圾焚烧飞灰中重金属形态，并在此基础上进行了生物有效性研究。谢华林等对衡阳市区冬、夏两季不同粒径颗粒物中重金属元素的组成和化学形态进行了分析，结果表明，Mn、Zn、Cu 和 Co 主要分布在氧化态、水溶态、碳酸盐态和有机态中，Pb 和 V 主要分布在不溶态中。分析大气颗粒物中有机物自由溶解态较常用的方法有三油酸甘油酯-醋酸纤维素复合膜（TECAM）法和 nd-SPME 法，大气颗粒物中有机物的自由溶解态的检测尚未见报道。

颗粒物有机成分分析

大气中多环芳烃（PAHs）及硝基多环芳烃主要是柴油、汽油及煤燃烧排放的污染物，被大气颗粒物吸附后其致癌性、致突变性及对人体健康的影响已引起人们的关注。捕集大气颗粒物后需进行高效提取后才能进行测定。田边等对超声波提取条件进行了详细研究，并与索氏提取效果进行了比较，认为以正己烷∶丙酮（1∶1）为提取剂，微波提取功率 400W，提取时间 20 min 最为合适。将试样提取并净化后用 GC—MS 法测定的报道较多，也有用 HPLC—荧光检测器或化学发光检测器测定的报道，此外，还有用大气压离子化 LC—MS 法测定苯并芘，及傅立叶变换荧光显微镜测定的报道。用 GC—MS 法同时测定 PAHs 和正构烷烃及有机氯化合物、用 GC—ECD 或 GC—MS 法定量测定大气颗粒物标样中的 PCB 及有机氯杀虫剂等都已有报道，其中 GC—MS 法、IC 法及 CE 法测定羧酸类的报道较多。

单个粒子的分析

由于大气颗粒物中单个离子可能存在有用的研究信息，因此在大气颗粒物源解析中往往要分别测定每个粒子的形貌或组成成分。在观测微小粒子的形态及微细结构时多使用透射电子显微镜（TEM）或扫描电子显微镜（SEM）。这两种方法必须在真空状态下测定，而微小粒子在真空观测时可能会发生形态的变化。有研究称，在不同湿度的 N_2 气氛中观测煤及$(NH_4)_2SO_4$粒子，发现前者由于蒸发和凝缩从丝状的链结构变为规则的凝集态结构，其体积随之变小，后者在湿的气氛中部分溶解。将试样粒子与臭氧及氧原子等反应性气体混合后观测，发现有机和石墨状的粒子生成挥发性化合物，并随着挥发过程粒子以不同的速度缩小，而无机性粒子不会发生变化，利用这一性质可将大气颗粒物分类测定。

单个粒子的组成成分可使用透射电子显微镜的能谱分析附件进行定量测定。常用的方法还有电子探针微区分析（EPMA）法，国内外有报道称用波长色散装置测定 Ni 精炼厂采集的大气颗粒物，S、Si 及其他成分元素可分为 4 组进行测定。使用薄的检测器窗或无窗检测器时，可大大提高元素的测定灵敏度。

用直径约 1 μm 中子束的微区 PIXE 分析了多种大气粒子，且在大气颗粒物源解析方面得到了应用。国内研究人员用多级切割捕集大气颗粒物后，微区 PIXE 分析结果表明，铅的来源以水泥生产排放为主，约占 40%，有铅汽油及金属工业排放量分别约占 18%和 16%。用 X 射线光电子显微镜法（XPS）进行粒子表面分析，定性鉴别碳的不同种类，发现 Fe 是粒子的主要成分，且粒子表面覆盖着有机质。此外分级捕集的大气粒子用微区 FTIR 法可迅速检测石英、石膏、白云母、滑石等多种化合物。

为了实现单个大气颗粒物粒子的实时在线分析，K.A.Parther 等对激光激发离子化（LDI）和飞行时间质谱（TOF—MS）的应用进行了许多研究，发现导入腔体的气溶胶离子在不同的压力差下，加速的速度与粒径有关，在测定空气动力学粒径的同时，可用 Nd：YAG 激光激发离子化。TOF—MS 法可在阴极和阳极同时监测组成成分，且这种手段可在陆、海、空移动监测。为了克服 LDI 中离子碎片的影响，在低功率时用 CO_2 激光脱离和 Nd：YAG 激光离子化，可检测烟草及木质烟中 PAHs 的异构体。此外用 LDI—TOF—MS 研究超微小粒子气溶胶 LDI 特性也有报道。

1.1.3.2 毒理学领域的主要研究成果

（1）对呼吸道的损伤作用

自由基所产生的氧化损伤被认为是颗粒物产生生物活性的重要机制之一。自由基主要来自两个方面：① 来自颗粒物本身，颗粒物吸附许多金属元素如 Fe、Cu 等，进入人体后，可在局部释放出浓度较高的转运金属离子，它们产生自由基的能力很强，易形成氧化损失。另外，超细颗粒物因其表面积大具有特殊的表面化学特征，亦能产生自由基，也易氧化损伤。不少研究发现如用金属螯合剂和自由基清除剂预处理，则颗粒物的损伤效应能在很大程度上得到抑制。② 来自炎症细胞，颗粒物进入呼吸道后，会作用于肺泡上皮细胞及巨噬细胞等，当各类吞噬细胞被激活进行吞噬作用时，氧消耗大量增加（氧爆发），使细胞外生成大量的活性氧簇（ROS）。

自由基产生后，主要作用于脂质、蛋白质、DNA，引起膜脂质过氧化、蛋白质氧化或水解、诱导或抑制蛋白酶活性、DNA 损伤。Li X.Y. 等向大鼠气管滴注 PM_{10} 6 h 后，呼吸道表面的抗氧化物质谷胱甘肽水平呈下降趋势，支气管灌洗液中总蛋白、乳酸脱氢酶（LDH，一种胞质酶，当细胞膜通透性增加或细胞死亡溶解时大量释放，使得细胞外液 LDH 活力增高）含量与对照组相比有显著增高，提示颗粒物可能通过产生自由基破坏生物膜的通透性。在离体实验中，PM_{10} 还能耗尽超螺旋 DNA 质粒，显示了颗粒物自由基氧化损伤 DNA 特性。

（2）转录因子及炎症相关因子的激活

颗粒物的刺激会引起机体一系列编码转录因子、炎症相关因子基因转录水平的增高。目前国际上大量毒理学实验表明，暴露于大气颗粒物、柴油车尾气颗粒（DEP）和汽油燃烧产物（ROFA）会引起哺乳动物呼吸道中性粒细胞浸润，淋巴细胞与肥大细胞聚集等较为明显的炎症反应，并可在受体效应细胞如肺泡巨噬细胞、支气管上皮细胞检测到相关细胞因子 mRNA 水平的增高。Sundeep 等观察到暴露于稀释柴油机尾气的健康志愿者支气管组织及呼吸道细胞中 IL-8、IL-5 基因转录水平增高，并使支气管上皮细胞中 IL-8 与 α-生长调节原癌基因（GRO-α）的蛋白表达增高，表明颗粒物的吸入有刺激效应细胞分泌炎症因子的作用。

近年来，人们较为关注的核因子卡波粒（nuclear factor kappa B，NF-κB，又称核转录因子）被认为在颗粒物所介导的炎症效应中起着重要的作用。NF-κB 是调节基因转录的关键因子之一，它参与许多基因，特别是与机体防御功能及炎症反应有关的早期应答基因的表达调控。现有资料认为，NF-κB 发挥生理作用的主要是多肽链 P50、P66 蛋白亚基构成的异源二聚体。当细胞处于静息状态时，NF-κB 位于细胞质中，其 P66 蛋白亚基与κB 抑制蛋白单体（I-κB）结合，覆盖 P50 蛋白的核定位信号，使 NF-κB 与 I-κB 形成的复合体以失活状态存在于细胞质中。当机体受到外界因素如氧化应激等刺激时，I-κB 发生磷酸化，从 NF-κB 二聚体上解离，暴露 P50 蛋白的核定位信号，NF-κB 得以激活，并移位进入细胞核，与 DNA 链上特异性部位结合，启动基因转录。Jimenez LA 等在暴露于 PM_{10} 的肺泡上皮细胞中检测出 NF-κB 从细胞质转入细胞核中。NF-κB 调控的靶基因产物有细胞因子、酶、黏附分子和受体四大类。它们包括白介素 1，6，8（IL-1，IL-6，IL-8）、干扰素（INF）、肿瘤坏死因子（TNF）等。Shukla A. 等将小鼠暴露于 300 $\mu g/m^3$ 的 $PM_{2.5}$ 6 h，可检测出 NF-κB 调控的炎症相关基因 α、β-TNF 及 IL-6、γ-INF、β-转化生长因子 mRNA 水平显著增高。在离体细胞实验中，将肺泡上皮细胞暴露于 $PM_{2.5}$ 悬液中，可在效应细胞中检测到氧化产物早期持续增高及 NF-κB 调控的靶基因转录活性增高，提示 $PM_{2.5}$ 有可能通过产生氧化应激活化 NF-κB，继而作用于靶基因，迅速诱导基因表达。在年老、幼儿、原先患有心肺疾病的易感人群中，由于受体防御功能较弱，机体存在一定本底的细胞因子水平，即处于一种预先致敏状态，当颗粒物进入呼吸系统时，刺激效应细胞再次分泌细胞因子，由于细胞因子之间可能存在的协同作用，从而产生爆破式释放，同时细胞因子又能激活 NF-κB 等核转录因子，后者又能启动一系列炎症相关基因的表达，产生细胞因子级联瀑布放大效应，从而引起机体更为广泛弥漫的炎症，产生更为严重的病理损伤。

（3）细胞钙稳态破坏

钙离子是细胞内重要的信号传导系统之一，细胞内低钙是保证其发挥正常功能的前提条件。如果细胞内外 Ca^{2+}浓度差减小，则会引起细胞功能性损伤。对颗粒物的成分分析表明，大气颗粒物中吸附有一定量的重金属，如：Pb、Cd、Hg、Ni 等，它们与 Ca^{2+}具有类似的原子半径，可在质膜、线粒体或内质网膜的 Ca^{2+}转运部位上与 Ca^{2+}发生竞争，进而导致细胞内钙稳态失调。实验观察到超细颗粒物可以使人类单核细胞系（MM6）中 Ca^{2+}浓度水平增高。细胞内 Ca^{2+}浓度的持续增高会抑制 ATP 的合成，氧自由基生成增加，加重组织损伤。

（4）致纤维化作用

长期暴露于大气颗粒物，其主要成分碳粒具有潜在刺激肺上皮细胞增生、致纤维化的作用。Churg 将大鼠气管移植体（不含炎症细胞）暴露于不同浓度的细颗粒物与超细颗粒物悬液中，运用 RT-PCR 方法检测促纤维化因子与前胶原的表达情况，发现两种尘粒均使血小板衍生生长因子（PDGF-A、B）及α-、β-转化生长因子（TGF-α、-β）表达增高，超细颗粒物组还出现前胶原的表达增高。PDGF 则具有促进平滑肌细胞、上皮细胞和内皮细胞增殖的作用。TGF-α是一种上皮、间叶细胞的多肽生长因子，TGF-β则引起胶原和间质蛋白受体的合成。这些观察结果提示，细颗粒物具有潜在诱导呼吸道组织细胞增生的作用。

（5）致突变作用

颗粒物粒径愈小，所吸附的有毒重金属和挥发及半挥发性有机物愈多，其致突变能力愈强。原福胜等研究不同粒径颗粒物的金属分布及其对人双核淋巴细胞微核率的影响发现，颗粒物诱发微核率的强度与其金属元素含量分布基本一致。国外对大气颗粒物中铬的研究表明，铬进入人体后，最终将变为+3 价，可与生物大分子发生共价结合产生生物毒性。目前对大气颗粒物上有机污染物中多环芳烃的研究较多，认为机体中 PAH-DNA 加合物水平可反映颗粒物上 PAHs 致癌力的大小。不少研究利用 Ames、UDS、SCE 等短期遗传毒性实验从基因、DNA、染色体水平对颗粒物的致突变性进行了检测。Cynthia 等研究发现，将Ⅱ型肺泡上皮（RIE 细胞系）暴露于大气颗粒物的悬液中，可在细胞内检测到 5-溴脱氧尿核苷水平增高，细胞增殖水平升高，同时检测到磷酸化 C-jun 蛋白含量及转录因子 AP-1（active protein-1）转录活性和 C-jun 蛋白激酶活性明显增高，转录因子 AP-1 活化蛋白是由立早基因 jun 和 fos 表达的蛋白所形成的同源或异源二聚体。jun 和 fos 基因均可因外界刺激使基因结构改变而被激活，其蛋白形成的二聚体（AP-1）可结合到许多与细胞增殖和转化有关的基因的增强子上，导致靶基因表达增强，AP-1 的激活可能成为颗粒物致癌的潜在机制之一。

（6）对心血管的毒性

颗粒物本身及一些颗粒物成分，尤其是超细颗粒物，能进入血液循环发挥毒性作用。有报道 $PM_{2.5}$ 污染水平上升与老年人及曾患有心肌梗死人群的心率变异度（HRV）的降低及心肌梗死的发病风险增高有关。此外国外有研究认为，$PM_{2.5}$ 暴露能引起人、大鼠、狗等动物血液循环中的中性粒细胞数目增多，还能引起骨髓释放的未成熟白细胞增多。大量的流行病学研究也显示，$PM_{2.5}$ 浓度增高与一些心血管系统因素水平如血黏度、血浆纤维蛋白原水平、C-反应蛋白（CRP）、内皮素水平、血压等存在密切相关。颗粒物经一系列反应刺激血浆纤维蛋白原水平升高，从而引起血黏度增高，使血液处于高凝状态，更易形成血栓。CRP 是人体肝脏合成的典型急性期反应蛋白，由细胞因子 IL-6 等所诱导产生，血中 CRP 的浓度几乎与炎症、组织损伤成正比。国外研究表明：血中 CRP 浓度增高与心血管病死亡率的增高密切相关，高水平的 CRP 可使脑卒中危险性增加 2 倍，心肌梗死增加 3 倍，是较敏感的心血管预测因子。内皮素是一种强力缩血管肽，可对血管和心脏产生强而持续的加压作用，并具有较强的收缩支气管作用，还能促进神经递质的释放。可见，颗粒物的吸入可引发机体急性反应，并可改变机体血液循环系统一些重要物质浓度，从而导致心血管事件的发生。此外研究发现 NF-κB 的激活与心血管疾病的发生、发展同样存在关联。Ritchie 等发现，在急性冠脉综合征患者存在着血白细胞 NF-κB 被显著激活。心力衰竭时，心脏可表达多种炎症因子，而许多炎症因子均利用 NF-κB 通路作为其激活、产生和持续释放的机制之一。另外，NF-κB 的激活可使血管细胞黏附分子（VCAM-1）表达增高，促使细胞间黏附加强，产生持续性心肌损伤。NF-κB 的激活有可能成为大气颗粒物对心血管毒性作用的重要机制之一。

（7）对神经系统的影响

在外界氧化应激及炎症因子的作用下，一些分布于呼吸道具有内分泌功能的神经末梢细胞会释放出某些神经递质，改变神经传导通路的正常功能。如改变调节心脏功能的自主神经系统的正常生理功能，导致心脏电生理的变化（ST 段抬高）及心律失常。

有关大气颗粒物毒性作用机制的研究正不断地深入开展。从分子水平上阐明大气颗粒物的毒性，将使人们对颗粒物健康危害的认识上升到一个新的高度，从而为制定更为有效的颗粒物污染控制措施、更好地保护易感人群提供确凿的科学依据。

1.1.3.3 流行病学领域的主要研究成果

长期以来，大量流行病学研究发现，即使在低于空气质量标准的浓度下，PM_{10} 污染水平的增高亦与呼吸道症状的发生、肺功能减退、心肺系统疾病的超额发病、死亡存在密切关联，这些效应尤其是在青少年、老年人及原先患有心肺疾病的易感人群中更为明显。

（1）大气颗粒物对心血管系统的急性影响

1）时间序列研究和病例交叉研究

20 世纪 90 年代以来我国沈阳、上海、北京等城市分别采用这两种方法研究了大气颗粒物污染对人群心血管疾病死亡率变化的急性作用，结果证实了短期接触高浓度的大气污染物与人群每日死亡率的上升呈正相关性，但非等比例相关。王慧文等研究了沈阳市 1996—2000 年大气总悬浮颗粒物（TSP）浓度与心血管系统疾病死亡率的关系，结果发现，在调整了时间和气象因素后，TSP 浓度每增加 50 μg/m^3，总人群心血管疾病死亡率会增加 1.22%，而老年组（＞65 岁）则会增加 4.27%，说明老年人群是大气颗粒物污染导致心血管疾病死亡的高危人群。阚海东等使用病例交叉的方法，研究了 2000 年 6 月至 2001 年年底上海市居民每日死亡率与大气污染物（PM_{10}、SO_2、NO_2）浓度变化的关系，结果发现，大气 PM_{10} 48 h 平均浓度每增加 10 μg/m^3，心血管疾病的死亡率会增加 0.4%；高军等研究了北京市 1989 年大气污染与每日居民死亡数的关系，研究区的人群占北京市区总人口的 1/4，而当时北京市 TSP 和 SO_2 的年日平均浓度分别为 375 μg/m^3、102 μg/m^3，研究结果表明，在控制了温度、湿度、季节变化等可能的混杂因素后发现大气 TSP 浓度每增加一倍，人群肺心病死亡率增加 8.0%。

在国外也有类似的报道。Schwartz 等采用时间序列的研究方法，研究了美国六座城市大气 $PM_{2.5}$ 水平与每日缺血性心脏病死亡的关系，在此基础上进行了 Meta 分析，结果发现，大气 $PM_{2.5}$ 每增加 10 μg/m^3，缺血性心脏病死亡率会增加 2.1%。笔者进而提出观点认为，由于美国居民 40.0%的死亡由心血管疾病引起，因此有必要深入研究大气颗粒物污染对集体心血管系统的影响。与之类似，Samet 等也研究了全美国最大的 20 个城市大气 PM_{10} 污染与心血管疾病死亡的关系，其研究方法也是先进行个别城市的时间序列研究，再进行各个城市结果的 Meta 分析，结果发现，大气 PM_{10} 每增加 10 μg/m^3，心血管疾病死亡率会增加 0.68%。上述两个美国多城市研究，由于其研究设计避免了单个城市研究“报道偏倚”的影响，因而更有力地证明了大气颗粒物污染与心血管不良健康效应之间的关系。除此以外，大气颗粒物污染也被证实与心血管系统疾病的发病（住院、门诊或急诊）相关。而国内此类发病资料较少，目前这种发病关系多在欧美发达国家被报道。例如，Metzger 等收集了美国亚特兰大全市 31 家医院从 1993 年 1 月 1 日到 2000 年 8 月 31 日心血管疾病的 4 407 535 例急诊资料，以分析大气颗粒物污染与心血管疾病急诊病例数的关系，结果发现，心血管疾病急诊病例数与 $PM_{2.5}$ 水平和部分气态污染物（NO_2、CO）等均有一定的相关性。

2）固定群组追踪研究

固定群组追踪研究可从个体水平上分析大气颗粒物短期暴露与不良健康效应的关系。该方法根据研究目的选择具有代表性的研究对象，观察一段时间内（一般小于半年）个体大气颗粒物暴露水平和健康效应发生的频率，进而分析颗粒物短期暴露的急性健康效应。考虑到这项设计的目的在于在有限的观察时间内研究大气颗粒物急性暴露与机体不良健康效应的关系，因此所选择的目标人群多为已患有心血管疾病的中老年人或者儿童等敏感人群。固定群组追踪研究可排除许多个体混杂因素的干扰，在国外应用较多，但我国尚未开展这方面的工作。

目前固定群组研究被广泛应用于大气颗粒物心血管危害的机制研究。Pope 等采用固定群组追踪的方法，收集和分析了美国犹他州 1995—1996 年冬季 90 名老年人的资料，以研究大气颗粒物污染与血液氧饱和度、心率等心血管指标的关系。该研究未观察到 PM_{10} 污染与血氧饱和度变化相关，但发现 PM_{10} 污染与心率的增高相关，PM_{10} 浓度每增加 100 μg/m^3，每分钟心率会增加 0.8 次。尽管这种增加从生理学的角度看微乎其微，但对有心脏疾病的个体来说，会显著增加心脏的负担，导致猝死等心血管疾病死亡的发生。这项研究初步说明大气颗粒物污染可能与心血管自主调节功能的紊乱相关。Hartog 等使用固定群组追踪研究的方法，比较了 $PM_{2.5}$ 和超细颗粒物（Ultra-fine Particle）对患有冠心病的老年人群心肺系统症状的影响，结果发现，$PM_{2.5}$ 浓度每增加 10 μg/m^3，心急气短和活动受限发生的 OR 值分别为 1.12 和 1.09；同时，$PM_{2.5}$ 与某些心血管疾病的症状相关联，而且 $PM_{2.5}$ 比超细颗粒物的关联程度更大。多数固定群组追踪研究均发现，颗粒物暴露会引起个体血压和心率的增加，而这两项指标被公认为机体心血管负荷增加的标志。但 Ibald-Mulli 等对患有冠心病的 131 例成年人（分别来自于芬兰的赫尔辛基、德国的爱尔福特和荷兰的阿姆斯特丹）的研究表明，颗粒物暴露并未引起血压和心率的改变，推测这可能与该特定人群的药物服用特点相关。固定群组追踪研究还发现大气颗粒物暴露与机体血液学指标的变化相关联。Riediker 等对 9 名美国北卡罗来纳州健康不吸烟男性公路巡逻人员进行了连续4天的监测，以观察车辆内颗粒物暴露水平波动与各项心血管系统指标的关系，结果发现，车辆内 $PM_{2.5}$ 浓度每升高 24 μg/m^3，血液淋巴细胞水平就会减少 11.0%，同时平均红细胞容积增加 1.0%、嗜中性粒细胞增加 6.0%、C 反应蛋白增加 32.0%，次日早晨心脏搏动循环周期增加 6.0%，次日心率变异参数以及整个记录中的异位搏动增加 20.0%。显而易见，$PM_{2.5}$ 暴露可能会导致血液系统病理和生理的改变，包括炎症反应和一系列凝血指标、心率的变化，从而构成心血管系统的危险因素。

（2）大气颗粒物对心血管系统的慢性影响

对决策者而言，确定大气颗粒物长期暴露的健康效应对制订有关环境、健康政策的意义远较急性短期效应大。但迄今为止，与全球数百例时间序列的急性效应研究相比，大气颗粒物长期暴露与死亡率变化关系的队列研究仍然相对较少，目前仅 20 世纪 90 年代哈佛六城市研究和美国癌症协会队列研究得到公认并被广泛引用。这两项队列研究均证实大气颗粒物的长期暴露与人群心血管疾病死亡率的上升相关，且细颗粒物与死亡率变化的关系远较粗颗粒物密切，大气颗粒物慢性暴露的相对危险度远较急性作用大。2000 年，美国 EPA 及健康效应研究所（the Health Effects Institute，HEI）重新评审了这两项队列研究的成果，进行了敏感度和不确定性分析，证实了这两项研究的可靠性。此外，生态学横断面研究也显示，长期暴露于大气颗粒物，会引起机体心血管系统死亡率和发病率上升，进而构成对人群健康的严重威胁。最近报道的大气污染干预研究，发现大气颗粒物污染的改善与居民心血管疾病死亡的下降相关，从另一侧面证实了大气颗粒物对心血管系统的慢性影响。美国科学家 Dockrey 等追踪了六座城市 8 111 名成年人 14～16 年后，在控制吸烟和其他个人混杂因素后，发现颗粒物重污染区相对于轻污染区，其心血管疾病死亡的相对危险度为 1.26。Pope 等收集了美国 151 座大城市 552 138 名成年 1982—1989 年的资料，结果发现，$PM_{2.5}$ 浓度每升高 10 μg/m^3，人群总死亡率和心肺疾病死亡率分别增加 4.0%和 8.0%。这两项队列研究有力地证实了颗粒物污染长期暴露与心血管疾病的死亡相关。爱尔兰首都都柏林进行的一项干预研究从另一个角度观察了大气颗粒物污染对心血管系统的慢性影响，1990 年 9 月，都柏林开始禁止使用煤炭，截至 1996 年，大气颗粒物的一项指标“黑烟（Black Smoke）”浓度下降了 70.0%（35.6 μg/m^3），在控制了气候、流行性感冒、死亡自然变化趋势等混杂因素后，发现都柏林居民心血管疾病的死亡率由此下降了 10.3%，即每年减少了 243 例心血管疾病的死亡。这项研究有力地加强了大气颗粒物污染与心血管疾病死亡之间因果关系的推断。

徐肇诩等以横断面研究的方法，分析了沈阳市大气污染对总死亡率及各种急慢性病因的影响，结果发现，在按历年环保监测数据分成高、中、低 3 个污染区后，心脑血管疾病死亡率在 3 个区间的差异有统计学意义，与低污染区相比，高污染区心脑血管疾病发病的 OR 值达 1.7（95% CI：1.1～2.6）。

1.1.3.4 国内外颗粒物污染与健康研究的差异

大气细颗粒物的健康效应研究是国际上非常活跃和受到高度重视的领域，涉及环境流行病学、环境化学、大气化学、环境毒理学、环境暴露学以及基础医学与临床医学等多种学科。目前，在颗粒物的环境领域与毒理学领域，国外已经开始了超细颗粒物的研究，如 $PM_{0.1}$ 在流行病学研究方面，国外也有较为系统的研究成果，而我国在这方面处于起步阶段，为了更好地控制我国大气颗粒物污染和改善空气质量，亟须在我国加强颗粒物组分及其污染源识别研究，开展大气细颗粒物对人体健康影响的系统研究。

1.1.4　二噁英

二噁英（dioxins，DXN）是无色针状晶体，剧毒；其化学结构稳定，亲脂性高，不易发生生物降解，具有很高的环境滞留性，且具有致癌性、生殖毒性、免疫毒性和内分泌毒性。二噁英主要来自城市焚烧燃料、橡胶、秸秆和木材等固体垃圾，含氯化合物的合成与使用，纸浆漂白、汽车尾气排放、金属冶炼和城市废水处理等。

1.1.4.1　环境领域的主要研究成果

（1）溯源调查及现状

二噁英（dioxins，DXN），是多氯二苯并-对-二噁英（Polychlornated Dibenzo Dioxin，PCDDs）和多氯二苯并呋喃（Polychlornated Dibenzo Furan，PCDFs）两类近似平面状芳香族杂环化合物的统称。总共有 210 种异构体，其中 PCDDs 有 75 种异构体，PCDFs 有 135 种异构体。二噁英有多种来源，其中焚化废弃物（包括垃圾）是产生“噁英”类毒物的最主要来源；另外，在化石燃料的燃烧过程中也可能生成二噁英类毒物，如在动力发电、建材炉窑、冶金焦化等工业生产过程中的一些工艺环节的排烟、废渣和污水中含有二噁英类毒物及苯并芘等物质；在一些含氯芳烃类化合物的使用过程或生产过程中产生的副产物也可能含有二噁英类毒物，如一些染料、杀虫剂、杀菌剂、木材防腐剂、灭钉螺剂和除草剂及电介质、增塑剂、黏合剂、油漆添加剂、润滑剂等化学品的生产过程中的副产物中有可能含有二噁英类毒物，这些物质不仅随生产过程的废弃物排放到环境中去，甚至有些还可残留在成品上。

（2）主要检测分析方法

环境中二噁英分析属超痕量、多组分分析，对特异性、选择性和灵敏度的要求较高。目前，二噁英及其类似物的分析方法主要有高分辨气相色谱—高分辨质谱联机方法（HRGC—HRMS）、高分辨气相色谱—低分辨串联 MS/MS 方法及生物学免疫检测法。后者可以达到分析检测的特异性、选择性和灵敏度要求，且测得的 TEQs 值与 HRGC-HRMS 相近。

1.1.4.2　毒理学领域的主要研究成果

二噁英可以经消化道、呼吸道、皮肤进入机体，主要分布在肝脏、脂肪组织及皮肤等部位，其蓄积浓度与接触剂量有剂量-反应关系。二噁英可以引起皮肤色素沉着、增生或角化过度，出现氯痤疮。氯痤疮是接触二噁英的一种敏感表现，主要表现为黑头粉刺和淡黄色囊肿。二噁英所致的肝毒性与动物的种属关系很大，豚鼠和仓鼠很少表现肝毒性，而大鼠和小鼠的肝毒性可以严重到使动物死亡。肝毒性主要表现为肝脏肿大，肝实质细胞增生和肥大，转氨酶（丙氨酸转氨酶、天冬氨酸转氨酶）活力明显增大，卟啉代谢发生障碍。

二噁英对细胞免疫和体液免疫都有抑制作用，主要表现为抑制抗体反应，改变 T 细胞的调节功能，使巨噬细胞产生炎性介质等。二噁英能引起实验动物胸腺萎缩，胸腺皮质中淋巴细胞减少。研究发现 2,3,7,8-四氯二苯并-对-二噁英（TCDD）对于胸腺的损害是快速可逆的。TCDD 对雌性动物具有抗雌激素作用，表现为子宫重量减轻，月经周期和排卵周期改变，受孕和窝着床数减少。TCDD 对人和雄性动物具有抗雄激素的作用，表现为睾丸的重量减轻，精子数减少，睾丸内部形态发生改变。

1.1.4.3 流行病学领域的主要研究成果

（1）二噁英的生殖发育毒性

二噁英能损害雌性动物的卵巢功能，抑制雌激素的作用，引起动物不孕、胎仔数减少、流产等。二噁英类可能有抗雄激素和使男性雌性化的作用。流行病学研究发现，在生产中接触 2,3,7,8-TCDD 的男性工人血清睾酮水平降低，而促卵泡素和黄体激素增加；此外，出生前暴露于 2,3,7,8-TCDD 可使子代雄鼠的性行为改变。有资料显示，30 年前有二噁英类暴露史的男性与无二噁英暴露史的同龄人相比，精子数目下降约 50%。

（2）二噁英的致癌性

虽然，二噁英在绝大多数体内和体外致突变实验中都呈现阴性，但是 2,3,7,8-TCDD 呈阳性，且具有极强的致癌作用，可在实验动物的多个部位诱发肿瘤。采用多阶段致癌模型的实验显示，2,3,7,8-TCDD 有很强的促癌作用，但其作为启动剂的作用很弱。流行病学研究表明，人群接触 TCDD 及其同系物与患癌症的总体危险性增加有关。根据动物实验与人群流行病学研究结果，1997 年国际癌症研究机构（IARC）将 2,3,7,8- TCDD 定为明确的人类致癌物。

（3）二噁英的免疫毒性

非致死剂量的二噁英类可引起实验动物的胸腺萎缩，主要表现为胸腺皮质中淋巴细胞的减少，从而影响细胞的免疫功能，二噁英对于确保 T 淋巴细胞发育成熟有重要作用。二噁英对正在发育的婴幼儿的免疫毒性更强，不仅对细胞免疫，而且对机体的体液免疫功能也有抑制作用。

1.1.5 纳米材料

纳米材料是指材料的几何尺寸达到纳米级尺度水平并且具有特殊性能的材料。纳米材料按化学组成分为 4 类：金属纳米材料（如纳米铜）、无机非金属纳米材料（如碳纳米管）、高分子纳米材料（如树形聚酯）、纳米复合材料（如碳纳米管-金属纳米复合材料）。纳米材料具有普通材料所不具备的性质，在力、热、光、电、磁及化学活性等方面表现出许多特殊性能，这些特性使纳米材料在社会生产和生活中得到广泛的应用。与此同时，纳米材料的潜在负面影响也引起了人们的广泛关注，成为新近研究热点。

1.1.5.1 研究现状

近年来，纳米材料生物安全性的问题越来越受到人们的关注，针对纳米材料的毒理学研究也越来越多，虽然取得了一些进展，但仍存在一些问题。目前关于纳米材料研究多集中于整体水平和细胞水平上，分子水平上的研究还较少；纳米材料毒性机制目前仍不清楚；纳米材料的危害评价和表征目前仍十分困难等。这些问题的解决将有利于弄清纳米材料与人体健康的关系，使纳米材料的健康风险评价研究更加深入，从而为正确地进行纳米材料安全性评价提供依据。

1.1.5.2　毒理学领域的主要研究成果

纳米材料特别是颗粒状的零维纳米材料，容易随空气一起被生物体吸入，经呼吸道进入体内，通过血液循环到达器官；同时被呼吸道上皮下的感觉神经末梢（如嗅球、嗅神经）摄取并经轴突向神经节和中枢神经系统转移，有可能引起嗅神经、嗅球，以至脑皮质及皮质下结构的异常改变或退行性神经疾病的发生。此外，金属纳米材料也可以经消化道吸收，有研究表明，金属纳米材料经消化道吸收能够对肝、脾、肾等脏器造成损伤。肝、脾和肾是铜纳米颗粒的靶器官，病理检测结果显示铜纳米颗粒暴露组小鼠的这些脏器表现出剂量相关性损伤，如肝中央静脉周围组织脂肪变性、紫红质沉着；肾小球炎症、近曲小管上皮细胞不可逆坏死；脾萎缩、脾间质组织纤维化等，血液生化检测显示肝功能和肾功能受到明显抑制。Muller 等采用注射法研究多壁碳纳米管对大鼠肺部的影响，发现注射 60 d 后，碳纳米管仍存在于肺中，而且引起了炎症和肺部纤维化。Oberdorster 等发现 ^{13}C 纳米颗粒被大鼠吸入后，由肺组织向嗅球（脑组织的一部分）转移，而且研究表明 ^{13}C 纳米颗粒可能会在大鼠脑组织中积累，并产生毒性效应，如炎症反应等。

1.1.5.3　流行病学领域的主要研究成果

（1）对心血管的毒性

有流行病学研究发现空气超微颗粒（UFPs，粒径＜0.1 μm）暴露与心血管疾病之间存在密切联系，这可能与吸入的纳米颗粒经肺进入血液循环，导致血管内皮组织损伤有关。研究表明，碳纳米管被吸入后可能在呼吸道聚集并阻塞气道，到达肺区深部的碳纳米管能够引发肺组织炎症反应、肉芽肿等毒性损伤。动物毒性实验发现，纳米氧化钛（TiO_2）颗粒能够使肺泡巨噬细胞（AM）清除能力显著降低，并引发较强的肺部炎症反应。

（2）对神经系统、细胞的毒性

有研究表明，纳米颗粒经过表面修饰后可经特异受体介导穿过血脑屏障进入中枢神经系统。此外，研究发现纳米颗粒还会产生细胞毒性，导致细胞损伤。Bttini 等比较多壁碳纳米管对人 T 细胞的原始毒性和氧化毒性，发现后者毒性更大；当其质量浓度为 400 μg/mL 时，将造成大量生殖细胞程序性凋亡，极大地降低了细胞繁殖力。近年来纳米材料在化妆品中的应用逐渐增多，例如，氧化钛（TiO_2）和氧化锌（ZnO）纳米颗粒因可以有效阻隔紫外线而被用作防晒剂，纳米尺度的脂质体也被应用到护肤品中。通过皮肤接触的这些纳米材料可能会穿过多层细胞进入真皮，随后进入毛细血管、淋巴管或被神经末梢摄取，从而对人体构成潜在威胁。

1.2　生物性污染与人群健康

1.2.1　环境领域的主要研究成果

（1）污染来源及现状调查

大气生物性污染是指空气中的有害微生物、生物性尘埃使大气的质量下降，影响和危害生物生存和人体健康的现象。大气生物性污染主要包括大气微生物污染、大气变应原污染和大气生物性尘埃污染。

大气中微生物包括细菌（球菌、杆菌、放线菌）、真菌（霉菌和酵母菌）、病毒和噬菌体。寄生在人和动物体内的许多微生物可以通过呼吸直接进入大气，也可以随痰液、粪便等排泄物进入地面。进入环境的微生物及土壤中原有的微生物都会附着在飞扬的尘埃颗粒上飘浮在空中，造成大气环境质量恶化。大气微生物污染，会使空气成为传播呼吸道传染病的媒介，也可污染食品，使之腐败变质。

大气中的生物性污染物是一种空气变应原，主要有花粉和一些霉菌孢子。这些由空气传播的物质，能在个别人身上引起过敏反应，空气变应原可诱发鼻炎、气喘、过敏性肺部病变。另一种是病原微生物，抵抗力较弱的病原微生物在日光照射、干燥的条件下，很容易死亡；抵抗力较强的病原微生物，如结核杆菌、炭疽杆菌、化脓性球菌，能附着在尘粒上污染大气。有些绿色植物（如杨柳）的种子成熟时，由于种子带缨而在大气中随风飘荡，形成生物性尘埃，这种污染不但给精密仪器制造工业带来困难，影响产品质量，而且也使人体健康受到影响或危害。目前，城市绿化部门对产生生物性尘埃污染的绿色植物，不栽雌株，只栽雄株，可有效地减轻污染。

大气中微生物与时间、季节和气象状况以及人类活动都有密切的关系。影响大气微生物污染的因素很多，主要包括人的因素（人流、车流）、气象（气温、湿度、风速）、环境（绿化、地理位置、水、化学污染）等。谢慧玲等在研究中发现，人流量与空气微生物含量呈正相关，车流量与空气微生物含量呈显著正相关。方东等在研究中发现，大气微生物含量与大气中 PM_{10}、SO_2、NO_2 的分析结果有一定的相关性，且与 PM_{10} 呈明显的正相关。由于受人类活动和化学污染物的影响，各监测区大气中微生物含量也不同。周晏敏等对齐齐哈尔市不同时间段和不同功能区大气微生物污染研究表明，该市大气微生物中细菌含量11 月＞9 月＞3 月＞1 月，霉菌含量 9 月＞11 月＞3 月＞1 月；3 月的风速对大气微生物数量变化起主要作用（细菌γ_{16}=0.737，P＜0.01；霉菌γ_{16}=0.868，P＜0.01），大气微生物污染由重到轻的顺序为商业区、交通区、居民区、工业区、文化区、风景区、对照区。这一规律与方东等对南京市大气微生物的调查，吴金男等对常熟市春季空气微生物调查结果一致。重庆大气微生物含量由高到低的顺序为闹市区、县城区、农村区、山区（对照区）。宋凌浩对上海大气微生物的研究表明，上海市大气微生物含量商业中心高于城郊。王学良等在一气象观测场对空气中微生物含量进行观测，空气中含有的微生物量在晴天最多，阴天最少；一天中，空气中霉菌与细菌含量分别在 14：00、17：00 最多，5：00、8：00 最少；一年中夏、秋季多于春、冬季。胡庆轩对北京、天津、沈阳大气微生物污染研究时发现，京、津春季大气细菌浓度高，夏季低；沈阳秋季大气细菌浓度高，冬季低。北海市大气中微生物含量与气温有显著正相关关系。

从我国诸多的研究成果中不难看出，影响大气细菌粒子浓度变化的因素较多，如大气温度、相对湿度、风速、日辐射强度以及人类活动等。

（2）大气微生物污染检测方法

大气微生物的检测方法多种多样，在检测时需考虑不同微生物的生物学特性，根据检测目的来选取合适的采样器和采样介质，要根据检测环境来布设采样点和采样时间，此外还要考虑到检测的特异性、准确性、可操作性以及气溶胶的粒子大小等。

1）培养基计数法

目前国内外最常用的检测方法是利用空气微生物采样器抽取空气于采样介质中，采样介质可以是液体也可以是固体培养基。选用液体介质采样器一般着眼于气溶胶总数，比如检测孢子、花粉等，样品采集后可直接用血细胞计数板进行计数；对于一般生物气溶胶的检测都用固体培养基进行培养计数，这种方法既可以计算出空气微生物总数，也便于对主要微生物进行形态学鉴定。同时某些采样器（如 Anderson 撞击式采样器）还可以很方便地测定气溶胶的粒子大小分布规律，在国内外生物气溶胶的检测领域，其应用最广泛，结果也最为可靠。然而，也有不足之处，首先，不是所有的微生物都能够在采样培养基上生长，不同微生物有不同的生长要求，如国际上检测空气真菌的标准培养基MEA（Malt Extract Agar）就不适合于嗜干性真菌的生长；其次，生物气溶胶在采样过程中容易失活，从而无法在培养基上形成菌落；再次，空气中许多微生物已经死亡，但其细胞成分仍然能够导致过敏或引起中毒，这部分气溶胶也无法通过培养计数得以测定。

2）生物发光法

由于传统的菌落计数法不够准确而且耗时耗力，所以许多研究都开始尝试将新方法引入空气微生物检测。吖啶橙是常用的染色剂，它能够与微生物染色质结合发出黄色荧光，便于在显微镜下细胞计数。Lange 用 4,6-二氨基 222 苯基吲哚（DAP I）对核酸染色，并引入流式细胞仪对细菌计数。此外生物发光法还包括荧光探针和 ATP 荧光素酶的使用，但是总体而言生物发光法不具备良好的特异性，检测灵敏度较差，可用于水、食品、临床标本的检测，但对于微生物气溶胶来说应用范围有限。

3）免疫检测

利用微生物的免疫原性检测生物气溶胶，Schmechel 等制备了短密青霉（Penicillum brevicompactum）的单克隆抗体，结合酶联免疫吸附（ELISA）检测了实验室发生的生物气溶胶。然而，国外学者的研究表明，用 ELISA 方法检测生物气溶胶的结果因采样条件和细胞状态不同而不同，且微生物特异性的抗体也较难制备。

4）生物标记分子的检测

变形细胞溶解物实验广泛用于检测革兰阴性细菌的内毒素，尽管其特异性非常高，但这种方法更适合于检测微生物的活性而不是总数。革兰阳性细菌的胞壁酸，真菌细胞膜的麦角固醇也都可作为生物标记，有多篇文献报道用气质联用（GS—MS）检测脂肪酸的三羟基末端定量微生物总数，极大地提高了检测灵敏度。

5）分子生物学方法

分子生物学方法在生物气溶胶检测方面有巨大的应用前景。针对微生物 16S rRNA 或 18S rRNA 基因的保守区设计种属特异性的引物和探针，利用聚合酶链式反应技术（PCR）和基因探针检测生物气溶胶，相对于培养法来说，该方法不依赖于微生物的生长或其他生理条件，具有良好的特异性、敏感性和分析速度。Al-vare 对实验室发生 *E. coli* DH1 气溶胶的检测证明 PCR 方法的检测灵敏度能达到 10CFU/m^3。Zhou 等人对真菌气溶胶的 PCR 检测也达到了一个反应体系中 2 个孢子的水平。实时荧光定量 PCR 被认为具有准确定量空气生物气溶胶浓度的潜在价值，它可通过对 PCR 扩增反应中每一个循环产物荧光信号的适时检测从而实现对起始模板定量分析。Haugland 和 Cruz-perez 都成功利用实时荧光定量 PCR 对主要的产毒真菌黑葡萄穗霉和烟曲霉进行了定量检测。然而，绝大多数类似研究都是针对实验室发生的生物气溶胶进行检测，而空气样本由于含有多种 PCR 反应的抑制干扰物，将大大降低 PCR 方法的灵敏度和可行性，因此该方法的应用价值有待探讨。已有研究表明在 PCR 反应前要进行基因组的纯化和模板的稀释，采样介质对模板的制备也非常重要。

1.2.2 毒理学领域的主要研究成果

国内外大量研究表明，大气微生物污染在许多地区已比较突出。随着人类社会的发展，有害微生物作为大气中活的污染物，其对大气质量的不良影响也越来越大。

空气中的微生物经常附着在颗粒物表面，且绝大多数附着于 PM_{10} 中并与其中的颗粒核、化学物质、水分形成生物膜微生态系统，经呼吸道被共同吸入，因此它们之间的联合作用值得关注。附着于颗粒物中的内毒素可强烈地刺激大鼠或人的肺泡巨噬细胞（alveolar macrophage，AM），合成肿瘤坏死因子-α（TNF-α）。1-3-*β*-*D* 葡聚糖是真菌、革兰阴性细菌等的重要结构成分。黄丽红等通过综述国内外有关 1-3-*β*-*D* 葡聚糖的性质、主要有害效应及其可能的机制后提出，1-3-*β*-*D* 葡聚糖为一种强效炎症刺激剂，参与一系列以呼吸道炎症及以过敏性哮喘为主的变态反应的病理过程。

国内的动物实验结果表明了不同来源的生物源性污染物暴露可引起哺乳动物肺部炎症、肺细胞损伤、肺组织及支气管肺泡灌洗液（Bronchial Alveolar Lavage Fluid，BALF）成分发生不同程度的变化。离体培养的肺泡巨噬细胞的功能受到 PM_{10} 和 $PM_{2.5}$ 中生物源性污染物（主要是内毒素）的调控，大量有关生物性污染损害机制研究显示，生物源性污染物（如内毒素等）攻击的首要靶点是 AM。AM 是肺内炎症的调控者，参与机体免疫反应，具有强大的生物学活性。毒素会引起吞噬作用、微粒体分解酶分泌和膜介质等的增加以及 AM 代谢活性增强。

空气污染对呼吸道细胞有毒害和腐蚀作用，可使呼吸道纤毛受损、变短及不规则，破坏防御功能，致使呼吸道微环境遭到破坏。国外也有报道称大气生物污染可使唾液分泌、上皮细胞的脱落等急剧减少，使细菌获得足够时间繁殖，细菌的种类显著增多，这种微生态环境的改变反过来又促进革兰氏阴性杆菌等的黏附与定植，最终导致微生态失调。

近年来的许多研究都着眼于细胞或组织水平上的动物实验，以明确空气生物污染与疾病的关系，为防治此类疾病的发生提供理论依据。Mason 将乳鼠肺泡Ⅱ型细胞暴露于黑葡萄穗霉孢子中，发现细胞不饱和磷脂酰胆碱（表面活性物的主要成分）的生成受到抑制，同时真菌孢子的暴露还改变了肺泡表面活性磷脂的浓度；Nikulin 研究了组织水平的相关影响，分别用低毒力和高毒力的黑葡萄穗霉孢子悬液作小鼠的滴鼻实验，观测结果证明所有组别的小鼠肺组织都出现炎症，高毒力菌株还造成肺部出血性损伤。微生物孢子的吸入免疫反应有助于了解微生物颗粒进入肺部后的详细作用机理。Jussila 采用来源于室内空气中的链霉菌（Strep tomyces californicus）孢子悬液对小鼠气管导入接种，促炎细胞因子肿瘤坏死因子α（TNF-2α）、白介素 6（IL26）、NO 分子都显著升高，结果引发动物肺部的急性炎症反应。

1.2.3 流行病学领域的主要研究成果

国外有关大气生物性污染的健康影响研究较多，美国环保局（EPA）和疾病预防控制中心（CDC）于 1998 年开始研究室内 PM_{10} 和 $PM_{2.5}$ 中生物源性污染物的健康影响，一些欧洲的科研机构也于近年来重新回顾其资料，以研究生物源性污染在慢性阻塞性肺部疾患、肺炎、心血管疾病等健康事件中所起的作用。Bert 在一项时间序列研究中提出，排除 PM_{10}、SO_2、NO_2、O_3 和其他化学污染物的影响后，归因于不同浓度大气生物源性污染的暴露，使人群罹患 COPD、肺炎、心血管疾病的死亡率分别上升 9.5%～15.0%、10.4%～16.8%和 1.5%～6.1%，且三种病因死亡率与大气生物源性污染浓度之间有良好的剂量-反应关系。

国内有关大气生物性污染与呼吸系统疾病的关系仅有少量的研究报道。阚海东等针对上海市某露天沿街菜市场大气微生物污染对居民呼吸系统疾病影响进行了研究，结果显示菜市场附近住宅室内外空气中细菌总数、真菌数、溶血性链球菌数及可吸入尘数均显著高于对照区；单因素分析表明在均衡了年龄、性别、吸烟等混杂因素影响后，菜市场周围居民呼吸系统疾病患病率显著高于对照组；多因素 Logistic 回归表明，大气微生物污染是呼吸疾病的重要危险因素。

大气微生物污染对人群健康的影响不容忽视，然而大气微生物污染以及其他大气污染对儿童等易感人群呼吸系统的影响还有待深入研究。上海市开展大气微生物污染影响儿童呼吸系统健康的研究表明，研究区（污染区）儿童鼻黏膜充血、鼻甲肿大、过敏性鼻炎、咽充血和扁桃体肿大的检出率为对照区的 1.57～6.50 倍；研究区小学生的 FVC 和 FEV% 普遍低于对照区，多因素回归分析结果显示微生物污染是鼻黏膜充血、鼻甲肿大、咽充血及过敏性鼻炎等病症的主要危险因素，也是影响肺通气功能的主要危险因素。

大气微生物对人类的作用除了与其浓度和种类有关外，也与微生物粒子大小有密切关系。胡庆轩等对沈阳市大气微生物的研究发现，粒径≤8.2 μm 的真菌粒子占真菌粒子总数的 88.4%，吸入呼吸道可引起哮喘，相关的毒理学实验也证实细菌和真菌均可造成肺组织损伤，真菌过敏一直是速发型变态反应的重要致敏因素，哮喘者霉菌皮试阳性率与空气中霉菌检出量呈正相关。有学者对南京市地面大气微生物的水平面进行了调查，发现春夏两季真菌青霉属占首位，其他次之。

综合目前报道，归因于不同浓度大气生物源性污染物的暴露，使人群患心血管疾患、慢性阻塞型肺病（COPD）、肺炎的死亡率上升；还与咳嗽、胸闷、呼吸困难以及皮肤、眼、鼻黏膜和上呼吸道黏膜刺激症状等一些非特异性的亚健康症状有关。并有证据表明，室内生物源性污染与低出生体重、婴儿死亡率及围生期死亡率增高、肺结核、变应性肺炎和鼻炎、哮喘甚至鼻咽癌及喉癌有关。

1.3　放射性污染与人群健康

大气中的放射性物质主要来自核爆炸产物。一些微小的放射性灰尘能悬浮在大气中很多年。放射性矿物的开采和加工、放射性物质的生产和应用也能造成对空气的放射性污染。半衰期较长的放射性元素对环境的影响较大，如铀的裂变产物，其中重要的是锶和铯。放射性元素在体外，对机体有外照射作用，通过呼吸道进入机体，仍有内照射作用。放射性物质在肺中的浓度，通常比在其他器官中大，因而肺组织一般受到较强的照射。肺部的巨噬细胞，在吞噬了放射性微粒以后，可形成电离密度相当高的放射源，进入肺中的放射性物质能十分迅速地散布到全身。除核爆炸地区外，大气中的放射性物质，一般不会造成急性放射病，但长时间超过容许范围的小剂量外照射或内照射，也能引起慢性放射病或皮肤慢性损伤。大气中放射性物质对人体更重要的影响是远期效应，包括引起癌变、不育和遗传的变化或早死等。

1.3.1 氡

1.3.1.1 环境领域的主要研究成果

（1）氡的来源及室内标准

氡为无色无味的放射性气体，是由天然放射性元素铀和钍释放出来的，而铀和钍又广泛地存在于自然界的岩石、土壤、水和植物之中。氡的问题在世界范围内已经引起了广泛的关注。目前，世界范围的调查（中国只有部分省做过局部调查）已经证明，受放射性氡气体的照射是人类受天然辐射源照射的最有意义的要素。它有别于基本本底的其他 3 个要素（宇宙射线照射、陆地射线照射、吸入或食入的长寿命放射性核素），主要表现为在正常的情况下，由氡引发的照射变化大，且引起的高剂量照射比较容易避免。2002 年 11 月 19 日，中华人民共和国国家质量监督检验检疫总局、卫生部、国家环境总局联合发布了我国第一部《室内空气质量标准》（GB/T 18883—2002）并于 2003 年 3 月 1 日实施，该标准规定氡的室内空气质量标准为年平均值（行动水平）400Bq/m^3。

（2）测定方法及辐射剂量估算

大气氡的测定方法：按测量的时间分为瞬时（微分）和累积（积分）两种。

辐射剂量估算主要包括外照射剂量模式、内照射剂量模式和集体有效剂量估算模式。外照射剂量是已知环境γ吸收剂量估算模式，内照射剂量模式主要包括已知空气中核素浓度的估算模式、已知饮水中核素浓度的估算模式和已知食物中的核素浓度估算模式。

（3）污染状况调查

过去 10 年中，约占世界 2/3 人口的 30 个国家，针对住所内的氡浓度进行了大量的调查和研究，尽管能够达到 10 000 所住房，但在一个分层抽样的起居室和卧房中，全年连续进行具有充分质量保证的测量并不多见，而且许多调查是在氡水平较高的房间里进行的；有一些国家的调查偏重于该国氡浓度较高的地区，还有的调查没有进行统计学设计，另外还有一些因素影响估算剂量的结果。我国尚未进行全国性的住宅氡浓度调查，但有数据显示我国住宅氡浓度的人口加权平均值约为 20Bq/m^3；印度完成的全国性调查数据表明，氡的算术平均值为 57 Bq/m^3；美国最近完成的全国住宅氡调查算术平均值为 46Bq/m^3；联合国原子辐射效应委员会采用全世界人口加权得出的算术平均值为 40Bq/m^3，这一结果具有一定的代表性。另外地面上的建筑物，尤其是当用当地采掘的传统土料所建造并具有地下室时（可以看做是地壳和大气之间的过渡），若门窗均开着，室内外空气中的氡浓度不会有大的差别，如门窗紧闭，室内氡的浓度明显高于室外的浓度。此外大量的报道显示，氡的浓度还和居室所处的地理位置相关。

1.3.1.2 毒理学领域的主要研究成果

自 20 世纪 90 年代以来，人们陆续研究氡辐射致肺癌的相关基因，如 P53、K-ras、P16、

6-氧-甲基嘌呤-DNA 甲基转移酶和 hprt 基因，试图寻找氡致肺癌的特异性分子标志物。国内外研究表明，P53 抗体可认为是癌症发展中特异性的生物标志物，其水平的升高与 P53 基因的突变频率及癌症的恶化程度有关。在氡暴露致肺癌的过程中，P16 肿瘤抑制基因的失活和甲基化起着重要作用，同时 hprt 基因突变频率不能作为居室氡暴露的生物标志物。可见氡致染色体的损伤和缺失作用，具有多区段、多位点的特征，提示为多基因而不是单基因的改变。

1.3.1.3　流行病学领域的主要研究成果

氡及其子体的照射主要来自吸入氡气的衰变产物。有害气体从住宅的基地、土壤、墙壁以及各种建筑材料之中不断地逸出并在室内累积，当人们吸入氡气后，氡及其子体产物沉淀在人的呼吸道内和肺部，对支气管上皮产生照射，造成辐射损伤。国内外科学家的研究均已证实：环境中高浓度的氡是引起肺癌的重要病因之一，特别是吸烟者，由于焦油和其他有害物质也附着在肺部，在相同氡浓度环境中生活，其发生肺癌的几率比不吸烟者要高出 10～20 倍。据不完全统计，全世界不吸烟的人群中，约有 20%的肺癌来自氡的照射，而且单位低浓度氡照射比单位高浓度照射具有更大的危险度因子。由此引起了世界范围内的关注，并已经形成氡致肺癌的研究热点。

根据国内外文献报道，对于氡的流行病学研究主要集中在：① 全世界患肺癌死亡的总人数中，有 8%～25%是由于以前吸入空气中氡造成的，英国患白血病的人中，有 12%是由氡引发的；② 由氡而死亡的人数，美国每年 1.4 万人（艾滋病约 2 万人）、英国约 1 万人、瑞典约 1 000 人，俄罗斯和中国约 5 万人；③ 住宅氡超标的情况：在德国、加拿大和北欧三国，有 7%～15%住宅氡超标，在加拿大有 5.6%住宅氡超过 400Bq/m^3，1%超过 800Bq/m^3，德国有 3%住宅氡超过 300Bq/m^3；美国 1986—1990 年调查住宅 43 000 所（全国有 1 亿所），其结果是全国住宅氡平均 124Bq/m^3，其中 21%的住宅超过 150Bq/m^3，5%超过 400 Bq/m^3，1.9%超过 740Bq/m^3；④ 对我国 12 个省份 37 个地区 67 个商家的 46 种石材产品进行放射性检测，其中 38 种产品符合 A 类指标，合格率占 82.6%；⑤ 美国国家安全委员会（National Safety Council）将氡列为仅次于酗酒开车的第二大死亡原因；⑥ 据国内有关文献报道某市对白瓷砖装修的房屋内测量的氡浓度比对照组高 1 倍，有地沟入孔的居室内比无入孔的高两倍，用高炉渣砖和粉煤灰砖建造的房屋内氡浓度比传统红砖的高 1 倍以上，与塑料大棚相连接的房屋内氡浓度也较高；⑦ 根据调查，随着工业发展和科技进步，许多矿业废渣、煤渣、钢渣或工业副产品被开发用于建材和装饰材料，如工业石膏板、用花岗岩制成的精美石材，已经成为室内放射性的重要污染源，尤其是经豪华装修后空调换气率较少的房屋。

由于天然辐射构成的有效剂量中 1/2 以上来自氡的子体，有研究对矿工的观察证明：低水平氡子体暴露与肺癌之间存在线性相关，矿工与实验动物接受氡子体暴露的最低致癌剂量接近从天然本底得到的累积暴露量，因建筑材料放射性水平增加或通风不足可以导致室内氡浓度增加，甚至接近能引起矿工肺癌增加的矿井下的氡浓度，故当前迫切需要通过人群流行病学的研究，对室内氡特别是高水平氡诱发居民肺癌的危险进行直接评价。根据联合国辐射效应科学委员会（UNSCEAR）2000 年的报告，人类生活环境中由于吸入氡及其子体所产生的辐射剂量约占全部天然辐射剂量的 54%。

室内氡的问题一直是辐射防护领域关注的重点，2005 年世界卫生组织启动了全球住宅氡项目（IRP），将天然放射性核素氡作为全球疾病负担的首选核素。氡浓度的增加多见于使用明矾页岩为建材的居室，对人们所关心的低剂量率照射的辐射致癌效应是人类接受低剂量照射唯一得到证明的效应。继 18 世纪的工业革命带来煤烟污染，以及 19 世纪石油和汽车工业发展带来光化学烟雾污染之后，现在人类又进入了以室内空气污染为标志的第三代污染时期。国际上公认室内污染被列入对公众健康危害最大的环境因素，因此，政府有关部门和居民对居室内的放射性氡所致的危害必须给予足够的重视，以减少它所带来的危害。

1.3.2 锶和铯

^{90}Sr 是锶的一种放射性同位素，β射线放射源，半衰期为 28 年。铯的放射性同位素共有 34 个，其中 ^{137}Cs 放射性较强，半衰期为 30 年。它们都能够通过物质的迁移循环进入人体，危害健康。^{90}Sr 的化学性质与钙相似，所以能冒充钙进入人体，累积于骨骼中，并放出β射线照射附近的组织，造成骨癌和白血病。^{137}Cs 的化学性质与钾相近，进入人体后，在肌肉中富集，放出γ射线和β粒子，照射人体的肌体，尤其影响人的生殖腺，破坏生殖机能。慢性放射性病是一种全身性疾病，使造血器官、心血管系统、内分泌系统和神经系统等都受到损伤。沾染了放射性物质不只危及病人本身，而且影响后代，这种危害的暴露过程往往延续几年、几十年。放射性废物处理也是一个严重的环境问题。

1.3.2.1 环境领域的主要研究成果

（1）放射性污染溯源

放射性污染主要来源于核爆炸，核电站泄漏等产生的放射性落下灰也是一种特殊的飘尘，它们一旦进入大气后，便长时间停留在大气之中，随着气流输送至全球各地，造成严重的空气污染。特别是长寿命的裂变产物，一旦进入人体，会长年照射人的机体，造成白细胞死亡、畸形或引起其他辐射病。

（2）污染状况调查

1986 年切尔诺贝利发生爆炸，将大量的放射性物质送入大气，给当地环境和居民造成灾难性健康问题；另外，核电站也向大气中排放一定量锶和铯。马明强等分析了秦山核电基地周围环境放射性水平结果显示：大气沉降灰中 ^{90}Sr（锶）、^{137}Cs（铯）的沉降量分别为 0.64Bq/(m^2·a)、0.31 Bq/(m^2·a)；河水、自来水中 ^{90}Sr 含量分别为 0.81 mBq/L 和 0.80 mBq/L，^{137}Cs 含量分别为 0.48 mBq/L 和 0.33 mBq/L；稻米、蔬菜、鱼类等样品中 ^{90}Sr、^{137}Cs 的含量均低于 1Bq/kg。该结果表明：环境中大气沉降灰、饮用水、食品等样品中放射性水平属正常本底。

（3）检测方法

^{90}Sr 用经典的发烟硝酸法，^{89}Sr 采用 4πβ液体闪烁活度测量基准装置进行测量。^{137}Cs 用碘铋酸盐沉淀法，测定仪器常见为 BH1216 低本底α、β测量仪，仪器β探测下限为 2.66×10^{-3}Bq；另外，国内对 ^{137}Cs 的测定进行了修正，提供了一种新型、更加直接的溶剂萃取原子吸收法，移取一定量的铯标准溶液于分液漏斗中，加入酒石酸钠-钾溶液、氢氧化钠，混匀，再加入萃取剂（t-BAMBP-环己烷溶液），振荡摇匀，待静置分层后取有机相直

接测定。

1.3.2.2　毒理学领域的主要研究成果

（1）锶的毒理学研究进展

1）锶在人体内的代谢及生理作用

锶从胃肠道吸收很少，口服后大部分从粪便排出，少部分从尿液排出。氯化锶气溶胶经呼吸道的吸收率可达 30%～50%。经无损伤皮肤或皮下、肌肉、静脉注入时，吸收较快，并蓄积于骨骼中，部分随尿液排出，微量随汗液排出。大量动物实验表明，高锶组，孕期鼠的骨中蓄积锶最高，未孕雌鼠最低，雄性鼠中等。孕期和哺乳可提高母体骨锶、降低骨钙，因为钙被排出而有利于转移到胎盘和乳腺。锶在体内的代谢与钙很相似，含钙较丰富的器官也含有较多的锶。正常情况下，人体内的锶与钙及其他元素之间有一定的比例关系。日本对学校儿童头发中镁、钙和锶浓度关系进行了调查，发现三种元素之间呈正相关，三种元素之间男性钙镁比值为 10.73±1.54，镁锶比值为 59.71±1.99，钙锶比值 640.9±1.74；女性的钙镁比值为 10.51±1.41，镁锶比值为 22.27±1.60，钙锶比值为 235.9±1.65；女性的锶钙比值较男性高，这可能由于女性摄入肉食比男性低的缘故。锶在人体内的含量为 0.14 g，占人体重量的 0.000 2%。骨骼和牙齿是锶的主要储存库。锶在骨骼中的正常浓度为 360 mg/kg。在牙齿中的平均浓度为 1.43±0.18 mg/kg（湿）和 2.34±1.63 mg/kg（干）。牙釉质的锶比牙质的明显高，且随年龄的增加而增加，牙冠和牙根部锶的含量相同。锶是骨骼和牙齿正常钙化不可缺少的元素。锶缺乏时，会破坏与钙、镁、锌之间的比例关系，锶过多，会使骨骼形成受抑制，并引起动物全身中毒。

2）饮水摄入锶

饮水是锶的暴露途径之一，随着人们对饮用水水质要求的提高，人们在不断寻求天然的和洁净的饮用水水源，尤其是天然矿泉水越来越受到人们的喜爱，但有的地下水中含锶量较高。我国陕西大荔县是世界银行第一期贷款的农村改水试点县，改水后的深井自来水中锶的含量高达 2.2 mg/L，当地有关部门多次询问这样的水是否对饮用者的健康有害，然而就目前对锶的研究水平，尚不能给予明确答复。我国《饮用天然矿泉水》标准（GB 8537—87）中，锶被定为界限指标和限量指标，规定锶在矿泉水中的含量为 0.2～5 mg/L，与一般饮用水不同的是矿泉水的每天饮用量是以 500 mL 计算的。当然该标准锶的限量是否恰当也有进一步研究的必要。

美国威斯康星州，饮水中锶浓度为 0.22～33.6 mg/L。采集 91 名 14 岁男性儿童的唾液（未刺激）测定锶的含量，锶浓度 0.035±0.001mg/L，范围为 0.02～2.93 mg/L。唾液中锶浓度与摄入时间和摄入量有关，摄入 30 mg 锶 1 h 内唾液中锶浓度达 15 mg/L。有研究发现，龋齿流行与锶在饮水、斑牙和釉质中的含量呈负相关。但有报道称，锶与龋齿之间有一弱的正相关（r =0.341，P<0.001），这也许与锶能降低氟在牙齿中的沉积，特别是在釉质中的沉积有关。

3）锶对免疫系统的影响

大颗粒细胞（LGL）是人体外周血单核细胞的亚群，它含有自发的细胞毒性和自然杀伤介质。研究表明，锶能促使颗粒细胞脱粒，抑制自然杀伤细胞（NK 细胞）的功能。形态学比较发现：锶引起 LGL 的超微结构改变，导致 LGL 脱粒离体；实验还表明，锶对人体外周血单核细胞的自然杀伤活性具有抑制作用，单核细胞数量则无明显减少，而锶是通过阻止效应细胞影响 NK 细胞作用的；锶还有能抑制干扰素增强 NK 细胞活性的作用。临床研究发现：活动性类风湿病和关节炎患者粒细胞中的钙和锶浓度有很大的增加，并与炎症活动有关，其机理是否与机体的免疫系统有关还有待研究。

4）锶对精子活性的影响

细胞外钙是人体精子获能和顶体反应所必需的，锶对精子获能和顶体反应的作用与钙相似，用氯化锶代替氯化钙，可明显增加精子的穿透能力。英国科学家将分离出的精子置于泰洛液中（含钙或锶），培养 12 h，第二天清晨将分离出来的精子再置于含钙或锶、有仓鼠卵细胞的培养液中，发现含锶介质中培养的受精率明显高于含钙介质的。

5）锶与肿瘤

微量元素与肿瘤的关系是目前世界上研究的热门课题之一，目前有些微量元素，例如，硒和有机锗，已表明具有抗肿瘤作用，它们通过调节人体免疫功能而达到拮抗肿瘤的作用。有人测定了不同肿瘤病人脑脊液中微量元素的含量，样品来自 47 名脑部肿瘤病人（4 名良性的，13 名恶性的），17 名白血病人，10 名淋巴瘤病人和 27 名对照，测定结果表明：锶在脑脊液中的浓度正常。

6）锶对细胞周期的影响

DNA 和细胞膜在电离辐射作用下受损可使细胞出现增殖抑制、周期阻滞，甚至凋亡和坏死，且其影响结果与受照射细胞的敏感性、受照射时的周期时相、吸收剂量及射线种类等有关。我国研究人员发现，MCF-7 细胞经 ^{89}Sr 的β射线照射后，其增殖抑制情况和各时相的细胞比例随所受辐射剂量的大小而变化，且其基因表达各异。MCF- 7 细胞受 ^{89}Sr 诱导，经β射线照射 24 h 后，增殖明显抑制，且与 ^{89}Sr 放射性浓度呈正相关。

（2）铯的毒理学研究进展

有实验以鸡为研究对象，研究 ^{134}Cs 在鸡体内的累积与代谢情况，为减少放射性同位素污染及安全提供参考依据，结果表明：^{134}Cs 引入后能很快被吸收，并迅速转移到鸡的各内脏器官和组织中；6 h 放射性比活度在肝、肠、胰、心脏中积累较高，达到（3 210 780±1 560）～（4 568 580±1 860）Bq，血、肉、骨、毛中累积较低，在（198 480±360）～（198 480±360）Bq，之后随着时间的延长，在各器官和组织中的放射性比活度逐渐降低；在 24 h 时，组织中放射性比活度下降到 6 h 时的 30%左右。到第 69 天时除毛和肉中外，其余器官和组织中均未能检测到放射性 ^{134}Cs 的存在。喂饲 NaCl 能减轻 ^{134}Cs 在鸡体内的积累，清水浸洗对鸡肉中 ^{134}Cs 清除效果明显。

^{134}Cs 对中枢、外周免疫器官免疫细胞增殖有影响，还具有遗传毒理效应，对骨髓细胞染色体畸变、精原细胞染色体畸变和精子畸形有影响。有实验显示，^{134}Cs 诱发骨髓细胞染色体畸变率可随剂量增大而升高；^{134}Cs 诱发精原细胞染色体畸变在较高剂量内污染时，畸变率显著增升，而精原细胞中多倍体与 ^{134}Cs 注入量之间的关系不明显。^{134}Cs 诱发精子畸形时，随着 ^{134}Cs 注入量的加大而精子畸形率随之增升，诱发的精子畸形以无钩精子为主。

1.3.2.3 流行病学领域的主要研究成果

锶放射使人体产生头痛、头晕、易倦、乏力、睡眠障碍、记忆力减退等神经衰弱症状。有调查显示，^{90}Sr 放射工作人员不同程度地受到低剂量射线照射的影响，并与以往关于低剂量长期照射引起机体生物效应的报道基本一致。铯放射致严重型再生障碍性贫血，接触放射源后，出现贫血、结膜苍白、齿龈出血、指甲变黑，化疗后出现发热、皮肤及消化道出血，患者高度营养不良，以及明显消瘦等症状。研究认为在射线作用下染色体受损伤，出现断裂、缺失和易位等畸变以及某些细胞基因发生突变；细胞 DNA 合成过程紊乱，DNA 断裂二聚体破坏，并且修复过程中错构，均能导致异常蛋白质合成，成为白血病的发病基础；与此同时，受射线作用后，机体免疫功能下降，或某些化学物质生物性与射线协同作用于机体，均可促使白血病的发生。此外射线可激活体内白血病病毒，从而诱发白血病。

有学者研究了俄罗斯切尔诺贝利核电站核泄漏事故对妇女免疫功能的影响。研究结果表明，低强度放射对妇女机体的长期影响，使免疫活性细胞数量和机能活性均发生改变，导致继发性免疫缺陷。Elise Grignard（2010）等研究了切尔诺贝利事故之后环境中的放射性核素对儿童内分泌系统的干扰，结果表明，在儿童内分泌系统中分子水平受到 ^{137}Cs 污染的影响。葛宗良（2005）等调查了海宁市环境放射性介质浓度与出生缺陷发生率的变化，结果显示，海宁市γ辐射空气吸收剂量率在天然辐射本底水平涨落范围之内，γ辐射吸收剂量率水平属正常地区；对照秦山Ⅰ期机组运行前后海宁市及周边县市淡水中放射性核素 ^{90}Sr 和 ^{137}Cs 的平均浓度未见明显增高；对比秦山Ⅰ期机组运行前后出生缺陷年平均发生率的相关资料，出生缺陷儿年平均发生率也未见明显上升。陈质庵（1999）综述大量国内外文献，研究了锶与佝偻病的关系，发现锶摄入过多，可以影响骺板生长软骨的代谢及其氨基多糖和胶原大分子物质的合成以及结构上的改变，导致锶佝偻病的产生。

第 2 章　水体污染与人群健康

水是重要的环境要素之一，也是人体的重要组织成分。成年人体内含水量约占体重的65%，每人每日生理需水量 2～3L。水污染可通过饮用水或食物链影响人群健康。水中的某些污染物如汞、镉等可通过生物蓄积作用沿食物链进行富集，使这些污染物在人体内的浓度远大于水中的浓度，从而增大了水污染的危害程度。

水污染对人体健康的影响主要有以下几个方面：① 引起急性和慢性中毒：如甲基汞中毒（水俣病）、镉中毒（痛痛病）、砷中毒、铬中毒、氰化物中毒、农药中毒、多氯联苯中毒等，这些急性中毒和慢性中毒是水污染对人体健康危害的普遍方式。② 致癌作用：某些具有致癌作用的化学物质，如砷、铬、镍、铍、苯、胺、苯并[*a*]芘和其他的多环芳烃、卤代烃污染水体后，可以在悬浮物、底泥和水生生物体内蓄积。长期饮用含有这类物质的水或食用蓄积有这类物质的生物就可能诱发癌症。③ 发生以水为媒介的传染病。④ 间接影响。

2.1　重金属（类金属等）污染与人群健康

2.1.1　汞

2.1.1.1　环境领域的主要研究成果

（1）汞污染溯源及管理

汞（mercury，Hg），又称水银，是自然界唯一的液体金属，有毒，原子量 200.59，熔点为–38.87℃，沸点为 356.6℃，相对密度 13.595，蒸气相对密度 6.9。汞在空气和水中稳定，与酸（浓硝酸除外）和碱不反应，导热性和导电性良好。汞及其化合物的用途非常广泛，主要用于化工、冶金、电子、轻工、医药、医疗器械等多种行业。在汞的总用量中，金属汞占 30%，化合物状态的汞约占 70%。

汞污染的原因有自然因素也有人为因素。自然因素：主要来源于地质源的自然释放。汞在自然界中分布极广，几乎所有的矿物中都含有汞，会自然释放到大气中，其成分主要是单质汞，还有少量二甲基汞[$(CH_3)_2Hg$]和挥发性无机汞化合物等。此外，地球经一系列的自然过程如火山活动、地热活动、森林火灾及地壳放气作用等，将汞释放入大气、水体、土壤、植物表面，也是汞污染的重要来源。人为因素：主要是由于汞及其化合物广泛应用于工业、农业、医药等行业。氯碱工业、塑料工业、电子工业、混汞炼金和雷汞生产排放的废水是水体中汞的主要来源。

针对全球汞污染的严峻形势，联合国环境规划署（UNEP）正在督促各国政府建立“清晰、明确的目标”，促使全球汞污染水平下降并开创全球产品和工艺无汞化的新局面。2008年10月，UNEP汞问题不限成员名额特设工作组第二次会议通过了综合汞框架，计划从汞的供应、需求、国际贸易、排放、环境管理、存储和场址补救等方面采取行动。目前国际或区域间主要在汞的减排、控制措施选择、汞的检测和相关信息的交流等领域进行沟通和合作。欧盟提出全面控制汞污染的长期计划，其中包括2011年禁止汞产品出口，以及汞被禁止使用后的处理和安全储存问题，并列出了汞温度计退市时间表。近几年来，我国加强了对汞的生产、使用、进口、出口及加工管理，严格限制汞矿开采，同时大力发展洁净煤技术和新能源产业，减少因燃煤造成的汞污染，此外还开始逐步建立汞污染检测系统，加强对汞排放的监控。我国《污水综合排放标准》（GB 8978—1996）规定汞的最高允许排放浓度为0.05 mg/L。

（2）汞污染现状调查

汞污染在世界各地分布较广，甚至连人迹稀少的北极也在受到汞污染的威胁。20世纪70年代前后，美国密歇根州首次出现汞污染。90年代中期在美国北卡罗来纳州邻近老金矿作业区发现了汞污染问题，虽然该地区在几十年前已停止排汞，但该地区苔藓中汞含量仍高达4 900 μg/kg。2000年，Bernine Khan等人研究发现，由于湿地底质中汞的积累，在佛罗里达湿地生活的美洲鳄组织器官中汞高于正常水平，其肝脏和肾脏的含汞量高于正常值70%，肌肉组织的汞高于正常值50%。北美东北部的178个品种的鸟全部受到了汞的污染。受氯碱企业排汞影响，欧洲多个国家出现汞污染问题。阿尔巴尼亚的Vlora海湾北部4 km处，排污口底质总汞浓度为2 010 μg/kg，导致附近海水底质汞平均浓度为0.314 mg/kg，最大浓度为0.920 mg/kg。来自瑞典、丹麦和英国的科学家报告在北极沉积物样品中汞含量是自然背景值的3倍。丹麦自然环境研究所调查人员的最新一项研究发现，生活在格陵兰岛上的北极熊毛皮汞含量，是14世纪北极熊毛皮的11倍。日本Yat Sushiro海域由于受到水俣湾汞污染，汞平均浓度为0.57 mg/kg。

我国的汞污染报道主要集中于贵州、吉林、陕西、湖北、辽宁和重庆等地。第二松花江在20世纪60—80年代曾发生过严重的汞污染。污染高峰期，江水中汞超过自然本底值400倍，沉积物中总汞最高值达到1 000 mg/kg，上百里江段沉积物汞含量超过1.0 mg/kg。我国武汉市葛店地区水体汞含量平均值为 1 606.77 ng/L；沉积物样品中汞的含量范围为2.450～8.630 mg/kg，平均值 4.677 mg/kg。三峡库区水域，特别是重庆段水域中汞的污染已经较为严重。长江水干流中溶解态的汞平均含量为0.018～0.100 μg/L，悬移质中汞含量高达0.21～0.78 mg/L。

（3）检测分析方法

汞的测定主要有原子吸收分光光度法、吸光光度法、原子荧光光谱法。目前我国水中汞的测定方法标准为《水质 总汞的测定 冷原子吸收分光光度法》（HJ 597—2011）。

1）原子吸收分光光度法（AAS）

原子吸收光谱法有火焰原子吸收分光光度法、无火焰（石墨炉）原子吸收分光光度法、氢化物原子吸收分光光度法和冷原子吸收分光光度法等。冷原子吸收分光光度法测定汞的原理是：汞原子蒸气对波长253.7 nm的紫外光具有强烈的吸收作用，汞蒸气浓度与吸收值成正比。在硫酸-硝酸介质及加热条件下，用高锰酸钾和过硫酸钾将试样消解；或用溴酸钾和溴化钾混合试剂，在20°C以上室温和0.6～2 mol/L的酸性介质中产生溴，将试样消解，使所含汞全部转化为Hg^{2+}。用盐酸羟胺将过剩的氧化剂还原，再用氯化亚锡将Hg^{2+}还原成金属汞。在室温通入空气或氮气流，将金属汞汽化，载入冷原子吸收测汞仪，测量吸收值，可求得试样中汞的含量。本方法适用于地面水、地下水、饮用水、生活污水及工业废水，最低检出浓度为含汞 0.1 μg/L。在最佳条件下（测汞仪灵敏度高，基线噪音及试剂空白值极低），当试份体积为200 mL时，最低检出浓度可达0.05 μg/L。

2）吸光光度法

光度法测定汞有双硫腙（学名二苯硫代偶氮羰酰肼）光度法、二萘基硫代偶氮羰酰肼（又名二萘硫卡贝松）光度法、二乙基二硫代甲酸酮光度法和硫代水杨酸光度法等。上述吸光光度法都存在灵敏度差、分析步骤和干扰因素多等缺点，多数单位已不再采用。

3）原子荧光光谱法（AFS）

原子荧光光谱法分析技术是近年来发展的新技术。目前大多采用冷原子荧光光谱法，该法具有操作简单、快速、基体干扰少、灵敏度高、检出限低等特点。主要适用于空气、水、土壤、食品（包括大米、面粉、鱼、肉、蔬菜、水果）等物质中超微量汞的测定。冷原子荧光光谱仪与冷原子吸收分光光度计均需汞还原汽化装置（或氰化物发生装置）等附件，并用氩气作载气（或用气泵）进行测定汞元素。

2.1.1.2　毒理学领域的主要研究成果

汞常以蒸气状态污染空气。汞及其化合物可通过呼吸道、皮肤或消化道等多种途径侵入人体。各种形态的汞及其化合物都会对机体造成以神经毒性和肾脏毒性为主的多系统损害，其中以金属汞和$(CH_3)_2Hg$对人体的危害最显著。

（1）汞对神经系统的影响

神经系统是汞对机体损害表现最早而且最为严重的一个系统。汞有很强的神经毒性，即使是低水平暴露也会损害神经系统，表现为精神和行为障碍，能引起感觉异常、共济失调、智能发育迟缓、语言和听觉障碍等临床症状。胎儿和幼儿对$(CH_3)_2Hg$的神经毒性易感，$(CH_3)_2Hg$可透过胎盘和血脑屏障，在胎儿体内蓄积，对神经系统具有强烈的毒性作用。妊娠母体接触低剂量的$(CH_3)_2Hg$，其后代即可能出现智能低下、精细行为和运动障碍、神经发育迟缓等症状。1956年发生在日本熊本县水俣湾的“水俣病”事件就是由于工业废水污染环境，导致$(CH_3)_2Hg$经食物链进入人体后被肠胃吸收，最终侵害脑部和身体其他部分而引发的公害病。

近年研究表明，汞的神经毒性机制主要为神经细胞凋亡、神经递质的异常表达和生物膜系统的脂质过氧化作用。例如，国内学者陈强等研究了$(CH_3)_2Hg$对培养大鼠脑神经细胞损伤的影响，通过体外实验探讨氯化甲基汞（MMC）所致脑发育损伤及其与c-fos表达的关系，结果发现，MMC可诱导体外培养大鼠脑神经细胞c-fos高表达，并诱发其凋亡；通过体内与体外实验相结合的方法研究MMC对不同发育阶段的大鼠大脑部位神经细胞染色质转录活性的影响，探讨$(CH_3)_2Hg$对胎、幼脑发育损伤的分子机制，最终发现MMC对大鼠大脑神经元细胞核染色质转录活性及三类RNA聚合酶的转录活性均表现为抑制作用，从分子水平阐述了MMC对神经系统的蛋白质抑制学说。

国内研究人员还利用行为学和组织化学实验方法研究汞对大鼠学习记忆和海马NADPH-d阳性神经元数量的影响，为揭示汞对神经系统损害机制提供一定的实验依据；研究人员采用电子顺磁自旋共振技术，研究实地环境汞污染暴露不同时间后在大鼠脑中引发的自由基及脂质过氧化损伤情况，探讨实地环境汞污染氧化损伤的微观致毒机理，结果表明，环境汞污染暴露7 d后，大鼠脑中自由基相对强度及脂质过氧化产物丙二醛（MDA）含量均显著升高。

（2）汞对肾脏的影响

肾脏是汞在体内作用最主要的靶器官之一。不同方式进入体内的汞及其化合物，均可在肾内蓄积，引起不同程度的肾损伤，其中以金属汞和无机汞的肾脏损害较为显著。无机汞引起的肾脏损伤非常迅速，如100 mg/kg的$HgCl_2$染毒小鼠1 h后就可观察到近曲小管发生退行性改变。汞性肾损伤早期主要为肾小管，包括近曲小管、髓袢升支和远曲小管损伤。有研究进行了汞致急性肾损伤量效关系的探讨，结果表明，染汞剂量与汞体负荷存在剂量反应关系；染汞剂量增加，肾损伤加重；尿汞可作为急性汞中毒的早期判定指标。

（3）汞对生殖系统的影响

汞能够透过血-睾屏障，在睾丸组织中蓄积，从而影响精子数量、质量以及生精过程，降低雄鼠的交配率和雌鼠的受孕率。国内有人研究了氯化汞（$HgCl_2$）对去卵巢大鼠子宫增重及过氧化物酶活性的影响，结果表明$HgCl_2$可诱发大鼠生精细胞凋亡，可能是对雄激素缺失信号的应答；睾丸组织处于氧化应激状态和生精细胞凋亡增加、睾酮水平下降有一定关系。

除以上毒性外，汞还可损伤免疫系统，具有胚胎、发育毒性及造成其他多种非特异性损伤。

2.1.1.3 流行病学领域的主要研究成果

我国科学家对汞在流行病学领域的研究较多。高宇等对舟山地区新生儿及其母亲的汞暴露现状与影响因素进行了研究，结果表明舟山地区新生儿及其母亲的汞暴露水平有一定潜在危险性，其中，食鱼是舟山地区人群汞暴露的主要来源。近几年，国内有学者对松花江汞污染综合治理后，该地区环境汞污染现状、儿童体内汞蓄积水平及儿童生长发育和智力发展状况进行调查，发现松花江汞污染综合治理后环境汞污染状况已明显改善，未发现儿童体内汞蓄积现象，儿童的生长发育和智力发展已趋于正常水平。另有研究以尿β_2-微球蛋白（β_2-MG）含量为肾功能早期损伤指标，研究职业性汞接触工人尿β_2-MG与健康对照组的差异，并分析使用药物驱汞治疗后肾功能恢复情况，结果表明早期肾功能损伤如及时治疗，消除损害因素，肾功能能够较快恢复。因此，对于职业性汞接触工人必须高度重视早期肾功能损伤指标的检测和及时的驱汞治疗。此外，另有学者进行了Hg、As等元素在多指（趾）畸形发生中的作用研究，结果发现孕期工作环境、饮食情况与胎儿多指畸形有关，孕早期汞的环境暴露可能是多指（趾）畸形的危险因素之一。

2.1.2 铬

2.1.2.1 环境领域的主要研究成果

（1）铬污染溯源及管理

1797 年，法国化学家沃克兰首次发现铬。铬（Cr）是一种具有银白色光泽的金属，化学性质很稳定，有延展性，含杂质时硬而脆。原子量 51.996 1，密度 7.20 g/cm^3。熔点 1 857℃±20℃，沸点 2 672℃。

铬广泛存在于自然环境中，是地壳元素之一。它在地壳中的含量范围为百万分之几至大于 1%，平均约为 0.04%，岩石中的铬含量最高者为蛇纹石（1 100～3 400 mg/kg），最低者为花岗岩（2～60 mg/kg）。自然界不存在游离状态的铬，主要为含铬矿石，天然存在的铬矿有铬铁矿（$FeCr_2O_4$）、铬铅矿（$PbCrO_4$）和硫酸铬矿。常见的铬化合物有六价的铬酐、重铬酸钾、重铬酸钠、铬酸钾、铬酸钠等，三价的三氧化二铬（铬绿、Cr_2O_3），二价的氧化亚铬。铬的化合物中以 Cr^{6+}毒性最强，Cr^{3+}次之。

环境中的铬来自自然源和非自然源。自然源主要是岩石中的铬，由于风化、地震、火山爆发、风暴和生物转化等自然现象，使铬由岩石圈进入土壤、大气、水及生物体内，由此而来的铬大多是 Cr^{3+}。非自然源的铬主要来自铬的开采、冶炼、铬盐的制造、电镀、金属加工、制革、油漆、颜料和印染等工业部门排放的三废，多是 Cr^{6+}。

铬主要通过皮肤接触、经口摄入和经呼吸道吸入 3 种方式进入人体。职业人群主要通过呼吸道吸入和皮肤接触暴露，一般人群则主要通过食物及饮水经消化道摄入。Cr^{3+}和 Cr^{6+}在某种程度上都可以透过皮肤摄入，尤其当皮肤有破损时。由于 Cr^{6+}具有很强的氧化性，它可氧化皮肤表面蛋白，自身被还原成 Cr^{3+}。通过消化道吸收 Cr^{6+}的含量很低，一般只有少于 0.5%～2.0%的无机态 Cr^{3+}和大约 10%的无机态 Cr^{6+}通过胃肠道吸收进入体内。但通过肺吸收的铬的百分率难以估计，国外有动物实验数据表明，在溶解度相同的情况下，Cr^{6+}比 Cr^{3+}更易通过呼吸道吸收。

Cr^{3+}进入人体后，难以透过细胞膜，而是直接结合于血浆中的转铁蛋白。与 Cr^{3+}不同，Cr^{6+}以铬酸盐离子的状态通过非特异性磷酸盐/硫酸盐阴离子载体穿过细胞膜。在细胞内，Cr^{6+}被抗坏血酸、谷胱甘肽（GSH）、半胱氨酸（Cys）等还原剂迅速还原。除上述三种还原剂外，其他潜在的细胞内 Cr^{6+}还原剂还包括细胞色素 P450 还原酶、线粒体电子传递复合体、谷胱甘肽还原酶、醛氧化酶、过氧化氢、儿茶酚胺、DT-硫辛酸脱氢酶、血和胃分泌物。在这些还原剂中，抗坏血酸和巯基化合物被认为是 Cr^{6+}的最重要还原剂。在 Cr^{6+}的还原过程中，还原剂的氧化可以导致活性自由基的产生和继发的毒性反应。铬最后被还原为 Cr^{3+}后广泛分布于体内各个器官，在骨髓、肺、淋巴结、脾脏、肾脏和肝脏蓄积最多，并在其中形成 Cr-蛋白质复合物。

无论在动物还是人体内，铬的清除都呈两相。快速相，代表铬从血液中清除；缓慢相，代表铬从组织中清除。铬的主要清除途径是通过尿液排出，所占的比重略大于 50%，粪便排泄仅占 5%；仍残留在体内的铬则沉积于体内的深部区室（如骨和软组织），铬从这些组织中清除非常缓慢。经静脉注射染毒后，全身铬清除的半衰期 Cr^{6+}大约为 22 天，而 Cr^{3+}约为 92 天。

Cr^{3+}是一种人体必需的微量元素，而水溶性Cr^{6+}则被列为对人体危害最大的 8 种化学物质之一，是国际公认的 3 种致癌金属物之一，同时也是美国 EPA 公认的 129 种重点污染物之一。铬已被列入中国水环境优先污染物黑名单，实施优先监测和管理。我国《污水综合排放标准》（GB 8978—1996）规定总铬的最高允许排放浓度为 1.5 mg/L，Cr^{6+}的最高允许排放浓度为 0.5 mg/L。《生活饮用水卫生标准》（GB 5749—2006）规定生活饮用水中Cr^{6+}最高允许浓度为 0.05 mg/L。

（2）铬污染现状

美国国家毒理研究中心（NTP）出版的《致癌物报告》中指出，美国一般自来水中总铬的含量为 0.4～8.0 μg/L，河流和湖泊中通常在 1～10 μg/L，通常情况下，郊区空气中铬的总浓度低于 0.01 $\mu g/m^3$。据加拿大渥太华国立研究理事会和德国海洋研究所的资料，世界大气中铬的本底值为 1 $\mu g/m^3$，地表水中铬的本底值为 10 μg/L，海水小于 1 μg/L，土壤和底泥中铬的含量分别为 5～3 000 mg/kg 和 6～1 240 mg/kg。由于环境污染，美国受污染河段铬含量均值为 0.2 mg/L，大量铬酸盐通过河流进入海洋，使近海海水中铬含量为 9.7 μg/L，高出世界海水中含铬量均值约 10 倍。在日本的濑户内海，由于工业污水的大量排入，底泥中铬含量超过 40 mg/kg 的区域占整个海域的 20%。

湟水作为黄河的一级支流，是青海省东部地区的主要河流之一。1996 年以来环保、水利等部门在湟水的多个段面检出Cr^{6+}，部分时间段其浓度超过国家地表水环境质量标准，2003 年在西宁哆吧水源地水井内也检出Cr^{6+}。我国许多地方的地下水中Cr^{6+}严重超标，如锦州铁合金厂造成周围大范围的地下水被Cr^{6+}严重污染，超过标准 200 多倍，无法饮用；包头第二化工厂产生的含铬废渣对包头市韩庆坝地区的地下水造成严重污染，Cr^{6+}的质量浓度超标上千倍。

（3）检测分析方法

测定水中铬的方法常见的有二苯碳酰二肼分光光度法和原子吸收光度法。目前我国总铬的测定采用《高锰酸钾氧化—二苯碳酰二肼分光光度法》（GB/T 7466—1987），其原理是在酸性溶液中，试样的Cr^{3+}被高锰酸钾氧化成Cr^{6+}，Cr^{6+}与二苯碳酰二肼反应生成紫色化合物，于波长 540 nm 处进行分光光度测定。分光光度法测定时，铁干扰测定，当它超过 1 mg/L 时与二苯碳酰二肼试剂生成黄色，六价钼（Mo^{6+}）和汞也与显色剂发生反应，生成有色化合物干扰测定，但在本方法的显色酸度下，反应不灵敏。Mo 和汞的浓度达 200 mg/L 不干扰测定。钒（V）的含量高于 4 mg/L 时会干扰显色，但 V 与显色剂反应后 10 min，可自行褪色。分光光度法的检测范围是 0.004～1.00 mg/L。

原子吸收法是将水样加入试剂后，直接喷入火焰，在空气—乙炔火焰中形成的铬基态原子对 357.9 nm 的共振线产生吸收。将水样的吸光度与标准溶液的吸光度进行比较，计算水中铬的含量。原子吸收法测定时，HCl、$HClO_4$、HNO_3、H_3PO_4、Cu、Ba、Al、Mg、Ca、Na、Sr、Zn、Sn、Fe^{3+}在测定时会产生一定的干扰，在试样中加入 1%～2%的氮化铵可以消除上述大部分的干扰。原子吸收法的检测范围是 0.08～3.00 mg/L。

2.1.2.2　毒理学领域的主要研究成果

铬可以经皮肤、呼吸道及消化道进入人体。职业人群暴露主要是通过呼吸道吸入和皮肤接触，一般人群多通过饮食经消化道摄入。铬是人体必需的微量元素，但若摄入过多，亦可能造成健康损害。

（1）免疫毒性

在动物实验中已观察到Cr^{6+}对免疫系统的影响。对不同分组的大白鼠喂食铬后，观察Cr^{6+}对动物的损伤影响，结果显示，中毒大白鼠外周血T淋巴细胞活性产物的比较，实验组显著高于对照组（$P<0.05$）；另有报道，大鼠在200 μg/m^{3}浓度的重铬酸钠中暴露22天后，巨噬细胞的吞噬活性、血清免疫球蛋白水平及对注射羊血红细胞的抗体反应都有所减弱；兔子在0.9 mg/m^3 Cr^{6+}暴露4～6周（每周5 d，每天6 h）后，巨噬细胞的数量增多，但相同暴露条件下，Cr^{3+}却无作用。

（2）生殖毒性

动物实验研究显示，铬对动物具有胚胎发育毒性和致畸性。有报道发现，Cr^{6+}对雄性实验鼠的生殖能力（性欲、性行为及生育力）有影响。给雄性小鼠腹腔以一次注射20 mg/kg体重或连续21 d每天注射2 mg/kg体重的重铬酸钾后，受孕的雌性小鼠的胚胎存活率减少。三氯化铬（$CrCl_3$）的小鼠精子畸变实验结果发现，$CrCl_3$能使精子畸形率显著增加，说明Cr^{3+}可通过血睾屏障进入生殖系统，干扰精子的正常发育。$CrCl_3$对小鼠卵母细胞成熟和受精能力的影响研究发现，$CrCl_3$可以抑制卵母细胞第一极体的释放，降低小鼠超排卵数和卵母细胞的存活率及体外受精率，说明$CrCl_3$可破坏卵母细胞的成熟，降低卵母细胞的受精能力，具有明显的生殖毒性。

我国科学家对铬的生殖毒性有系统研究。陈琼宇等用三氧化铬对受孕雌鼠进行灌胃染毒，随着染毒剂量的增加，各组动物死胎和吸收胎数也随之增加，各剂量组胚胎外观与骨骼、内脏的畸形率增高，表现为腭裂、露脑、脊柱膨出和骨骼发育不全，说明Cr^{6+}在大鼠胚胎器官形成期具有明显的致畸性和发育毒性。刘海东等通过体外原代培养大鼠睾丸支持细胞，然后使其暴露于不同浓度的Cr^{6+}，从mRNA水平和蛋白表达水平分析Cr^{6+}对支持细胞表达ABP、Tf和INH的影响，结果发现，与对照组相比，ABP与INH的蛋白相对表达量在10^{-6} mol/L浓度时差异有统计学意义（$P<0.05$），Tf的蛋白相对表达量在10^{-6} mol/L和10^{-7} mol/L 2个浓度组均有统计学意义（$P<0.05$）。因此，Cr^{6+}工作液对大鼠睾丸支持细胞具有细胞毒性，在高于10^{-5} mol/L浓度时对支持细胞具有毒性作用，Cr^{6+}能够引起大鼠支持细胞分泌功能的变化，产生生殖毒性作用。叶素兰等研究了Cu^{2+}、Pb^{2+}、Cd^{2+}、Cr^{6+} 4种重金属对鳙胚胎发育及仔鱼存活的影响，实验结果表明，在实验浓度范围内，除0.5 mg/L和1.0 mg/L的Cd^{2+}可促进胚胎发育速率外，其余3种重金属均不同程度地减慢胚胎孵化速率；受精卵孵化率明显低于对照组；初孵仔鱼出现不同程度的畸形；Cu^{2+}、Pb^{2+}、Cd^{2+}、Cr^{6+}对鳙仔鱼的毒性强度为$Cu^{2+}>Cd^{2+}>Pb^{2+}>Cr^{6+}$。我国的Cr酸盐生产工人生殖结局调查协作组报告了Cr酸盐生产男工的妻子的自然流产发生率显著高于对照组。

（3）肝、肾毒性

人群调查和实验研究均已表明铬对肝脏和肾脏有毒性。肝、肾是铬分布和排泄的重要器官，同时也是其毒性作用的主要靶器官。动物实验显示用重铬酸钾给大鼠灌胃染毒，检测血清中尿素氮（BUN）、肌酐（Cre）含量，及肾组织丙二醛（MDA）含量、超氧化物歧化酶（SOD）活性和谷胱甘肽过氧化物酶（GSH-Px）的活性，结果显示随着染毒时间的延长，Cre含量变化不大，而BUN逐渐升高。由此可见，铬亚慢性染毒可导致大鼠肾小球损伤，肾组织抗氧化酶SOD和GSH-Px活力随着染毒时间的延长而逐渐下降，使肾脏脂质过氧化反应增强，引起肾脏损伤。肝、肾组织中存在 1 种能与铬特异结合的分子量约为 1.5 kD 的物质。当铬进入肝、肾组织后，与肝、肾组织中的低分子蛋白结合，形成低分子量铬结合物而蓄积在肝、肾组织中，当达到一定浓度后对肝、肾造成损伤。

国外对铬性肝、肾损伤动物模型进行分析，发现铬染毒 1 d 后，大鼠肝、肾组织中的铬结合物就较对照组明显升高，并随染毒时间的延长而不断升高。每天以 40 mg/kg 重铬酸钾水溶液给大鼠灌胃 5 周后，研究铬对肾脏的损害作用及其与脂质过氧化的关系，结果发现，染毒 5 周后，大鼠血清尿素氮（BUN）升高，而肾皮质超氧化物歧化酶（SOD）和谷胱甘肽过氧化酶（GSH-Px）降低，但未发现肾损害指标与脂质过氧化指标间有相关关系。因此，铬亚慢性经口染毒可引起肾损害和肾组织 SOD 及 GSH-Px 活力降低，SOD 及 GSH-Px 活力降低是铬肾毒性的表现之一，而并非铬致肾损害的直接原因。

王心如发现大鼠在受到 0.2 mg/kg 体重以上剂量重铬酸钠的气管灌注后可引起急性肾损伤，损伤的部位主要涉及近曲小管、远曲小管及肾小球。王晓峰等用浓度为 0、0.1、1、10 及 100 μmol/L 的 Cr^{6+}溶液作用于大鼠肝细胞 BRL-3A，研究 Cr^{6+}对肝细胞的毒性，结果发现，随着 Cr^{6+}浓度的升高细胞活性有降低趋势，并且 Cr^{6+}所导致的细胞凋亡率也与其浓度存在正相关关系，因此，Cr^{6+}可引起肝细胞的损伤，导致细胞凋亡的发生。

此外有研究以 L-02 肝细胞为研究对象，比较 Cr^{3+}和 Cr^{6+}对 L-02 肝细胞的细胞毒效应差异，结果显示，细胞处理 12 h，Cr^{6+}处理组的细胞死亡指数明显高于 Cr^{3+}细胞处理组，在 4～256 μmol/L 浓度范围具有明显的浓度-效应关系（相关系数 r =0.945，P<0.05）；细胞处理 5 h 后，Cr^{6+}低剂量和高剂量组（16 μmol/L 和 128 μmol/L）LDH 的漏出比均明显高于相应剂量的 Cr^{3+}（P<0.05）；在 Cr^{6+}高剂量组（128 μmol/L）ALT 与 AST 的漏出比显著高于相同剂量的 Cr^{3+}（P<0.05）。因此，Cr^{6+}对 L-02 肝细胞的细胞毒性明显大于 Cr^{3+}。

（4）致癌毒性

目前，国际上权威的癌症研究机构 IARC 及美国政府工业卫生学家协会（ACGIH）都已确认 Cr^{6+}化合物具有致癌性，基于基因毒性检测的阳性反应，Cr^{6+}是最强有力的具有基因毒性的铬化合物。Levy 等研究了一些 Cr^{6+}化合物对大鼠的致癌活性。Cr^{6+}化合物的气管灌注实验结果表明，铬酸锶、铬酸锌及铬酸钙摄入组的癌症发病率高于对照组，由此认为部分溶解的 Cr^{6+}化合物具有致癌性，而高溶解度或不溶解的 Cr^{6+}化合物无致癌性。有研究采用鼠伤寒沙门菌/微粒体（Ames）实验、小鼠急性毒性实验和小鼠骨髓微核实验检测铬化合物的急性毒性和致突变毒性，结果表明，$CrCl_3$ 不具有致突变作用，$K_2Cr_2O_7$ 不但急性毒性明显高于 $CrCl_3$，而且具有致突变作用。赵振新等分别用 0.5 mg/L、5 mg/L 及 50 mg/L 的 Cr^{6+}溶液供实验组大白鼠自由饮服，对照组饮自来水，持续 6 个月，观察与评价血清 r-GT、肝 r-GT 灶测定及肝细胞异形增生结节等指标，结果发现，虽然各组血清 r-GT 活力有随染毒剂量增加而升高的趋势，且经方差分析发现总体存在着极为显著的差异（F=8.974，P<0.01），然而 Q 检验表明，只有 Cr^{6+} 50 mg/L 组与其他各组间两两相比较才有显著差异（P<0.01），其他各组间两两相比较均无显著性差异（P>0.05），肝 r-GT 灶及肝细胞异形增生均为阴性结果；该研究中使用的 Cr 渣浸出液的浓度作为染毒剂量，在染毒时间内，未能诱发实验 Wistar 大白鼠肝脏发生癌变。

另外，大量的流行病学调查及职业危害调查均证实，长期暴露于 Cr^{6+}的化合物会明显增加肺癌发病率。美国环境保护机构对 1950—1974 年 2 357 名铬酸盐作业工人进行调查，结果表明，长期暴露于Cr^{6+}增加了肺癌的发病风险，且呈现明显的剂量-反应关系。

2.1.2.3 流行病学领域的主要研究成果

20世纪80年代到20世纪末，许多研究人员对铬的职业暴露和铬污染的人群进行了大量的调查，结果发现，职业暴露和涉铬污染企业周边居民体内铬污染负荷、人群健康损害和不良症状都高于对照人群。

2000年以来，众多学者对铬污染暴露人群进行了深入研究，探讨了铬污染的生物标志物、铬污染与人群健康损害的相关关系等，同时对新兴的涉铬行业污染的健康影响也做了许多研究。赵小颖选择某市12家电镀企业镀铬作业工人124人为职业暴露人群，当地无接触有毒有害物质和重金属污染物人群（41人）为对照人群，采用职业暴露人群调查方法来检测Cr^{6+}职业接触工人铬内外暴露剂量，利用实验室检测血浆氧化应激指标，结果发现，Cr^{6+}职业接触工人作业环境的铬平均浓度在国家容许范围内，在血铬浓度与非暴露人群相比无明显差异的情况下，就可产生职业损伤（鼻黏膜糜烂），其中个人卫生习惯以及职业卫生防护起到一定作用。Cr^{6+}职业接触工人外周血SOD活性明显低于对照组，高血铬和长工龄暴露人群的MDA含量明显高于对照人群，职业接触工人外周血氧化应激指标MDA含量以及SOD活性在反映人体氧化损伤上较敏感。吴兰香等在黄石某化工厂随机选择159名铬作业工人为职业接触组，在位于该化工厂排污口处的二港村，选择97名为环境暴露组，在更远的距离，位于长江对岸的芦苇村选133名居民为基础空白组进行调查，测定人群尿铬并进行流行病学调查，结果发现，159名铬作业工人中，出现流泪症状21人，食欲减退7人，消瘦1人，腹痛7人，外眼结膜炎79人，肺功能异常47人，肝功能异常3人，与对照组比较有显著差异；不同人群尿Cr负荷不同（F=122.139，P<0.001），空白对照人群与环境暴露人群尿铬负荷差异不明显（P=0.230>0.05），职业暴露人群与空白对照人群、环境暴露人群尿铬负荷有显著性差异（P<0.05），且职业暴露人群尿铬负荷高于空白对照人群、环境暴露人群；尿铬与尿NAG酶存在相关性（r=0.182，P<0.001），尿铬与β_2-MG不存在相关性（r=0.005，P=0.92），消除人群分层因素影响后，尿铬与尿NAG酶存在相关性（r=0.357，P<0.001），尿铬与β_2-MG存在相关性（r=0.340，P<0.001）。李少旦等用原子吸收光谱法测定电镀企业接触铬作业的86名工人和同地区无铬暴露的47名对照人群鼻腔灌洗液和红细胞中铬的浓度，结果发现，接触铬组中不同工龄组工人生物样本铬浓度均高于对照组，具有显著性差异（P<0.01）；在接触铬组中，随着工龄的增加，接触铬组工人红细胞中铬浓度呈增加趋势，而对照组中此现象不明显。张广生等选择职业接触工人146人为职业暴露组，铬盐厂周围村民103人为环境暴露组，无环境铬污染地区农村居民140人为对照组，进行流行病学调查，并采集随机尿样和空腹静脉血样，结果显示，职业暴露组的红细胞铬含量明显高于对照组，尿铬明显高于环境暴露组和对照组，差异均有统计学意义。张轩选择浙江省杭州市25家电镀企业的镀铬工人157名为铬接触组，浙江省杭州市某企业无任何毒物和重金属接触史的工人93名为对照组，进行流行病学调查，并对铬作业岗位进行现场检测，研究发现，电镀作业环境空气中铬浓度明显高于国家职业卫生标准（0.05 mg/m^3），铬接触工人红细胞内铬含量显著高于正常人群；铬接触工人DNA链断裂水平和尿8-OHdG含量均高于正常人群，说明职业性Cr^{6+}暴露能够引起DNA氧化应激。

有研究选择 2006 年 5～9 月足月健康新生儿 152 例，其中来自贵屿镇 100 例（暴露组），来自周边乡镇 52 例（对照组），对产妇进行问卷调查，结果发现，贵屿组新生儿脐带血铬几何平均值为 303.38 μg/L，与对照组 20.30 μg/L 相比，有统计学意义（$P<0.01$）；孕妇从事电子垃圾处理相关工作等因素与新生儿脐带血铬水平呈正相关；电子垃圾拆解区部分新生儿铬负荷处于较高的水平，新生儿的铬负荷水平与当地的电子垃圾拆解业及所造成的铬污染有关，初步认为铬污染可能对当地新生儿的健康构成威胁。郭勇勇等在 2008 年 9 月至 2009 年 5 月，以贵屿电子垃圾拆解区和汕头潮南区 253 名健康孕妇作为研究对象，其中贵屿组 126 名，潮南组 127 名，采集其分娩后新生儿脐带血进行检测，结果显示，贵屿组新生儿胎盘铬含量（中位数为 234.31 ng/g）稍微高于贵屿周边其他乡镇（中位数为 228.40 ng/g），但差别不具有统计学意义（$P>0.05$），并且每组男婴与女婴胎盘铬负荷水平差异均无统计学意义，相关性分析也没有发现性别与胎盘铬负荷相关；同样胎盘铬水平与新生儿身高、体重及胎龄的相关性无统计学意义。刘伟等采用石墨炉原子吸收光谱法，检测贵屿镇 225 名 3～7 岁儿童静脉血中铬浓度，通过 Conners 父母症状问卷、Conners 教师问卷（TRS）及自制调查表问卷了解儿童的行为状况并分析相关影响因素，结果显示，贵屿镇儿童血铬均值为 174.3±11.0 μg/L，儿童血铬水平受母亲从事电子垃圾拆解相关工作及时间长短的影响；TRS 各行为因子得分，女童高铬组与低铬组比多动指数得分存在差异，血铬值与 TRS 中的品行问题、多动问题、不注意-被动、多动指数的得分正相关，提示电子垃圾拆解区的铬污染可以通过影响儿童的血铬水平，而影响儿童的神经行为发育。

2.1.3 镉

2.1.3.1 环境领域的主要研究成果

（1）镉污染溯源及管理

镉（Cd）是一种质软、具有延展性和略带蓝色光泽的银白色金属。原子量 112.411，熔点 320.9°C，沸点 765°C，密度 8.642 g/cm^3。镉是较稀有的元素，在自然界都以化合物形式存在，主要有硝酸镉[$Cd(NO_3)_2$]、硫化镉（CdS）、氯化镉（$CdCl_2$）、乙酸镉（$C_2H_3CdO_2$）、半胱胺酸-镉络合物、硫酸镉（$CdSO_4$）和碳酸镉（$CdCO_3$）等。不同形式镉的毒性不同，$Cd(NO_3)_2$ 和 $CdCl_2$ 易溶于水，对动植物和人体的毒性较高。镉在干燥空气中很稳定，湿空气中表面覆盖氧化膜，能溶于酸形成相应的盐，但不溶于强碱。主要用于电镀工业，还可用于制造合金、颜料、电池等。

镉污染既有自然因素也有人为因素。自然因素主要为地质源的自然释放、火山爆发、风力森林火灾等。人为因素主要为金属矿山开采坑内水、废石场淋浸水、尾矿排水以及冶炼、电解电镀等金属加工企业所排放的废水，其中大约 80%以上来自电镀废水。

联合国粮农组织/世界卫生组织（FAO/WHO）在 1973 年所确定的 17 种优先研究的食品污染物中，镉仅次于黄曲霉素和砷，列为第三位最优先研究污染物。1984 年镉被联合国环境规划署列为首位具有全球意义的危险物。中国《生活饮用水卫生标准》规定镉含量不得超过 0.01 mg/L，《工业企业设计卫生标准》规定地面水中镉最高容许浓度为 0.01 mg/L，《工业“三废”排放试行标准》规定废水中镉含量不得超过 0.1 mg/L。

（2）镉污染现状

镉已成为世界各地水域主要污染物之一。20 世纪 40～60 年代，日本富山县神通川流域因为当地的土壤、水源受到了镉的污染，使土地含镉量高达 7～8 μg/g，居民食用的稻米含镉量达 1～2 μg/g，远远超过对人健康产生影响的米镉含量（0.4 mg/kg）。美国学者 Youn-Joo Anll 于 1999 年 6 月～2001 年 10 月对 Texoma 湖水进行检测，结果表明重金属镉的平均值达 20 μg/L，最大值达 249 μg/L，镉污染严重。有研究表明，多瑙河悬浮态重金属镉污染较严重，北海易北河上游段沉积物富集镉已达到自然背景值的 10～100 倍。印度和德国学者对恒河的研究揭示，流经德里等都市的河段沉积物中重金属的含量与自然背景值相比 Cd 的富集超过 14 倍以上。

自然地表水 Cd 含量通常在 0.01～0.03 μg/L，我国的《地表水环境质量标准》（GB 3838—2002）中规定Ⅰ类＜1 μg/L，Ⅱ类＜5 μg/L，Ⅲ类＜5 μg/L，Ⅳ类＜5 μg/L，Ⅴ类＜10 μg/L，农田灌溉用水和渔业用水水质标准都规定水中镉含量不超过 5 μg/L。近年来由于矿山开发、工业排污和生活排污等原因，使得我国部分地区水质严重恶化，镉含量通常高于该标准。在对作为饮用水水源的城市河流污染物检测中发现，城市河流中有 18.46%的河段面总镉超过Ⅱ类水体标准。对我国长江干流、黄河干流、淮河干流、珠江、松花江、海滦河和大辽河 7 大水系和 26 个国控湖泊、库检测发现，长江水系中镉是仅次于汞的重金属污染物，断面总镉的超标率分别为：黄河水系 16.7%，淮河干流 16.7%，滦河 16.7%～83.9%。大量镉进入水体，不但使灌溉的土壤受到污染，而且生产的农作物中镉含量高出正常值几十倍。中国自 20 世纪 80 年代以来对环境镉的污染以及人群健康的危害进行调查研究，结果表明，受镉污染的地区涉及 11 个省、市的 25 个地区；农田污染面积 20 多万亩，污染区稻米中镉含量为 1.32～5.43 mg/kg；每年随工业废弃物排放到环境中镉的总量超过 680 000 kg。根据 1998 年资料，我国受 Cd、As、Pb 等金属类物质污染的耕地面积近 2 000 万 hm^2，约占总耕地面积的 1/5，其中工业“三废”污染耕地近 1 000 万 hm^2。污水灌溉的农田已达 330 万 hm^2。例如，某省对 47 个县（郊区）的 259 万 hm^2 耕地进行调查，发现 75%的县已受到不同程度重金属污染的潜在威胁，且污染趋势仍在加重。由于土壤污染导致食品质量下降，使粮食、蔬菜、水果等食物中的 As、Cd、Cr、Pb 等含量超标或接近临界值，据报道 1992 年全国产“镉米”多达数亿公斤。据现有资料，目前我国环境 Cd 污染严重的地区有以下几个区域：

1）辽宁沈阳张士灌区与和平灌区

该灌区利用含 Cd 污水灌溉耕地 20 多年，污灌耕地 5 万亩（1 亩=1/15 公顷），土壤含镉量达 1～9 mg/kg（环境质量三级标准为 1 mg/kg），造成稻田严重污染。稻米含镉量达 0.4～3.7 mg/kg，按 0.4 mg/kg（监督水平）和 1 mg/kg（发病危险水平）衡量，已达到或超过诱发“骨痛病”的平均浓度。根据对灌区 30 岁以上、密切接触镉 15 年以上的 188 名妇女体检，发现有腰、背、四肢疼痛者占 71%，其中有大关节活动受限者占 61%，是对照区的 2～3 倍；出现肾小管损伤和骨质损伤（骨质疏松软化）者，重污染区分别为 25.9%、19.5%，中污染区分别为 15.9%、15.3%。参照我国“职业性镉中毒诊断标准”和日本“骨痛病”诊断标准，张士灌区上、中游地区受检妇女中，约有 10%的人可视为慢性 Cd 中毒疑似患者。

2）兰州白银重金属污染区

白银地区是以有色金属冶炼和化学工业为主的工业区，随着工业发展，“三废”排放量逐年增加，废气、废水日排放量分别为 2 000 万 m^3 和 8 万 t，其中除含 SO_2、NO_x 等，还有许多重金属，尤以 Cd、Pb、Zn、Cu 等更为突出。当地农民利用白银有色金属公司含金属废水灌溉农田 6 390 亩，长达 10 多年，污染区土壤镉含量多年平均达 8.72 mg/kg，最高达 68.69 mg/kg。重污染区的小麦镉含量最高值达 2.67 mg/kg，平均值为 0.55 mg/kg，是对照区的 15 倍。

3）江西赣州地区

该地区环境镉污染区域包括大余、乐平、德兴、崇义等县，以大余为重。大余西华山是唐宋时代就发现的矿山，清代以前采锡（Sn），1908 年后采钨（W）。由于条件所限，只回收 W、Sn、Bi、Mo、Cu，而伴生的 Pb、Zn、Cd、As 则随尾矿砂和废水外排。该县四矿一厂的“三废”污染 9 万亩农田（占 60%耕地面积），其中污染严重的为 1.2 万亩，土壤镉含量最高达 30 mg/kg，一般为 1.4～7.0 mg/kg，所产粮食含镉量为 0.33～2.45 mg/kg，成为我国生产“镉米”的地区之一。人群健康调查表明，受害严重的村庄十多年以来因肝、肾症状，无一合格青年入伍。

4）广西桂林镉污染区

该地区有四座 Pb、Zn 矿，其中以阳朔、恭城矿含镉品位最高。阳朔矿选矿废水超标 700～2 000 倍，污染近 1 万亩农田，使土壤、稻米严重污染，严重污染的稻田土总镉达 136 mg/kg（可溶性镉达 17.2 mg/kg），农民食用稻米中镉浓度平均达 0.71 mg/kg。人体健康调查表明，有 5 000 余人受镉污染威胁，重污染区人群有明显肾损伤，X 线检查有的人已经出现骨质变化。

5）湖南衡东铅锌矿区

该地区选矿废水排入水沟，农民引水灌田，使 5 000 m 以内的稻田受到镉污染，镉米平均含镉量为 2.13 mg/kg，最高达 3.7 mg/kg，分别是对照区的 52 倍和 91 倍，按当地农民每天吃 500 g 大米计算，镉摄入量就超过 FAO/WHO 每周限量的 0.9～26.4 倍，再加上摄入其他农作物，使镉的累计摄入量增加，势必使长期生活于该污染区的人群健康受到危害。

6）浙江遂昌金矿区

含镉废水污灌使 8 835 亩农田的土壤、大米、地下水含镉量显著升高。污染区大米最高含镉量达 2.94 mg/kg，平均含镉量达 0.58 mg/kg，是对照区的 86 倍。当地居民主食大米 50%以上样品接近“镉米”（1 mg/kg）水平，镉摄入量达 541.9 μg/（人·d），超过 FAO/WHO 规定的耐受限量的 7.6～9.5 倍。

7）葫芦岛锌厂镉污染区

葫芦岛锌厂每年通过烟气排镉约 130 t，废水排镉 6.5 t，废渣 18 t。1950—1974 年排放到环境中镉总量为 1 633 t，其中约 900 t 排入渤海。距厂区 2 500 m 土壤镉达 1～4 mg/kg（对照区 0.056 mg/kg），距厂 1 500 m 以内，空气镉是一般城市的数百倍，海洋镉污染尤其严重，如厂北 25 km^2 的海洋底质含镉量为 1.35～84.5 mg/kg，平均为 18.2 mg/kg，超过本底值 450 倍，污染海域约 8 海里。由于土壤污染严重，使农作物含镉量明显升高，厂南 1 100 米范围的稻米含镉量为 1.38～3.25 mg/kg，已达不能食用水平。居民健康调查表明，50%的妇女尿镉超过 5 μg/（g·Cr），发镉为正常值的 47 倍，距厂 1 km 处居民镉摄入量为 915.5 μg/（人・d），远超过日本严重污染区的 600 μg/（人・d），可见锌厂污染对周围环境及居民健康存在严重威胁。

8）广东马坝镉污染

马坝是广东有色金属冶炼业基地，镉随“三废”排放，污染环境介质，使居住生活于该污染区（5 个村）的居民镉摄入量达到 737 μg/（人・d），超过 WHO 提出耐受量的 9 倍。据对 35 岁以上 120 名妇女检查，尿镉均值为 12.06 μg/L，超过 15 μg/L 的占受检者 22.52%。低分子蛋白尿、蛋白尿、糖尿，蛋白伴随糖尿阳性率和尿钙/磷比值异常出现率分别为 36.27%、20.83%、25.00%、5.10%和 54.95%。尿羟脯氨酸测定均值为 40.07 mg/L，腰背、四肢、关节疼痛、头痛阳性症状率都与对照区有显著或高度显著差异。

9）贵州赫章铅锌矿镉污染区

贵州赫章铅锌矿已有百年以上的采冶史，新中国成立后建成我国大型采冶联合企业，也是目前发现的我国环境镉污染对人群健康损害最严重的地区之一。该地区以大气镉污染为主，到 20 世纪 80 年代后期，该矿逐渐停产，随之乡镇个体企业崛起，土法炼锌炉迅速发展，不仅局限于小镇，且扩大到整个赫章县，甚至毕节、威宁等地。据 1996 年资料，从赫章到威宁沿公路 76 km，就有土法炼锌 6 000 多座，不足 6 km^2 的小镇占 2 000 多座。正如人民日报 2000 年 8 月所形容该地区“村村点火，沟沟冒烟”。由于土法冶炼工艺设备简陋，土炉群大都集中在人群居住区附近，与 Pb、Zn 共生的镉元素大部分释放到大气和残留在废渣中，使该地区环境、生态受到严重污染与破坏，大气镉最高达 0.037 mg/m^3，比一般城市高 1 800 多倍，使长期暴露于该环境中的居民健康直接受到危害。据 1981 年调查，观察区每人每天镉摄入量为 370 μg，是对照区的 8.2 倍，是 WHO 提出的耐受量的 5.8 倍，超过我国食品卫生镉协作组建议限值 150 μg/（人・d）的 1.5 倍，也超过日本镉污染区的建议值[300 μg/（人・d）]。观察区人群尿镉均值为 8.62 μg/L，其中 30%的人超过 10 μg/L，借鉴职业性慢性镉中毒诊断标准，有 4 例 60 岁以上妇女可诊断为疑似慢性重度镉中毒者。1988 年调查时，污染区不仅扩大到何家冲、阿维寨一带，且原对照区的阿维寨居民镉摄入量由 45 μg/（人・d）增至 61.76 μg/（人・d），介于 WHO 的耐受量。污染区榨子厂、何家冲、新厂三地区的居民摄入量超过日本“痛痛病”区镉摄入量水平，借鉴职业性慢性镉中毒诊断标准，该地区初步确诊为轻度镉中毒者 28 人，其中年龄最小者仅 13 岁，还发现疑似重度镉中毒患者。1999 年对矿区部分重点人群进行健康调查，84 例受检者主诉全身各部位疼痛者 80.0%以上，尿镉≥15 μg/（g・Cr）、尿 NAG≥17 μg/（g・Cr）、尿β_2-MG≥1 000 μg/（g・Cr）者分别为 52.4%、39.3%、23.8%。参照《环境镉污染健康危害区的判定标准》（GB/T 17221—1998）诊断，其中有 7 例可诊断为环境镉污染所致的慢性镉中毒早期健康损害；22 例骨 X 光摄片检查，19 例有不同程度的骨质疏松软化；参照《环境镉污染所致慢性镉中毒症的诊断标准》（征求意见稿），其中有 5 例可诊断为疑似重度慢性镉中毒症患者。

上述镉污染区是我国镉污染较重、较典型的地区，此外还有四川会理、湖北大冶、贵州普安、广西大新等镉污染区人群因镉暴露使健康受到不同程度损害。

（3）检测分析方法

测定水质 Cd 的方法有双硫腙分光光度法、原子吸收分光光度法、阳极溶出伏安法和示波极谱法等。在环境检测中较常用双硫腙分光光度法和原子吸收分光光度法。

双硫腙分光光度法是在强碱性介质中，Cd^{2+}与双硫腙发生反应，形成红色配合物，采用 $CHCl_3$ 萃取分离后，利用分光光度计在 518 nm 处测定它的吸光度进行定量。在《水质 镉的测定 双硫腙分光光度法》(GB/T 7471—1987)中规定此方法测定浓度范围为 1～50 μg/L。双硫腙分光光度法的缺点是在测定时使用剧毒的氰化钾和毒害性较大的 $CHCl_3$，给操作者带来危害，并且程序繁琐，操作费时。

原子吸收分光光度法由于具有测定快速、干扰少、应用范围广，且可在同一水样中分别测定多种金属元素的特点，因而被广泛应用于环境水样金属离子的检测。在《水质 铜、锌、铅、镉的测定 原子吸收分光光度法》（GB/T 7475—1987）中规定了水中镉的测定方法为原子吸收分光光度法。测定时针对水样中的镉含量高低可采用直接喷入法、溶剂萃取或离子交换等方法富集后再喷入测定。对工业废水或受镉污染的水，由于镉含量较高，可采用直接喷入原子吸收分光光度法进行测定。直接喷入法的适用范围为 0.05～1 mg/L。对绝大多数没有直接受镉污染的地面水，含镉量一般小于 10 μg/L，必须使用溶剂萃取法或离子交换树脂法富集后再喷入火焰原子吸收分光光度计进行测定，对于此类水样也可以直接使用石墨炉原子吸收分光光度法进行测定，其适用浓度范围为 0.2～2 μg/L。但由于石墨炉原子吸收分光光度计价格昂贵，并且非火焰原子化气体干扰较严重，从而限制了其应用。溶剂萃取火焰原子吸收法测定镉含量适用于含量较低、需进行富集后测定的水样，其基本原理是，在酸性条件下样品中 Cd^{2+}与吡咯二硫代氨基甲酸铵（APDC）生成配合物，用甲醛异丁基丙酮（MIBK）萃取后喷入火焰进行原子吸收分光光度测定。根据 GB/T 7475—1987 中规定，此方法适用的浓度范围为 1～50 μg/L。

2.1.3.2 毒理学领域的主要研究成果

镉是机体生长发育非必需元素，可以通过消化道和呼吸道进入动物和人体内，消化道的吸收率一般在 10%以下，呼吸道的吸收率为 10%～40%。镉在体内的半衰期长达 10～35 年，为已知的最易在体内蓄积的毒物，主要蓄积于肝脏和肾，能对肾、肺、肝、睾丸、脑、骨骼以及血液系统产生一系列损伤，而且有研究显示镉具有一定的致癌和致突变性。镉已被美国毒物管理委员会列为第六位危害人体健康的有毒物质，被国际癌症研究中心归类为第一类致癌物，是人类和实验动物肺癌的肯定致癌物。

（1）镉的“三致”毒性

卢坚等选择环境接触镉的人群，进行接触评定和效应评定，分离淋巴细胞进行体外培养，测定金属硫蛋白（MT）基因表达，进而研究环境接触镉人群外周血淋巴细胞中 MT 基因表达的改变，研究发现，环境接触镉人群的基础和诱导 MT 基因表达水平随尿镉、血镉和镉摄入量水平上升；MT 基础和诱导表达与血镉水平显著相关，同时与尿镉也显著相关。周树森等研究镉对大鼠胚胎和仔鼠发育及肾功能的影响，当给予妊娠大鼠镉盐后，引起胚胎死亡和畸形。任绪义等对镉暴露大鼠睾丸支持细胞与肝脏金属硫蛋白基因（MT）的表达及镉蓄积进行了时相研究，成年雄性 SD 大鼠低剂量镉皮下注射后，立即进行睾丸支持细胞和肝脏组织的分离，采用 RT-PCR 技术分析 mRNA，并用光密度扫描作半定量分析，蛋白质定量用 ELISA 方法，原子分光光度吸收法测定镉浓度。结果表明，镉暴露后肝脏 mRNA 有明显的诱导表达，但睾丸支持细胞不但未见 MT 增加而且还稍有下降，原因可能是睾丸对镉毒性与致癌作用较肝脏更敏感。

（2）镉的肾脏毒性作用

肾脏是镉在机体最主要的蓄积部位和靶器官之一，主要毒性作用部位为近曲小管，镉慢性中毒可以导致肾小管功能障碍，肾小球滤过率下降。马静等对镉致肾脏损伤进行了研究，以 10～500 mg/L 剂量给小鼠喂食 $CdCl_2$，4 周、16 周、23 周后发现近曲小管上皮细胞核固缩变形，微绒毛肿胀，排列混乱拥挤，内质网和线粒体肿胀嵴断裂；肾小球系膜细胞增生，足突间隙融合，鲍曼氏囊腔狭窄，毛细血管淤血及间质纤维化；肾远曲小管上皮细胞肿胀、崩解；慢性间质性肾炎和肾纤维化、肾小球肿胀、萎缩、核固缩、间质水肿；肾小球基底膜肿胀、空泡、凋亡坏死，偶见部分硬化和肾小球细膜肿胀。研究证实，慢性镉中毒小鼠肾小体滤过膜结构明显损伤，毛细血管内皮细胞肿胀、增厚，血管系膜增生，血管基膜增厚，足细胞结构异常，次级突起间裂孔缩小；近端小管上皮细胞肿胀，刷状缘受损，胞质疏松，染色浅淡，变性细胞微绒毛受损，胞质内线粒体肿胀、溶解，细胞核变形，染色体浓集，核膜断裂，并引起近曲小管大片细胞萎缩、坏死；肾间质也受到损害，表现为炎症和纤维化。

（3）镉的生殖性毒性作用

镉对雄性及雌性的生殖系统均具有毒性。镉可引起睾丸及附属组织形态结构的改变，早期主要表现在血管上，晚期损害睾丸实质细胞，曲精管纤维化，正常结构消失，继而引起生精上皮的退变，精子生成减少及睾丸内分泌功能低下，影响雄性生育力。李积胜等就镉对大鼠睾丸精细胞凋亡的影响及锌的保护作用进行了研究，选用 2 月龄 Wistar 雄性大鼠 24 只，均分为镉组、镉加锌组和对照组，一组自腹腔注射 $CdCl_2$，另一组注射 $CdCl_2$ 同时及其前后各注射醋酸锌一次和等量生理盐水，7 d 后采用原味缺口平移技术检测各组睾丸精细胞凋亡数目的变化，结果发现染镉组大鼠睾丸精细胞凋亡数目明显增多。高睿等通过对照组、加镉组、加硒镉组进行实验，来进行 $CdCl_2$ 染毒公鸡睾丸的病理组织学观察研究，对公鸡进行镉染毒后也发现睾丸的细胞凋亡数量明显增加。对于雌性，镉能影响卵巢病理组织学改变，造成卵泡发育障碍，也可以干扰排卵、运转和受精过程。美国国立卫生研究院（NIH）对雌小鼠皮下注射一定剂量 $CdCl_2$ 后，初级和次级卵母细胞出现明显病理学变化，如细胞核核膜严重扩展，核基质电子密度增加，核仁凝聚成团，胞浆线粒体肿胀，峪模糊、断裂甚至消失，高尔基复合体和内质网严重扩张与肿胀。镉对女性月经周期、妊娠过程、妊娠结局和子代均有影响，接触镉的女工的月经周期明显紊乱。

（4）镉对骨骼的毒性作用

镉可以损伤成骨细胞和软骨细胞，引起骨质疏松、软骨症和骨折，其最显著的骨毒作用就是骨软化和骨质疏松，但在动物实验室中一般只出现骨质疏松症状。张亚丽等就镉对钙代谢的影响及相关机制研究发现，镉作用于机体的骨骼部位可产生一系列毒性作用。钙代谢紊乱是镉毒性的一个重要方面，主要表现为肠钙吸收减少，尿钙排泄增加，机体处于负钙平衡，出现骨软化和骨质疏松等现象。环境流行病学调查发现，镉接触剂量和骨密度之间存在着剂量-反应关系，而且镉接触剂量和骨质疏松症发生率之间也存在剂量-反应关系。金泰等选择居住在污染区 35 年以上并以当地产米为主食的居民为调查对象，通过问卷和体检收集其既往接触史及健康状况等，研究镉致人体健康损害的环境流行病学发现，不同污染区调查对象的体内镉负荷与环境镉污染程度呈正相关。发生在日本富山县神通川流域的世界著名的八大环境公害病之一“骨痛病”就是由于镉摄入过多导致。一般认为镉引发的骨骼损伤继发于肾损伤，镉中毒后，肾对钙和磷的吸收率下降，使尿钙排泄增加、肠钙吸收减少和骨细胞钙化，导致骨质疏松。

2.1.3.3　流行病学领域的主要研究成果

人群流行病学调查结果显示环境污染对人群的健康存在多方面的影响，包括亚健康状态、肾脏损害、骨密度改变、生殖发育影响等。

国内有学者对居住在隔污染区 20 年以上的 161 名居民和非污染区 42 名居民的尿镉（UCA）、尿 N-乙酰-*β-D*-氨基葡萄糖苷酶（UNAG）、尿β_2-微球蛋白（UBMG）及尿视黄醇结合蛋白（URBP）水平进行测定，结果显示，镉污染区居民 UCA、UNAG、UBMG、URBP 水平及 UNAG 的异常率均显著高于对照组；UNAG、UBMG、URBP 水平和异常率均与尿镉水平呈现出较强的一致性，尤以尿镉水平达 10 μg/（g·Cr）以上时明显；各指标的变化以 UNAG 最明显；该结果提示镉能引起肾小管的不可逆损伤；UNAG 可作为镉接触人群肾小管功能损害的敏感指标；尿镉水平可反映体内镉负荷及肾功能损害程度。还有研究表明，环境镉接触停止后肾损害的预后与停止前镉接触的水平有关，长期脱离镉污染环境后，人群体内镉可仍处于一个较高水平，并影响骨代谢导致骨密度下降。高剂量镉能引起人群骨质疏松，但时间上晚于镉致肾功能不全的损害。在中国和其他国家进行的最新研究表明，生活在镉污染区的一般人群可发生以骨矿密度降低和骨折发生率增加为特征的骨效应。出现肾小管功能异常的镉累积量比骨效应剂量更低，也比从前估计的临界剂量更低。1979—1999 年，日本学者对长崎县马原镇 35 位镉暴露区居民健康进行追踪调查结果表明，1979 年尿β_2-MG≥1 000 μg/（g·Cr）者，到 1999 年虽然镉暴露量减少，但肾功能障碍没有得到改善。近几年研究表明，慢性镉中毒时，尿视黄醇结合蛋白明显增高，且与尿β_2-微球蛋白测定值在尿 pH＞5.5 时有很好的一致性。由于尿视黄醇结合蛋白受尿 pH 影响小，作为检查肾小管功能异常的指标比尿β_2-微球蛋白更为实用可靠。黄金祥等研究表明，尿视黄醇结合蛋白与尿β_2-微球蛋白在检测镉中毒性肾小管功能损伤上具有相同的灵敏性，两者异常增高检出率差异无显著性。国内有学者研究环境镉暴露对妊娠结局和胎儿生长发育的可能影响，结果表明镉污染地区早产发生率为 20.8%，新生儿窒息发生率为 29.2%，对照地区分别为 10.0%和 15.0%，两者间差异无显著性。污染地区新生儿出生身长为（47.88±4.15）cm，低于对照地区（50.65±2.41）cm（P＜0.01），分析表明，脐血镉水平与新生儿出生身长呈显著负相关，说明环境镉暴露可以显著降低新生儿出生身长。此外，也有研究表明环境镉污染可能对女性生殖健康存在影响。长期接触镉可对作业工人心血管功能产生影响，导致血压升高，这可能与镉影响肾素-血管紧张素-醛固酮系统和/或体内钾钠平衡有关，且镉可引起心电图的改变，可能主要是影响心室内传导。职业接触镉也可以导致血清胰岛素水平的降低，可能影响血糖水平。

2.1.4 铅

2.1.4.1 环境领域的主要研究成果

（1）铅污染溯源及管理

铅（Pb），为带蓝色的银白色重金属，有毒性，是一种具有延展性的主族金属。原子量 207.20，相对密度 11.34，熔点 327.5℃，沸点 1 740℃，加热至 400～500℃时，即有大量铅蒸气逸出。铅在自然界中分布很广，且是地壳中重金属中含量最多的元素之一。在各类岩石中以花岗岩、片岩、页岩含铅量较高。铅主要用于铅蓄电池制造、印刷业铸字、焊接、放射性辐射、X 射线的防护设备等方面。

环境中铅的来源主要有两个方面，一是自然来源，二是非自然来源。自然来源是指岩石的风化、火山爆发、森林火灾等自然现象释放到环境中的铅。非自然来源是指人类活动，主要是指工业和交通等方面的铅排放。铅的人为排放是造成当今世界铅污染的主要原因。铅及其化合物广泛用于工业生产中，在这些生产活动中都可能伴随着含铅废物的排放，例如，各种电池车间、选矿厂、石油化工厂、铅冶炼、废铅酸蓄电池回收利用等过程中都会排放含铅废水。据报道，电池工业是含铅废水的最主要来源，每生产 1 个电池就造成铅损失 4.54～6 810 mg，其次是石油工业生产和汽油添加剂。

近年来世界各国对铅污染与其危害问题非常重视，1981 年 WHO 开展的全球生物检测把铅列为重点研究对象之一，美国和英国还成立了铅委员会，进行相关学术研究。1978 年，美国全面禁止含铅汽油的生产、使用、销售，我国也于 2000 年开始停止生产含铅汽油，改产无铅汽油。我国《污水综合排放标准》（GB 8978—1996）明确规定铅的最高允许排放浓度为 1 mg/L。

（2）铅污染现状

随着人类活动以及工业的发展，全世界平均每年向环境中排放的铅为 500 万 t，使铅的环境污染问题日趋加重而且几乎在地球上每个角落都发现了它的踪迹。从 1950 年开始，北极地区的冰雪中铅含量以平均每年 6 μg/t 的速度增长，世界最高峰珠穆朗玛峰的雪中含铅量也高于南极。铅在世界环境的转归情况是：每年从空气转移到海洋 25 万 t，从土壤到海洋 41.6 t。每年从海水转移到底泥为 40 万～60 万 t。由于水体、土壤、大气中 Pb 被生物吸收而向生物体转移，造成全世界各种食物制品中的铅含量均值为 2.5 mg/kg，鱼体含铅均值范围为 0.2～0.6 mg/kg，部分沿海受污染地区甲壳动物体内含铅量甚至高达 3 000 mg/kg 以上。由于日趋严重的环境铅污染，现代人体内血铅（BPb）值急增至工业革命前正常人血铅值[0.017 mg/（d • L）]的数百倍甚至千倍。

我国水体的重金属污染问题十分突出，江河湖库底质的污染率高达 80.1%。2003 年黄河、淮河、松花江、辽河等十大流域的重金属超标断面的污染程度均为超Ⅴ类，城市河流有 25%的河段有总铅的超标样本出现。2004 年太湖底泥中总铅含量处于轻度污染水平，黄浦江干流表层沉积物中铅超背景值一倍，苏州河水体铅全部超标，全国近岸海域海水样品中铅的超标率达 62.9%，最大值超一类海水标准 49.0 倍。

（3）检测分析方法

铅的测定方法主要有原子吸收分光光度法、阳性电极溶出伏安法、示波极谱法、电感耦合等离子体—原子发射光谱法（ICP—AES）和双硫腙分光光度法等。目前现行的国家环境标准检测方法中采用的方法有原子吸收分光光度法、示波极谱法和双硫腙分光光度法。一些发达国家也已将 ICP、ICP—MS 等技术列入铅的检测方法中。

1）原子吸收分光光度法

我国 9 个现行铅的检测方法标准中有 7 个是采用的原子吸收分光光度法，即《水质 铅的测定 示波极谱法》（GB/T 13896—1992）、《水质 铜、锌、铅、镉的测定 原子吸收分光光度法》（GB/T 7475—1987），以及涉及水、土壤、大气和固废中铅的检测。

铅的原子吸收分光光度法又可以分为火焰原子吸收分光光度法、无火焰原子吸收分光光度法和氢化物发生原子吸收分光光度法。三种方法的检出限和适用情况有所不同。

在 GB/T 7475—1987 中采用的是火焰原子吸收分光光度法，该标准分为两部分，第一部分为直接法，适用于测定地下水、地面水和废水中的铅，第二部分为螯合萃取法，适用于测定地下水和清洁地面水中低浓度的铅。直接法的原理是：将样品或消解处理过的样品直接吸入火焰，在火焰中形成的原子对特征电磁辐射产生吸收，将测得的样品吸光度和标准溶液的吸光度进行比较，确定样品中被测元素的浓度。螯合萃取法的原理：吡咯烷二硫代氨基甲酸胺在 pH 3.0 时与被测金属离子螯合后萃入甲基异丁基酮中，然后吸入火焰进行原子吸收光谱测定。直接法测定的 Pb^{2+}的浓度范围为 0.2～10 mg/L，而螯合萃取法测定的 Pb^{2+}的浓度范围为 10～200 μg/L。无火焰原子吸收分光光度法的检出限为 1 μg/L，适用浓度为 5～70 μg/L，是测定痕量铅最有效的方法之一。因铅是易挥发元素，为增强挥发过程中的稳定性和减少损失并消除干扰，可加磷酸铅[$Pb_3(PO_4)_2$]、硝酸镁[$Mg(NO_3)_2$]等基体改进剂。氢化物发生—原子吸收分光光度法则是利用铅元素与不同反应体系形成挥发性氢化物铅烷，从而对其进行分离，消除由于分子吸收或光散引起的非特征光吸收和其他共存元素的干扰，使灵敏度显著提高，并改善检出限和扩大线性范围，该方法干扰问题主要来自 Ag^{+}、Cu^{2+}、Fe^{2+}、Co^{2+}、Ni^{2+}等过渡金属离子和 Te^{4+}、Se^{4+}、Sn^{2+}、Sb^{3+}、As^{5+}、As^{3+}等氢化物生成元素，其中 Cu^{2+}、Te^{4+}、Se^{4+} 3 种干扰最为严重。

2）阳性电极溶出伏安法

该法最大特点是灵敏度高，检出限可达 10^{-10}～10^{-9}mol/L，但待测离子浓度不宜超过 100 μg/L，否则被富集在电极上的铅浓度很高，使峰电流呈非线性。

3）示波极谱法

该法最低检出量为 0.2 ng，水中常见共存离子浓度即使较大也不干扰测定，但 Sn^{2+}有干扰，此时在底液中加入磷酸即可分开 Sn^{2+}峰。

4）电感耦合等离子体—原子发射光谱法

该法具有检出限低、准确度和精密度高以及分析速度快等特点，国际标准化组织已将其列入水质分析方法的国际标准。

5）双硫腙分光光度法

该法设备简单、灵敏度高，适用于铅浓度为 0.005～20 mg/L 的水样测定，水中大多数金属离子不干扰其检测结果，但有铋（Bi）、Sn^{2+}存在时则受影响，此时可先检测出干扰离子的含量，当含量较高时，可在酸性溶液条件下，使铋先于铅而与双硫腙被萃取，Sn^{2+}被溴水氧化后生成溴化物而挥发。

2.1.4.2 毒理学领域的主要研究成果

铅及其化合物进入人体通常是通过呼吸道以蒸气、烟尘及粉尘形态进入，也有部分通过饮食经消化道进入体内，完整的皮肤不能吸收铅。铅对机体的损伤呈多系统性和多器官性，包括对神经系统、骨髓造血系统、免疫系统、消化系统及其他系统的毒害作用。

（1）铅的神经毒性

神经系统是铅毒性作用的主要靶系统。铅对神经系统的损害包括引起末梢神经炎，出现运动和感觉异常，如口内有金属味等。儿童的消化道对铅吸收率高于成人，同时未发育成熟的中枢神经系统对毒物敏感性也比较高。郑超一等对儿童生长发育中铅的危害与锌的作用研究表明，铅对儿童是以中枢神经系统损伤为主，最普遍的表现形式是智力和行为的异常。

铅不仅可以通过呼吸道、消化道进入体内造成损害，还能透过母体的胎盘，侵入胎儿体内，特别是易侵入胎儿的脑组织。张淑萍等研究铅对胎儿的神经毒性表明，铅对神经发育有很强的毒性，即使是低水平铅的接触，胚胎和发育期的中枢神经系统仍是其主要靶器官，胎儿期较低水平铅暴露可以对胎儿及出生后神经系统发育产生不良影响。

（2）铅对骨髓造血系统的影响

金海丽在铅的研究进展中表明，贫血是急性和慢性铅中毒最常见的毒性作用。慢性铅中毒时的贫血系由两个基本缺陷所致，即血红素合成障碍和红细胞的寿命缩短。铅通过影响参与血红素合成的酶系统卟啉代谢而导致血红素的合成障碍，目前，铅对卟啉代谢的影响，被认为是最敏感的指标。铅影响红细胞的寿命主要是通过与红细胞膜上的三磷酸腺苷酶结合并对它产生抑制作用，导致红细胞膜上的钾离子、钠离子和水的分布失控，从而使红细胞皱缩，脆性增大，在血液循环中易受伤而破碎，造成溶血而缩短红细胞寿命。

（3）对免疫系统的影响

长期接触低剂量或无明显毒作用的亚临床剂量的铅可引起机体免疫功能损害。徐超等指出小鼠接触铅前 3 周时初次免疫反应增强，而接触 8 周其初次免疫反应既不增强也不降低，这是由于随着接触铅时间的延长，体内铅蓄积量增加，这种应激现象也随着铅对免疫活性细胞刺激作用的减弱而消失。低浓度的铅可使血清免疫球蛋白 IgG、IgM 含量降低，IgE 含量增多。王刚垛等发现铅作业工人血清 IgG 和 IgM 水平明显低于对照组，经过排铅等综合治疗后，血 IgG 和 IgM 水平逐渐恢复，提示铅对人体液免疫功能有明显的抑制作用。Lutz 等调查发现随着 BPb 浓度的增加 IgE 水平也显著增加，使得儿童发生过敏性疾病和哮喘的可能性增加。还有研究提示铅对免疫球蛋白产生的影响与年龄和性别有关，发育期个体对铅的敏感性较高，3 岁以下儿童 BPb 的轻微变化可致血清 IgA、IgG、IgM 及 B 细胞明显的抑制，成人对此并不敏感，女童的敏感性可能要高于男童。另外，动物实验还表明铅能增加宿主对细菌的易感性。如有研究报道，给大鼠静脉注射 5 mg 醋酸铅后，大鼠对革兰阴性细菌的敏感性可提高约 10 万倍。

（4）铅的其他毒性作用

铅中毒还可以损伤肾脏及消化系统和生殖系统。对肾脏可以引起氨基酸尿和近曲肾小管的损伤，肾小球及肾动脉硬化；消化系统可以出现食欲不振、胃肠黏膜充血、腹部疼痛以及便秘或腹泻等；铅作为雄性生殖毒物，接触早期直接增加附睾的雄性激素结合蛋白以及直接损伤间质细胞合成的睾酮（T）、促卵泡生成激素（FSH）和促黄体生成激素（LH）的分泌功能；还能引起睾丸退行性变化，直接损伤生精上皮，对精子发育和成熟有干扰和阻碍作用，而且对精子有直接毒性。

2.1.4.3　流行病学领域的主要研究成果

我国对铅的流行病学调查主要集中于铅对儿童的影响调查。土壤、灰尘是幼儿铅负荷的主要来源，不良卫生习惯而致手—口方式是铅进入机体的重要途径。对太原市市区交通要道旁和居民区两所幼儿园的空气、土壤、饮用水及幼儿的手尘铅进行检测并对幼儿铅中毒现状及其影响因素进行探讨，结果表明，太原城区幼儿园环境铅污染严重，幼儿面临铅污染的严重损害。幼儿不良卫生习惯、居住环境存在铅作业工厂、接送幼儿交通工具、零食花费、孕期用化妆品和早期喂养方式对幼儿 BPb 的影响最有意义。对沈阳、兰州市和珠江三角洲中心等地区进行的儿童环境铅暴露调查结果表明，环境铅污染是小儿 BPb 升高的主要原因之一。研究人员针对银川市 0～6 岁 1 158 名儿童 BPb 水平及相关因素进行研究，结果表明 BPb 水平≥100 μg/L 者占 15.2%，全托儿童 BPb 水平高于散居儿童，大年龄段儿童 BPb 水平高于小年龄段儿童，差异均有显著性。线性回归分析显示，儿童 BPb 水平与铅有关的行业、中草药的服用、膨化食品的消费以及钙铁锌剂的服用有关，多为经口暴露的影响。另有研究采用前瞻性队列研究的方法，在环境铅污染区建立新婚夫妇研究队列，分别在女方怀孕前、孕中期、分娩时以及子代婴幼儿期采集血样，并用石墨炉原子吸收法测定血铅水平，纵向分析出生前后铅暴露对婴幼儿 BPb 水平的影响。结果表明婴幼儿 BPb 水平与出生前宫内暴露和出生后环境暴露均有关，但与后者关系可能更密切。

铅是一种具有神经毒性的重金属元素，由于儿童正处于生长发育的阶段，其对铅的神经毒性有较强的敏感性。在广州番禺地区开展的高水平铅暴露对儿童血浆中一氧化氮（nitric oxide，NO）、一氧化氮合成酶（nitric oxide synthase，NOS）、超氧化物歧化酶（superoxide dismutase，SOD）、丙二醛（malondialdehyde，MDA）的影响，以及 NO 系统与氧自由基之间的相互关系研究结果表明，环境铅污染对儿童已构成严重的威胁，应引起社会各界高度重视，高水平铅暴露儿童血浆中 NOS 活性受到明显抑制，使 NO 的生成减少，而且 NOS 活性与 SOD 活性存在一定相关性。在云南对某县铅锌矿区和县城非铅锌矿区 2～9 岁儿童共 464 人进行 BPb 水平和红细胞参数及锌原卟啉（ZPP）水平调查结果显示，随 BPb 水平的增高，RBC 与 BPb 呈高度负相关，当 BPb 水平＞250 μg/L 时，BPb 与 ZPP 具有高度正相关性，而当 BPb 水平＜200 μg/L 时，与 ZPP 相关关系不密切。有研究用 WISC-R 和社会适应能力量表分别对 85 例轻度铅中毒儿童和 33 例正常对照儿童进行测试，结果显示轻度铅中毒儿童的智力和社会生活能力较正常儿童落后，并且在知觉组织和记忆/不分心方面存在缺陷，知觉组织因子与血铅值呈负相关，该结果表明轻度铅中毒会影响儿童智力，特别在知觉组织和记忆/不分心方面。此外，该结果表明轻度铅中毒可引起行为问题，应尽早采取防治措施。其他研究也显示儿童运动功能较认识功能更易受到铅毒性作用的损害，铅中毒儿童显示情绪不稳定的个性特点，存在明显的行为问题，且 BPb 与行为异常存在剂量-效应关系，无可以接受的安全水平。胡前胜等研究在国内首次用齿 Pb 作为儿童体内铅负荷指标，以韦克斯勒学龄前儿童智力量表（WPPSI—R）修订版测得的智商（IQ）作为智力发育效应指标，研究了学龄前儿童齿铅与智商的关系，并对可能影响智商的其他混杂因素进行问卷调查。结果显示，简单相关分析时，发现齿铅与分析测验中的迷津、算术、木块图案、总 IQ 和语言 IQ 存在显著负相关（$P<0.05$），而与操作 IQ、常识等其他项的相关则无显著性（$P>0.05$）。在铅引起儿童认知能力和行为功能改变方面，国内专家进行了很多研究。马宝艳等研究发现，BPb 浓度每增加 0.483 μg/L，儿童智商下降 9 分。陶勇等研究表明，胎儿期铅暴露对婴幼儿智商发育有一定的负影响。此外，铅暴露对儿童体格发育有影响。美国的一项前瞻性研究发现，3～15 个月的婴儿身长的增长速度与 BPb 水平呈负相关。我国科学家秦根林报道，BPb 浓度每增加 0.005 mol/L，身高将降低 1.3 cm。朱中平等采用前瞻性队列研究方法，对环境铅污染严重地区出生前后不同时期婴幼儿铅暴露水平以及其父母基线 BPb 水平、母亲孕期 BPb 水平等对其幼儿体格发育和行为的影响进行研究，结果表明，母亲基线 BPb、父亲基线 BPb、儿童 BPb、婴幼儿 BPb、脐带 BPb 和孕期 BPb 超过 100 μg/L 的样本所占比率分别为 32.38%、38.09%、45.4%、43.03%、10.20%和 9.68%，提示该地区环境铅污染及儿童发生铅中毒现象的严重性。

此外，还有研究采用微核技术检测铅中毒病人的微核率，并与对照组进行比较，结果发现铅可引起人体染色体的损伤。铅中毒也可以引起学龄儿童神经系统的亚临床损害，BPb 升高可能是儿童贫血的原因之一。

2.1.5 锰

锰（Mn）是一种银白色金属，质坚而脆，原子量 54.94，密度 7.20 g/cm^3，熔点 1 244℃，沸点 2 097℃。化合价+2、+3、+4、+6 和+7，其中以+2（Mn^{2+}的化合物）、+4（二氧化锰，为天然矿物）、+6（锰酸盐，如 K_2MnO_4）和+7（高锰酸盐，如 $KMnO_4$）为稳定的氧化态。在自然界中没有纯粹的锰，都是以氧化物或盐类的形态存在。

2.1.5.1 环境领域的主要研究成果

（1）锰污染溯源及管理

锰是一种重要的金属元素，在自然界中主要存在于软锰矿、黑锰矿和褐锰矿中，是当今世界上用量仅次于铁的第二大基础原料。在工业上用途很广，需求量很大，是冶金工业中一种重要的原料，生产 1 t 钢需 13～14 kg 锰。此外，锰还用于有色金属、化工、医药、食品、分析和科研等方面。水中锰的来源有自然来源和非自然来源。自然来源主要是含锰岩石的风化、火山爆发和森林火灾等自然现象。非自然来源是指由于人类的活动所造成的锰污染，在以碳酸锰矿石、硫酸和二氧化锰（MnO_2）为主要生产原料，采用电解法生产金属锰（99.7%）的生产过程中产生大量含锰重金属酸性废水，以及含锰矿产的开采、制药等产业所产生的“三废”是水中锰的主要来源。

锰在水体中的价态易发生变化，其毒性随着价态的降低而增强。过量的锰经血液转移到富有线粒体的器官，以 Mn^{3+}的状态贮存于肝、胰、肾和脑中，造成这些脏器的损伤。锰的存在还会带来其他问题，当其浓度超过 0.1 mg/L 时，水中的锰会玷污卫生器具和洗涤的衣物，并在饮水中产生异味，使饮用水的色、味变差，锰的氧化物易在管道内壁上沉积并引起“黑水”现象。在美国，有的区域甚至规定含锰量不得超过 0.03 mg/L。我国《生活饮用水水质卫生规范（2001）》中规定饮用水的含锰量小于 0.1 mg/L，《污水综合排放标准》（GB 8948—1996）规定总锰的三级排放标准为 5.0 mg/L。

（2）锰污染现状

近几年来，我国先后发现了几个大的地表水系受到锰的不同程度的污染，如长江仪征段水质锰的污染指数为 0.77，江西乐安江水系锰的年平均含量在 0.3～0.4 mg/L，贵州阿哈湖汇水区域锰含量变化于 0.16～2.2 mg/L，平均达 0.61 mg/L，类似情况在上海、深圳和保定等地也屡有出现。我国地下水锰污染情况也比较严重。根据中国地质环境信息网发布的“全国地下水水质情况”介绍，地下水锰污染的地区有：华北地区——河北省的沧州、衡水；东南地区——浙江省的宁波、嘉兴及杭州；中南地区——湖南省的长沙、岳阳、邵阳、湘潭，湖北省的武汉、襄樊等地区，广东省的广州、湛江、茂名、佛山、肇庆、深圳，广西壮族自治区的南宁、桂林、玉林等地区；西南地区——四川省的成都、德阳，云南省的昆明，贵州省的遵义、六盘水，西藏的拉萨等地区。据长沙市环境监测中心站 2001 年度地下水常规检测数据，长沙市区 24 口井锰的检测结果超标率达 41.67%，浓度范围为 0.01～1.75 mg/L。

2005 年前，在我国锰储藏量最为集中的“锰三角”地区（贵州省松桃自治县与湖南省花垣县、重庆市秀山自治县边区结合部）河流中锰和氨氮等污染物严重超标，使多条河流水质严重污染，区域生态环境遭到破坏，该地污染引起党中央、国务院的高度重视。2005 年开始集中治理，经过治理，该地污染得到有效控制，至 2011 年上半年检测结果显示，“锰三角”地区交界断面水质锰含量由原来年均超标 10 倍以上，改变为目前稳定达到和优于地表水Ⅲ类水质标准。国外的一些水体也受到不同程度的锰的污染。Hong Lien Nguyen 等在 1999—2002 年对匈牙利西部的巴拉顿湖（Lake Balaton）水相、悬浮物、生物中的 18 种重金属进行测定，结果显示在湖区的北部和西部，尤其在扎拉河的流入区和游艇海港域几乎所有的相中金属浓度都非常高，2000 年 6 月测定悬浮微粒锰的浓度范围为 650～5 850 μg/g，平均浓度为 1 200 μg/g，2001 年 9 月测定悬浮微粒锰的浓度范围为 199～12 500 μg/g，平均浓度为 1 400 μg/g。

有研究调查了泉州鲤城区生活饮用水中锰的含量分布及其变化趋势，收集鲤城区近 15 年来水质分析中锰的检测数据进行统计分析对比，分析表明鲤城区饮用水中锰的含量整体偏高，水样总体超标率达 23.5%，局部尤以地下水源为高。

（3）检测分析方法

测定水中锰的方法较多，有原子吸收分光光度法、甲醛肟分光光度法、过硫酸铵分光光度法和高碘酸钾氧化分光光度法。目前我国水中锰的测定有国标《火焰原子吸收分光光度法》（GB 11911—89）和《高碘酸钾分光光度法》（GB 11906—89）。

《火焰原子吸收分光光度法》（GB 11911—89）：将样品或消解处理过的样品直接吸入火焰中，锰的化合物易于原子化，可于 279.5 nm 处测量锰的基态原子对其空心阴极灯特征辐射的吸收，在一定条件下，根据吸光度与待测样品中金属浓度成正比。本标准适用于地面水、地下水及工业废水中锰的测定，锰的检出限是 0.01 mg/L。

《高碘酸钾分光光度法》（GB 11906—89）：在中性的焦磷酸钾介质中，室温条件下高碘酸钾可在瞬间将低价锰氧化到紫红色的 Mn^{7+}，用分光光度法在 525 nm 处进行测定。本标准适用于饮用水、地面水、地下水和工业废水中可滤态锰和总锰的测定。当使用光程长为 50 mm 的比色皿，试样体积为 25 mL 时，方法的最低检出浓度为 0.02 mg/L，测定上限为 3 mg/L。若水样锰含量高时，可适当减少试料量或使用 10 mm 光程的比色皿，测定上限可达 9 mg/L。

原子吸收分光光度法，操作方便，结果准确，但价格较贵，目前不能普及使用；甲醛肟分光光度法，在进行酸化水样时，要使用剧毒氰化钾溶液，同时在钙、正磷酸盐及镁浓度过高或过低时，会影响结果。高碘酸钾氧化分光光度法，对水样要进行处理，费时、费事。目前国内实验室使用较多的方法是过硫酸铵分光光度法，其操作简便，所用试剂不多，生成稳定。

2.1.5.2　毒理学领域的主要研究成果

锰侵入人体的途径主要是呼吸道和消化道，经皮肤吸收得很少。锰和其他化合物的毒性不完全一致，锰的蒸气和烟雾的毒性比锰尘大，原子价愈低其毒性愈大。锰是人体生理机能必不可少的微量元素之一，是机体骨骼正常发育，脂肪、氨基酸和碳水化合物代谢过程中所必需的一种营养素。锰参与体内多种酶的活动，是酶的激活剂，能促使骨骼钙化，提高蛋白代谢，促进维生素 B_1 在肝脏中的蓄积。当人体缺锰时，人体内线粒体的结构与机能受明显影响，性激素水平降低，促进衰老；锰摄入过多也可引起中毒症状，在早期主要表现为神经衰弱综合征和植物神经紊乱，继续进展可出现明显的锥体外系症状。此外，也有研究报道 $MnCl_2$ 具有致染色体突变性及潜在的遗传毒性。

（1）锰的神经毒性

锰对神经系统具有毒性作用。有研究为探讨小鼠出生后接触锰对脑发育相关指标的毒性影响，用神经行为实验检测肌力、自发性活动和精神焦虑性；以神经生化 TAB 法检测全脑过氧化脂质（LPO）含量，邻苯三酚自氧化法检测超氧化物歧化酶（SOD）活性；以细胞免疫化学法（ABC 法）检测大脑皮质齿状回胶质细胞纤维酸蛋白（GFAP）免疫反应强度。结果表明，高锰组小鼠身长（头—臀）的增长明显滞后于对照组和低锰组，低锰组与对照组之间无明显差异；在 Morris 水迷宫的肌力测试中，染锰组小鼠到达平台的潜伏期明显比对照组延长，且以高锰组更为显著；在旷场实验中，染锰组小鼠在中央和外周爬格子数及抬头探测的次数均明显多于对照组；在 Elevated Plus Arms 焦虑性实验中，染锰组小鼠从中央区进入第一臂的潜伏期均明显缩短，而进入开放臂次数/入臂总次数的比值则均比对照组显著增高；且染锰组小鼠全脑组织 LPO 含量均比对照组明显升高，而 SOD 活性则明显降低，且均以高锰组更为显著；染锰组小鼠大脑皮质齿状回的 GFAP 免疫反应强度及其阳性产物的平均相对密度均比对照组明显增强，且以高锰组更为显著，提示小鼠出生后接触锰对其生长发育过程中的体重增长、神经行为、全脑 LPO 含量与 SOD 活性及大脑皮质齿状回 GFAP 免疫反应均产生了明显的毒性影响。另外一项关于锰对新生小鼠脑发育影响的研究结果也显示，高锰组小鼠体重增长明显滞后，脑重和脑重/体重比值显著降低。

采用不同锰含量的饮水（分别为 2 g/L 和 10 g/L）使孕鼠染锰，研究对子代大脑发育的影响，结果发现：高剂量染锰组仔鼠大脑额叶和顶叶皮质厚度比低剂量组和对照组显著变薄，而胶质细胞纤维酸蛋白（Glial Fibrillary Acid Protein，GFAP）免疫反应强度及其阳性反应产物平均相对密度均明显增高。高、低剂量染锰组仔鼠的扣带回皮质厚度显著较对照组增厚，GF-AP 反应强度及其阳性反应产物相对密度显著升高。高剂量染锰组仔鼠胼胝体的面积较对照组和低剂量组显著增大，GFAP 免疫反应及其阳性反应产物相对密度明显增高，而低剂量组与对照组之间无差异。此外，其他一些研究也发现：锰接触对仔鼠中脑相关核区的发育和黑质多巴胺神经元的发育可造成明显毒性损害，其损害程度随染锰剂量的加大而加重。亚慢性染锰对大鼠脑、血有核细胞线粒体功能均具有损害作用；锰中毒可能是引起帕金森病发病的原因之一。对锰接触对大鼠生后脑发育过程中时程因素和区域因素（即时空因素）的影响作用的研究，结果表明，锰接触对大鼠生后脑发育的毒性影响，时程和区域是其中的两个重要影响因素。

（2）锰对生殖系统的影响

有研究表明，亚急性染毒 $MnCl_2$ 可使大鼠睾丸组织产生脂质过氧化作用，使睾丸标志酶活力降低，睾丸匀浆中 NOS 活力升高，使间质细胞、支持细胞和生精细胞受损，并形成一个损伤链，这些可能是锰使雄性生殖功能受损的部分机制。邓晓辉等在研究 $MnCl_2$ 对雄性小鼠生殖系统的损伤作用时，采用高剂量、低剂量染锰组和对照的实验来对小鼠进行处理研究，实验表明，$MnCl_2$ 引起雄性小鼠的睾丸组织脂质过氧化，影响精子的运动能力。在对小鼠的染毒实验中也发现 $MnCl_2$ 处理使得小鼠的精子质量明显改变，锰对雄性生殖细胞有诱变性。有研究发现在睾丸细胞内，过量锰主要蓄积于可溶性组分和微粒体中，并可导致细胞内微量元素分布改变及巯基含量减少，这可能在锰的雄性生殖毒性方面具有重要意义。

2.1.5.3 流行病学领域的主要研究成果

流行病学研究显示，锰焊作业人员血清多巴胺含量、血清丙二醛（MDA）含量高于对照组，血清超氧化物歧化酶（SOD）、谷胱甘肽过氧化物酶（GSH-Px）活力低于对照组，并且血清多巴胺与作业场所空气中锰、尿锰呈现一定的剂量-反应关系，MDA、SOD 与作业场所空气锰呈现一定的剂量-反应关系，结果提示锰能使机体脂质过氧化增加和抗氧化能力下降，血清多巴胺的测定可以作为锰中毒的早期敏感指标，MDA、SOD 可作为锰中毒的早期观察指标。

2.1.6 砷

2.1.6.1 环境领域的主要研究成果

（1）砷污染溯源及管理

砷在自然界中分布很广，大多数是以硫化物形式夹杂在 Cu、Pb、Sn、Ni、Co、Zn 和 Au 等矿石中。砷污染的来源既有自然因素也有人为因素。自然因素主要来源于含砷岩石的自然风化。人为因素主要是指选矿、冶金、废物处理、动物食品添加剂、农药和除草剂等人类活动造成环境中砷的污染。近年来，人为的大量开采、生产和使用，使砷污染现象愈来愈严重，采矿、冶金、挖煤和化工等工业生产中大量的含砷废水给环境造成了严重的污染。砷在水体中的主要形态是亚砷酸离子（AsO_2^-）和砷酸离子（AsO_4^{3-}），当水中有溶解氧存在时，亚砷酸最后氧化成砷酸。

砷的化合物是一种具有类金属特性的原生质毒物，具有广泛的生物效应，已被美国疾病控制中心和国际防癌研究机构确定为第一类致癌物。我国《地表水环境质量标准》（GB 3838—2002）中对Ⅰ～Ⅲ类水中的含砷要求是不得大于 0.05 mg/L，对Ⅳ～Ⅴ类水中的含砷要求不得大于 0.1 mg/L。我国生活饮用水要求砷含量不大于 50 μg/L，美国国家环境保护总署对生活饮用水中砷的含量要求是不得大于 10 μg/L。

（2）砷污染现状

近年来，随着矿冶、陶瓷、皮革和农药等行业的快速发展，地下水环境中砷的污染日益严重，其含量远远超过一些地区饮用水中砷的标准。地下水砷污染涉及的范围非常广泛，在孟加拉国、日本、美国、德国、阿根廷以及我国的台湾、新疆、内蒙古、山西、贵州等国家和地区都出现过地下水砷污染事件。据英国地质调查局报道，孟加拉国地下水砷污染面积达 150 000 km^2，该地区人口为 3 000 万，地下水砷的质量浓度为 0.5～2 500 μg/L。最高砷含量是该国饮用水砷标准（50 μg/L）的 50 倍。印度中心地下水部调查，印度孟加拉邦地下水砷的质量浓度为 10～3 200 μg/L，污染区面积为 23 000 km^2，总人口为 600 万。Welch 等研究美国内华达州南部卡尔森沙漠地带地下水时，发现该地区地下水砷质量浓度达到 2 600 μg/L。Smedley 等对阿根廷 Chaco-Pampean 平原地下水进行研究时发现，该地区地下水砷质量浓度为 1.0～5 300 μg/L，同时测得有些沉积物孔隙水的砷质量浓度高达 7 500 μg/L。

在中国，地下水受到砷污染的地区有台湾、山西、新疆、内蒙古等。20 世纪 60 年代台湾地区出现“黑脚病”，Kuo 等对该地区地下水水样进行测试，得出地下水砷质量浓度为 10～1 800 μg/L。20 世纪 80 年代在新疆发现了砷中毒问题，研究表明，该地区地下水砷质量浓度达 1 200 μg/L。Smediey 等对内蒙古呼和浩特盆地地下水环境进行调查，该地区地下水处于强烈的还原环境，砷的质量浓度达 1 500 μg/L。处在黄河两岸的山西朔州市山阴县，地下水砷污染非常严重，砷质量浓度最高可达 1 530 μg/L，远远大于国家规定的饮用水砷标准（＜50 μg/L）。我国苏州河水中砷污染较为严重，含量达 8.9～17.0 μg/L，悬浮物中砷的含量为 4.55～6.34 mg/kg，河沉积物中重金属砷超出环境背景值达 14.68～43.24 mg/kg。2006 年 9 月，岳阳县环保监测站在对岳阳县饮用水源新墙河例行检测时发现源水砷超标 16 倍（达 0.78 mg/L），末梢水超标 7 倍（达 0.37 mg/L）。

（3）检测分析方法

现有的检测方法主要有吸光光度法、原子吸收光谱法、氢化物—原子荧光法、化学发光法以及离子色谱法等。目前我国水中总砷的检测方法采用《二乙氨基二硫代甲酸银吸光光度法》（GB 7485—87），其原理为：锌与酸作用，产生新生态氢，在碘化钾和 $SnCl_2$ 存在下，使 As^{5+}还原为 As^{3+}，As^{3+}被初生态氢还原成砷化氢；通过用乙酸铅棉花去除硫化氢的干扰，然后与溶于三乙醇胺—$CHCl_3$ 中的二乙氨基二硫代甲酸根作用，生成棕红色的胶态银，在波长 530 nm 处，测量吸收液的吸光度。当试样为 50 mL，用 10 mL 的比色皿，可检测含砷 0.007 mg/L。

氢化物—原子荧光法是采用水样在酸性条件下以硼氢钠为还原剂，使水样中的砷生成砷化氢，用载气载入石英原子化器，加热分解为原子态砷，在特制砷空心阴极灯照射下基态砷原子被激发至高能态，发射出特征波长的荧光，其荧光强度在一定浓度范围内与砷含量成正比，该法快速简便、稳定性好、灵敏度高。

2.1.6.2　毒理学领域的主要研究成果

砷进入人体的主要途径是饮水和摄食，亦可由呼吸道吸入，经皮肤吸收极少。砷对机体的危害是多方面的，它进入机体后可经血液迅速分布至全身，进入皮肤、神经、心脏和肺等多个器官。

（1）砷的神经系统毒性

对神经系统的毒性主要表现为对中枢神经系统和周围神经系统的损害作用，如中枢神经系统抑制症状，包括头痛、嗜睡、烦躁、记忆力下降、惊厥甚至昏迷和外周神经炎伴随的肌无力、疼痛等。徐群清等研究了砷中毒对小鼠脑细胞内钙离子浓度影响，采用尾静脉注射亚砷酸钠建立中毒动物模型，以 Fluo-3/AM 为细胞内游离钙离子的荧光指示剂，用激光扫描共聚焦显微镜测定脑细胞内[Ca^{2+}]i 的含量变化，同时采用原子吸收分光光度计测定脑组织中砷，用生化试剂盒测定超氧化物歧化酶（SOD）、丙二醛（MDA）的活性水平，结果表明，砷可增加小鼠脑细胞内的游离钙离子浓度，提示脑细胞内钙超载可能是其致脑细胞损伤的分子机制之一。刘起展等对随机分成对照、氟中毒、砷中毒和氟砷联合中毒 4 组的 120 只昆明种小鼠，分别给予普通、高氟、高砷和高氟高砷饲料饲养 6 至 12 个月，以研究慢性氟、砷及联合中毒对小鼠大脑脂质过氧化功能的影响。结果表明，慢性氟、砷和联合中毒均能引起小鼠大脑发生脂质过氧化损害作用并可能损害脑细胞的线粒体，氟和砷对这一损害作用存在一定的相互影响。实验结果还显示砷对小鼠和大鼠的学习、记忆功能都有影响。李洪才等应用双盒电击法对实验大鼠进行行为学测试，发现染砷组大鼠与对照组比较，记忆力明显降低，说明砷化物可以显著影响大鼠的记忆功能，对其行为产生一定的影响。张晨等通过平面翻正反射和悬崖回避实验发现，染砷大鼠子代的学习与记忆能力显著降低。

（2）砷对皮肤的损害

砷对皮肤的损害主要是慢性砷暴露所致，主要包括色素沉着或脱失、角化过度和细胞癌变。无机砷可显著抑制人皮肤成纤维细胞缝隙连接通讯，在癌症发生的促长阶段很可能扮演重要角色。邓芙蓉等采用细胞划痕染料标记示踪技术发现，亚砷酸可显著抑制人皮肤成纤维细胞间荧光黄染料的扩散，且有明显的剂量-效应关系。地方性砷中毒患者皮损中往往存在抑癌基因表达异常的现象，但不同研究者的研究结果存在差异。p53 蛋白在燃煤型砷中毒患者皮损中的阳性表达率为 67.4%，与临床分级和病理分型明显相关。李东霞等认为，砷角化皮损表皮细胞增殖活跃，在此基础上，某些易感个体可能发生 p53 基因突变，并引起 Bel-2 过度表达，二者协同作用导致肿瘤的发生。而 Castren 等研究指出，由砷暴露所致皮肤损害中 p53 蛋白含量的增加与 p53 基因突变无关，p53 基因突变并非砷致皮肤细胞癌变的先决条件。此外，符刚等在研究 P16 蛋白和视网膜母细胞瘤蛋白（Rb）在高砷煤引起的砷中毒患者皮损中的表达时发现，P16 蛋白的表达随病损的加剧而减低，并与临床分级和病理分型明显相关，Rb 蛋白的阳性表达率与临床分级相关，P16 蛋白的阳性表达率与 Rb 蛋白呈负相关。

有研究表明，DNA 氧化损伤可能是一些化学致癌物导致肿瘤发生的重要机制之一。8-羟基-2-脱氧鸟苷被认为是 DNA 氧化损伤的敏感生物标志物。Matsui 等应用免疫组织化学的方法检测病变皮肤组织中的 8-羟基-2-脱氧鸟苷，发现与 As 相关的皮肤肿瘤和过度角化患者（28 例）皮肤样品中，8-羟基-2-脱氧鸟苷的阳性率（78%）显著高于与砷无关的

Bowen's 病患者的皮肤样品（11 例，阳性率为 9%）。由上可见，近几年国内外学者主要针对皮肤细胞的过度角化和癌变开展了大量研究，提出细胞缝隙连接通讯抑制、细胞增殖异常、抑癌基因表达异常以及 DNA 氧化损伤等多种致病机制。然而到目前为止，砷对皮肤的损害机制仍不十分清楚。

（3）砷对肾脏、肝脏、生殖发育和免疫系统的影响

砷对肾脏、肝脏、生殖发育和免疫系统等的损害作用主要表现为肾间质和肾小管充血、水肿、肝脏纤维化、性腺激素（LH，FSH）和性激素水平下降、机体细胞和体液免疫功能同时受到损伤等。张玲等研究了砷对小鼠肝、肾毒性作用，将小鼠随机分为高、中、低 3 个剂量组，采用喂饲法进行急性毒性实验，6 周后检测肝、肾组织 SOD 活性和 MDA 含量并进行病理组织学检查，结果表明，随着 As 摄入量增加，小鼠肝、肾脏组织脂质过氧化水平增高，发生组织形态学的改变。刘起展等研究显示，慢性砷中毒可引起小鼠肝线粒体和微粒体 LPO 含量显著升高，线粒体标志酶琥珀酸脱氢酶活性和线粒体标志酶葡萄糖-6-磷酸酶活性均显著降低，各亚细胞器 LPO 含量升高分别与其相应标志酶活性降低存在显著的负相关，提示慢性砷中毒能引起肝亚细胞器线粒体和微粒体发生脂质过氧化损害作用。杨瑞瑛等研究了砷中毒大鼠肝脏亚细胞组分中砷的分布，用亚砷酸钠诱导出大鼠亚急性砷中毒模型，采用差速离心生化分离技术与超热中子活化分析相结合，测定大鼠肝脏亚细胞组分中砷的含量，结果表明，砷在微粒体、胞液和细胞核中大量蓄积，可能导致肝细胞的损伤。唐慧玲等研究了砷对雌性大鼠生殖内分泌影响，采用雌性大鼠经砷染毒 10 周后用放射免疫法测定血清中激素水平，观察子宫和肾上腺的病理改变，结果表明，砷对生殖系统有直接的损害作用，砷对雌性大鼠的内分泌激素黄体生成素是一个敏感指标。张晨等研究了砷对大鼠子代免疫功能影响，采用了两代一窝繁殖实验的方法，观察了暴露于 As_2O_3 大鼠子代免疫功能的变化，结果表明，砷可以通过胎盘屏障，高剂量的砷对大鼠子代的免疫功能有明显的抑制作用。郑金平等研究了砷对大鼠血清补体抑制活性的影响及硒的拮抗效应，采用补体溶血抑制实验，观察砷及砷、硒联合染毒对大鼠血清补体抑制活性的影响，结果表明，砷可致血清补体抑制活性下降，使补体自稳状态遭到破坏，可能参与砷中毒引起的免疫病理过程。

（4）砷的致突变性

段志刚等研究砷对小鼠骨髓细胞 DNA 的损伤作用，在小鼠饮水中加入 As_2O_3 喂养 6 个月，采用单细胞凝胶电泳技术对骨髓细胞 DNA 断裂进行了分析，结果表明，高剂量的砷在小鼠体内对骨髓细胞 DNA 有损伤作用，并可诱发 DNA-蛋白质交联，而低剂量的砷可能影响 DNA 对其他诱变剂的敏感性；低剂量可能以断裂为主，高剂量可能以交联为主；而且，砷致 DNA 分子断裂的碎片大小较恒定。王章敬研究砷暴露对小鼠遗传毒性影响及硒的拮抗作用，通过测定小鼠骨髓微核率及血清、肝脏和肾脏砷水平及硒对砷拮抗剂量效应，结果表明，砷可导致小鼠骨髓微核率升高及血清、肝脏和肾脏砷水平的改变。

（5）砷的致癌性

肺脏是砷致癌的靶器官之一，长期砷暴露可导致肺癌发病率升高。研究表明，无论是燃煤型砷中毒还是长期饮水型砷暴露，都可出现肺功能受损的临床表现。世界卫生组织（WHO）（1981）以及国际肿瘤研究机构（IARC）（1980）都确认砷是人类致癌物之一，长期暴露可引发皮肤和肺脏等处的肿瘤。由于到目前为止尚无无机砷化合物致癌的动物模

型，致使其致癌机制的研究一直滞后，所以国内大量研究人员致力于野生型和转基因动物的砷致癌动物模型研究。安艳在砷致癌动物模型研究现状中指出，砷在小鼠和大鼠的相应器官也可诱发促癌或完全致癌作用，给予 p53+/-和 K6/ODC 转基因小鼠无机砷的甲基化代谢产物二甲基胂酸（DMA）或亚砷酸盐，对转基因小鼠的皮肤或膀胱有一定程度的致癌、联合致癌以及促癌作用。

2.1.6.3 流行病学领域的主要研究成果

地方性砷中毒是因自然界环境中含砷量过高所引起的生物地球化学性疾病，在世界范围内流行广泛，已成为一种严重威胁人类健康的公害病。目前许多国家饮用水中砷浓度超过 WHO 的指导标准（0.01 mg/L）或超过了其国家所规定的标准，包括阿根廷、澳大利亚、孟加拉国、智利、中国、匈牙利、印度、墨西哥、秘鲁、泰国和美国等。多年来，世界各国学者对地方性砷中毒进行了广泛而深入的研究，在病因学、主要临床表现、发病机制、流行规律及防治措施等方面取得了显著进展。2003 年的《中国地方性砷中毒分布调查（总报告）》显示我国饮水型地方性砷中毒分布于 8 省市区，40 个县旗市，受影响人口 2 343 238 人，其中饮水 As＞0.05 mg/L，高砷地区暴露人口 522 566 人，查出砷中毒 7 821 人。内蒙古和山西仍为我国饮水型地方性砷中毒重病区。新疆乌苏市的生产建设兵团与乌苏中的大部分高砷地区通过集中改水，病情有所减轻，内蒙古和山西的一些乡村集中改水降砷效果也较好。新确认吉林和宁夏各 1 县饮水型地方性砷中毒，其中以吉林省病区为典型；新发现山西 11 县市、内蒙古 1 旗、吉林 1 市、宁夏 1 县、青海 1 县和安徽 2 县市的饮水型地方性砷中毒；新发现北京顺义区仍有饮水高砷暴露乡镇。燃煤型地方性砷中毒流行于 2 省，8 县市，其中室内生活用煤 As＞100 mg/kg，导致室内空气砷污染和粮食砷污染的受影响人口 333 905 人，高砷暴露人口 48 438 人，查出砷中毒 2 402 人。贵州省仍为我国乃至世界的典型生活燃煤型地方性砷中毒病区。

在饮水型砷中毒病区，改水除砷是一种有效的干预措施。有研究发现改水 1 年使砷暴露人群的皮肤损伤明显改善，DNA 氧化损伤明显减轻。检测停止饮用高砷井水 15 年后地方性砷中毒患者血浆细胞因子水平，分析砷对免疫功能的远期影响，结果表明慢性砷中毒患者体内可能存在一种不利于疾病转归的免疫调节，其确切机制还有待进一步深入探讨。对职业性慢性砷中毒病人，采用各种颅神经检查法及五官检查来确定颅神经损伤情况，结果发现职业性慢性砷中毒会造成颅神经损伤。此外，还有文献报道地方性砷中毒患者的 IL-2、IL-8 和 TNF-α水平随抗氧化能力的降低而升高。而且还有研究发现砷与氟在对机体骨等矿化组织的损害作用中相互影响，砷可能通过减少氟的吸收及氟在组织蓄积，从而减轻氟对机体骨等矿化组织的损害作用，但这种拮抗作用很弱。

2.1.7 氟

2.1.7.1 环境领域的主要研究成果

（1）氟污染溯源及管理

氟（F）是地壳中第 13 位元素，氟及氟化物在自然界的分布十分广泛，主要以萤石（CaF_2）、冰晶石（Na_3AlF_6）和磷灰石（$Ca_{10}(PO_4)_6F_2$）三种矿物存在，氟在地壳中的含量百分数为 0.066%。环境中氟污染既有自然因素也有人为因素。自然因素主要是来源于含氟矿物的淋溶、风化和火山爆发等。人为因素主要来源于一些工业生产过程中所排放的废物。氟广泛应用于炼铝、磷肥、钢铁、有机合成化工、电子工业、原子能工业以及有机氟高级润滑油、火箭推进剂的二氟化氧、氟化磷和氟制冷剂等工业生产中，在这些工业生产中所排出大量的含氟废水，是水中氟的主要来源。

氟是人体必需的微量元素之一，适量的氟有益于人体健康，但是含量过低或过多都会危害健康，特别是过多会引起氟中毒。人们日常饮用水含氟量一般控制在 0.4～0.6 mg/L，长期饮用 F^{+}浓度大于 1 mg/L 的水会对人体的健康产生危害，严重的会引起氟斑牙与氟骨症以及其他一些疾病，甚至会诱发肿瘤的发生，严重威胁人类健康；过量的氟还会与钙、镁结合生成难溶的氟化钙及氟化镁，使体内许多需要钙、镁参加的酶的活性被抑制；此外，氟污染可以使动、植物中毒，影响农业和牧业的生产。按照国家《污水综合排放标准》（GB 8978—1996），一级标准中氟浓度应小于 10 mg/L。地表水氟（无机化合物）最高容许浓度为 1.0 mg/L。国家《地下水质量标准》（GB/T 14848—93）规定饮用水中氟化物的浓度应小于 1.0 mg/L。

（2）氟污染现状

氟由于自然和人为因素的影响，造成许多国家和地区水中含氟量超标，世界范围内，含氟超标水的分布很广泛，亚洲、欧洲、美洲及非洲的水体中含氟量均有超标现象，前苏联、印度、日本、加拿大、荷兰、西班牙、意大利、南非和马来西亚都有由于饮用水含氟超标而引起的地方性氟病发生。美国的爱达荷、怀俄明、田纳西等州和加拿大的西南部海相矿床沉积带都是超标含氟水分布较广的地区；我国高氟水的分布也很广泛，遍及全国 29 个省市和自治区，现有区县 1 296 个，占全国总县数的 46.8%，涉及的村（屯）148 168 个。

我国的高氟水大致可以分为以下四个比较集中的地区：

1）从黑龙江的三肇地区（肇州、肇东、肇源），经吉林的白城、内蒙古的赤峰、河北的阳原、山西的大同、山阴到陕西的三边、宁夏的盐池、灵武，以及甘肃和新疆的一些地区，大致自东向西，在沙漠外围呈一条宽带分布。

2）北方沿海局部高氟水地区，如渤海湾附近（天津）、山东沿海及昌潍地区。

3）南方主要在鄂西北、黔西至云南东北部，大致呈东北西南方向分布。

4）一些零星局部的高氟水地区，如陕西的关中地区、四川南部泸州地区、云南的元谋地区，以及浙江、福建、广东的某些地区。

表 2-1 列举了我国一些典型高氟区水源水中氟含量情况。从表 2-1 可以看出，在这些地区饮水中氟含量均超过了国家标准，有些地方饮水中氟含量超过国家标准二十多倍，氟含量相当高。

表 2-1 我国各典型高氟区水源水中氟含量情况表

地区	饮用水氟含量/（mg/L）	地区	饮用水氟含量/（mg/L）
黑龙江 肇东县安达县	1.5～1.6	山西省 东莱庄	8.1
吉林省 农安县	1.5～9.3	山东省 昌潍地区	4.0～9.0
内蒙古自治区 赤峰市	1.5～10	陕西省 大荔县、定边县	4.0～26
河北省 阳原县	1.5～17.5	宁夏 盐池县、灵武县	2.6～21.8
北京市 小汤山	0.2～8.8	天津市 宜兴埠北塘	2.6～4.8
河南省 封丘	1.0～1.5	新疆	8.0

由污染导致的氟污染情况也较为普遍，湖北沔阳磷肥厂所排放的高氟废水污染了附近河坝村居民的生活饮用水，使饮水氟含量达 1.9 mg/L。天门磷肥厂排放高氟废水的管道破裂，附近的居民直接用氟含量为 0.9～6.4 mg/L 的污水浇灌蔬菜，居民从蔬菜中摄入过量的氟而引起氟中毒流行。

（3）检测分析方法

F^-的检测方法主要有：离子选择电极法、离子色谱法和分光光度法等。

1）离子选择电极法

目前我国水中 F^-的测定方法采用《离子选择电极法》（GB 7484—87）。本标准适用于测定地表水、地下水和工业废水中的氟化物。此方法的原理为：当 F^-与含氟的试剂接触时，电池的电动势 E 随溶液中 F^-浓度的变化而变化（遵守 Nernst 方程）。当溶液的总离子强度为定值且足够时服从关系式（1）：

$$E = E_0 - \frac{2.303RT}{F}\log C_{F^-} \tag{1}$$

E_0：电池的电动势，V；R：理想气体常数，8.314J/（K·mol）；T：温度；F：法拉第常数，96.487 kJ/（V·mol）；C_{F^-}：氟离子浓度，mol/L。E 与 $\log C_{F^-}$ 成直接关系，$\frac{2.303RT}{F}$ 为该直线斜率，亦为电极的斜率。

工作电池可表示如下：

Ag｜AgCl，Cl^-（0.3 mol/L），F^-（0.001 mol/L）｜LaF_3｜｜试液｜｜外参比电极。

本方法测定的是游离的 F^-浓度，某些高价阳离子（例如三价铁、铝和四价硅）及 H^+能与 F^-络合而有干扰，所产生的干扰程度取决于络合离子的种类和浓度、氟化物的浓度及溶液的 pH 等。在碱性溶液中 OH^-的浓度大于 F^-浓度的 1/10 时影响测定。其他一般常见的阴、阳离子均不干扰测定。测定溶液的 pH 为 5～8。氟电极对氟硼酸盐离子（BF）不影响，如果水样含有氟硼酸盐或者污染严重，则应先进行蒸馏。通常，加入总离子强度调节剂以保持溶液中总离子强度，并络合干扰离子，保持溶液适当的 pH 值就可以直接进行测定。它的最低检出限为含氟化物（以 F 记）0.05 mg/L，测定上限可达 1 900 mg/L。

2）离子色谱法

水、牙膏及生物样品中氟化物的测定，通常用离子选择电极法和分光光度法，随着高性能离子交换柱的开发，离子色谱可用于多种无机阴离子和有机酸的同时分析，具有简单、快速和高灵敏度等优点，是分光光度法等其他无机阴离子分析无法比拟的。目前，离子色谱在水和生物样品等分析领域已成为主要的分析手段。与分光光度法相比，离子色谱法可将氟化物络合物与试剂分离开，大大提高了测定的灵敏度和选择性。

3）分光光度法

氟化物测定的分光光度法大多采用氟化物与氟试剂和硝酸镧反应，生成蓝色络合物的颜色随着 F^-浓度的增高而加深，该方法主要用于水和食品中氟化物的测定。由于常规水质检验方法测定水中微量氟化物时，存在样品用量大，灵敏度低，达到稳定时间长以及铝、铁干扰严重等问题，邓恢祥等改用合并试剂，严格控制酸的浓度，加入乙酰丙酮掩蔽剂，消除铝、铁和锌干扰。结果表明该法测定水中微量氟化物，具有灵敏度高，精密度及准确度可靠，样品用量少，抗干扰能力强的优点。

2.1.7.2 毒理学领域的主要研究成果

目前国内外研究了氟中毒对哺乳动物，以及肝、肾、脑组织、生殖系统、骨骼和牙齿等器官的一系列影响。

（1）脑组织损伤

我国科学家对饮用高氟水小鼠的脑海马回组织超微结构进行了观察，研究氟对中枢神经系统的毒性作用，对饮含氟量为 100 mg/L 的高氟水 6 个月的小鼠脑海马回组织超微结构观察结果显示，高氟组小鼠海马回神经细胞、神经突触、神经纤维及血脑屏障的超微结构均出现显著的病理变化，表明氟对中枢神经系统具有直接的毒性作用，且高氟饮水对小鼠脑功能有显著的影响，过量摄氟对大鼠脑组织氧化侵袭与细胞凋亡存在不良影响。研究过量摄入氟对大鼠神经系统损伤过程脑细胞氧化应激相关指标和脑细胞周期变化与细胞凋亡率的关系，结果表明过量氟所致的大鼠脑细胞增殖能力下降和脑细胞凋亡率增高，与氟神经毒性作用机制有关，低钙营养可加重氟的神经毒性作用；过量氟可引起脑细胞抗氧化酶类发生不同程度的变化，其中抗氧化酶类活性增强可能是脑神经细胞对氧化侵袭的自身保护性生理调节作用的表现，但氧化侵袭对神经系统损伤的确切机制尚需进一步研究。

有学者研究了氟对原代培养大鼠海马神经元氧化应激和 DNA 损伤的影响，结果表明氟可引起大鼠海马神经元氧化应激和 DNA 损伤，氧化应激可能在氟致 DNA 损伤中起重要作用。此外，对慢性氟中毒对神经细胞损伤的作用机理及与细胞凋亡的关系研究表明，慢性氟中毒所致的神经细胞凋亡可能与激活 G 蛋白或氧化应激有关，当发生慢性氟中毒时，无明显证据表明 Bcl-x 参与了此过程，但也不排除 Bcl-x 在参与慢性氟中毒对神经细胞的损害过程中发挥作用并调节其表达水平达到平衡的可能性。白细胞介素 1β转移酶（ICE）则可能参与了神经细胞发生凋亡的过程，并可能在此过程中起主要作用。有学者探讨了氟对大鼠脑细胞 DNA 的损伤及诱导凋亡的作用，结果表明氟化钠可引起大鼠脑细胞 DNA 损伤和细胞凋亡发生。

有研究探讨了不同剂量慢性染氟对大鼠学习记忆能力的影响，结果提示慢性氟中毒对大鼠学习记忆能力有显著的影响，并对其脑内 SOD 活性有一定的影响，并且这种影响可能和氟的浓度有相关性。

（2）对肾脏的影响

氟中毒可导致大鼠骨、肾组织自由基水平的变化。有学者研究了氟中毒大鼠骨、肾自由基水平与钙营养的关系，结果表明，氧化应激于氟中毒组织损害机制中的地位在骨与肾组织中是不同的，钙营养状况在氟中毒骨相损害中有着重要作用。在过量氟对大鼠肾细胞中游离钙（$[Ca^{2+}]i$）水平的影响与氧化应激关系研究中发现，过量氟所致的大鼠细胞内 $[Ca^{2+}]i$ 超载和不同程度的氧化侵袭，可能在氟骨症病理过程中起重要作用，且投氟伴随低钙可加重细胞内 $[Ca^{2+}]i$ 超载和氧化侵袭，表明钙营养与氟中毒发病有着重要联系。此外在过量氟对大鼠肾组织骨桥蛋白表达影响的研究中，通过检测骨桥蛋白（OPN）mRNA 和蛋白在氟处理大鼠肾组织中的表达差异和蛋白定位，探讨 OPN 与氟中毒肾损害的关系，结果显示，过量氟可促进大鼠肾组织 OPN 表达，且随着投氟量的增加，OPN 伴随着肾损伤加重而表达增强，提示 OPN 与氟中毒肾损伤程度密切相关，很可能作为一种氟中毒肾损害的预测标志。国内有关慢性氟、砷染毒对小鼠肾皮质氧化应激的损害研究发现，慢性氟、砷和氟、砷联合染毒均能引起小鼠肾皮质氧化应激作用增强，氟、砷对在引起肾皮质 LPO 损害作用方面无明显交互作用。

（3）对肝脏的影响

国内有报道称，氟所致的大鼠肝细胞内[Ca^{2+}]i 持续增高对肝细胞凋亡有不同程度的影响，可能在氟骨症病理过程中起重要作用。投氟伴随低钙可加重细胞内[Ca^{2+}]i 超负荷和细胞凋亡，提示钙营养与氟中毒发病有一定相关性。肝细胞内[Ca^{2+}]i 增高与肝细胞凋亡率之间有无相关性有待于进一步研究证实。郭晓英等研究氟对大鼠肝脏氧化应激及超微结构的影响，结果显示过量氟使大鼠肝脏处于氧化应激状态，并损伤细胞膜性结构和 DNA，造成肝脏损伤。刘起展等研究了慢性氟中毒、砷中毒及联合中毒对小鼠肝亚细胞器的脂质过氧化损害程度的影响，显示慢性氟中毒、砷中毒及联合中毒均能引起肝亚细胞器线粒体和微粒体发生脂质过氧化损害作用，且氟、砷对这一作用存在一定的联合毒性。

（4）骨损伤

高彦辉等对亚慢性氟中毒影响大鼠骨转换的动态进行了分析，观察亚慢性氟中毒过程中骨密度及激素水平的变化情况，结果显示高剂量氟可以通过持续影响 PTH 和 BGP 水平调控骨转换过程。有学者研究了氟对大鼠腰椎松质骨超微结构的影响，结果表明，长期过量摄入氟可使大鼠腰椎椎体松质骨的骨形成增加，但所形成的骨排列多不规则，骨小梁裂纹和微骨折较多见，导致出现骨的质和量分离现象。在对染氟大鼠骨中 10 种化学元素的变化研究中，表明染氟和低钙可导致大鼠骨损伤，骨中化学元素的改变参与了氟中毒的发病机制，说明氟骨症的形成是多因素作用的结果。

（5）口腔

有学者研究高氟对大鼠口腔黏膜细胞增殖周期和 DNA 合成的影响，结果表明，高氟不仅改变了大鼠口腔黏膜细胞的增殖周期，还造成氧化应激，引起 DNA 损伤并影响 DNA 合成，使 DNA 相对含量显著下降。

（6）牙损伤

有研究探讨了孕鼠氟中毒对子鼠牙胚分泌期成釉细胞的影响，结果表明，孕鼠氟中毒诱导了胎鼠分泌期成釉细胞下囊腔的形成，导致胎鼠氟斑牙的形成。

（7）生殖系统损伤

姜春霞等研究探讨染氟大鼠生精细胞凋亡和血清雌二醇水平的关系，结果表明，氟在一定剂量和作用时间内可致血清雌二醇水平紊乱，是导致生精细胞凋亡的重要原因之一。江琴等研究指出氟可能通过抑制 PCNA 的表达，从而减少生殖细胞的数量，对雄性生殖系统造成损伤。国内科学家通过氟致雄性大鼠生殖功能的损伤进行了实验研究，探讨了高氟对雄性大鼠生殖系统的影响，结果表明长期接触高浓度的氟对雄性生殖系统有毒性作用。在探讨氟的生殖遗传毒性的研究中表明，在一定浓度下，氟化钠可引起离体小鼠睾丸细胞的 DNA 损伤，提示氟可能是一种潜在的雄性生殖毒物。

（8）致畸性

张本忠等为探讨氟的发育毒性及机理，孕 9.5 d 大鼠胚胎于体外培养系统中给予不同剂量的氟化钠，培养 48 h 后，观察胚胎生长发育和器官形态分化状况；应用 DTNB 直接法测定胚胎组织谷胱甘肽（GSH）含量；以 1,6-二苯己三烯为荧光探剂，用荧光偏振技术测定卵黄囊细胞膜脂质流动性，结果显示，当培养液中氟浓度为 10 μg/mL 时，胚胎生长发育和分化明显被抑制。同时，畸形胚胎发生率明显升高，主要有前后神经管闭合不全，脑发育不良和体翻转不全等（$P<0.05$）。氟浓度为 10 μg/mL 时，胚胎组织 GSH 活性和卵黄囊细胞膜脂质流动性也显著降低（$P<0.05$），上述效应均呈现出一定的剂量-效应（反应）关系。初步认为氟有潜在的致畸性和胚胎毒性，胚胎组织 GSH 活性和卵黄囊细胞膜流动性降低可能在氟致胚胎发育毒性中起重要作用。

国内关于 F、As 染毒对大鼠子代心脏氧化性损伤的实验，采用两代一窝繁殖实验，研究大鼠暴露于 F、As 后其子代心脏中 F、As 的蓄积及脂质过氧化水平。结果显示，随着暴露剂量增加，心脏 F、As 含量显著增加，SOD 和 GSH-Px 活性随之降低，心脏的超微结构出现病理变化，停止 F、As 暴露 8 周后，心脏 F、As 含量显著降低，酶活性有所恢复，说明 F、As 染毒可造成大鼠子代心脏的氧化性损伤。

2.1.7.3 流行病学领域的主要研究成果

国内采用流行病学调查方法，研究饮水型地方性氟中毒（地氟病）病区病情现状，检测氟斑牙、氟骨症现状，并进行饮水氟浓度与儿童肝损害的剂量-效应关系、肾损害的暴露-效应关系和骨龄发育的影响研究。

（1）地方性氟中毒调查

广东省韶关市为了解改水后所辖的乐昌市和始兴县地方性氟中毒（地氟病）病区病情，对饮水型氟中毒现状进行了调查，结果表明，乐昌市廊田镇岩前村委 5 个饮用冷泉水的自然村为饮水型氟中毒轻病区，同时始兴县罗坝镇廖屋村还是饮水型地氟病病区，需改换饮用水水源，才能控制地氟病的流行。山西省饮水型氟中毒重病区县病情现状调查结果表明，山西省水氟状况有所好转，地氟病病区病情依然较重，今后应加大改水力度，保证工程质量，进一步提高防治效果。南阳市宛城区农村居民生活饮用水氟含量调查结果表明，全区高氟水源共 6 个乡镇，45 个行政村，99 个自然村，在 99 个自然村中，无重度高氟村，10 个中度高氟村，89 个轻度高氟村，高氟自然村与 20 世纪 80 年代相比减少了 48.2%，经统计学检验，差异非常显著（x^2=33.48，$P<0.01$）。有学者对高氟饮水与儿童 BPb 水平关系进行了研究，采用分层整群随机抽样的方法，对饮用不同含氟量水质的 1 983 例 0～8 岁儿童进行了 BPb 水平测定，并对可能影响儿童 BPb 水平的相关因素进行了流行病学调查分析，结果表明，调查儿童 BPb 范围在 14.4～223.8 μg/L，高氟饮水儿童 BPb 水平均数为 93.0 μg/L，饮用正常水质儿童 BPb 水平均数为 80.4 μg/L，两组差异显著。按照饮用水含氟量高低比较儿童 BPb 均数水平呈由高氟水到轻高氟水逐渐降低趋势，表明高氟饮水是影响儿童 BPb 水平重要危险因素。有学者对饮水氟含量与地方性氟中毒的剂量-反应关系进行了研究，探讨了饮水氟含量与儿童氟斑牙患病率、成人氟骨症间的剂量-反应关系及饮水氟含量的可接受的摄入剂量范围，该研究所得的饮水氟含量的参考剂量低于国家卫生标准（1.0 mg/L）的允许限量。因此，该标准对该调查地区是否适用值得商榷。

（2）氟斑牙

我国学者孟冬青对齐齐哈尔市北市区饮用水中氟的含量与儿童龋齿发病率的关系进

行了研究，结果表明，北市区地下水中氟含量偏高是齐齐哈尔市儿童龋齿发病率较高的原因之一。张琳对平阳县水氟含量和儿童氟斑牙患病率进行了调查，研究改水后较低水平水氟超标对儿童健康敏感指标氟斑牙、尿氟以及发氟含量的影响。研究选择同校同班以饮用超标水氟村的儿童为暴露组，饮用水氟正常村的儿童为非暴露组进行调查检测，结果表明，饮用水氟含量与氟斑牙和发氟有相关性，与尿氟相关性不显著，氟斑牙及尿氟和发氟可作为评价氟化物对人体健康状况影响的主要判定指标，用尿氟为指标时应注意排除干扰因素。有学者对新疆南疆地区儿童氟斑牙与水氟含量的关系进行了调查，调查监测了新疆南疆 5 个地区，22 个县市，7 637 名 7～14 岁儿童氟斑牙患病情况和 142 份饮用水及 842 份儿童尿样氟含量，结果表明，共检出 2 368 例氟斑牙患者，患病率为 31.01%，男女童之间氟斑牙患病率无显著差异。

（3）骨损伤

葛相金等对高密市饮水型氟中毒地区中老年人骨关节炎患病情况进行了调查，于 2003—2004 年在高密市饮水氟浓度为 0.25～7.97 mg/L 的氟中毒病区，调查了常住 50 岁以上中老年人的骨关节炎患病情况，共调查 7 876 人。结果表明过量的氟摄入可导致人群高发骨关节炎，应把人群骨关节炎反应作为地方性氟中毒研究的一个重要指征。

2.2 有机物及无机化合物污染与人群健康

2.2.1 滴滴涕

2.2.1.1 环境领域的主要研究成果

（1）滴滴涕污染溯源及管理

滴滴涕（DDT）化学名称为 2,2-双（对氧苯基）-1,l,1-三氯乙烷，分子式：$C_{14}H_9C_{15}$，分子量 354.5，熔点 108～109℃，沸点 260℃，为白色结晶状固体或淡黄色粉末，无味，几乎无嗅，化学性质稳定，在水中极不易溶解，在常温下不分解，对酸稳定，强碱及含铁溶液易促进其分解。1874 年德国化学家宰特勒首次合成。1939 年发现滴滴涕（DDT）具有杀虫性，因而被广泛用于疟疾和斑疹伤寒等传染病的控制。

水中 DDT 的来源可分为点污染源和面污染源两类。点污染源指农药生产过程中对环境的污染，即农药制造厂、加工厂废水未经适当处理即排入江河和湖泊。这些废水一般含有很高浓度的农药，每日源源不断地排入水体，直接影响水质，甚至造成局部河段严重污染。面污染源指农药使用过程中对环境的污染。例如，为防治森林害虫及农田害虫，向空中及地面喷洒；为控制蚊虫水生杂草等向水面施药；施用过程中大气中的农药雾滴沉降，携带农药的颗粒干沉降；降水淋洗大气中的农药；暴雨产生的径流侵蚀被农药污染的土壤；在地面水中洗涤施药器械等都会引起面源污染。面污染源虽然造成的污染程度低，但由于其影响范围广，因此不可忽视。

1970 年 1 月瑞典首先开始禁止使用 DDT，随后世界许多国家相继禁止或限制了 DDT 的生产和使用。我国于 1983 年开始限制其生产和使用，但目前仍作为三氯杀螨醇的生产原料。2004 年 5 月 21 日《关于持久性有机污染物的斯德哥尔摩公约》（POPs 公约）已经生效，DDT 是首批淘汰的 12 种污染物之一。我国《地表水环境质量标准》(GB 3838—2002) 中集中式生活饮用水地表水源地特定项目标准限值规定了 DDTs 的浓度为 0.001 mg/L。

（2）DDT 污染现状

由于 DDT 是脂溶性有机物，易积累在人体脂肪和肝脏等部位，不易排出体外，随着体内蓄积量的增加，对人类的潜在性威胁很大，对环境和人体的健康具有长期的危害。虽然 DDT 已经被禁用，但是从近几年报道的全球各地的检测数据表明，无论是大气、水、土壤、底泥还是生物样品等均可检测出此类污染物。研究人员在南极洲的海豹和企鹅体内找到了 DDT 的踪迹，生活在罕无人迹的北冰洋的海豹以及一些高纬度地区的青蛙体内同样存在着 DDT。加拿大、德国、俄罗斯、墨西哥以及我国的北京、成都、上海、天津等国家和地区的人体血液、体脂以及人乳中也检测出 DDT 的存在。

DDT 对我国的水体造成了不同程度的污染，在我国的几大水系中，包括长江、淮河、珠江、岷江、闽江和辽河等水体都存在 DDT 污染的情况。对 2007 年 8 月至 2008 年 3 月采集的流经天津的海河干流水体和表层沉积物样品进行检测，结果表明，在海河干流表层水和沉积物样品中均有 DDTs 的检出，海河干流水体中 DDTs 的浓度为 6.88～78.82 ng/L（均值 28.54 ng/L），表层沉积物中 DDTs 的浓度为 5.82～45.5 ng/g（均值 21.55 ng/g）。近年来随着 DDT 的限制和禁用，各种环境介质中 DDT 含量也出现了下降的趋势。

（3）检测分析方法

目前我国有关 DDT 的检测主要采用气相-电子捕获检测器（GC-ECD）、气相-质谱（GC-MSD）、气相火焰光度检测器/氮磷检测器（GC-NPD/FPD）、高效液相色谱（HPLC）、高效气相-质谱（HRGC-HRMS）、液相质谱（LC-MS）、薄层色谱（TLC）、超临界流体色谱法（SFC）以及毛细管电泳法（CE）等仪器和技术进行定量分析。国家标准中水环境 DDT 的测定方法主要为气相色谱法，如 GB 7492—87，GB 17378.4—2007。

GC/MS 联用技术把色谱法的高灵敏度与质谱法的高分辨率结合起来，大大扩展了 GC 方法的应用。HPLC 法适用于检测分子量大、挥发性低、热稳定性差的有机污染物，弥补了 GC 法的不足。SFC 是以超临界流体（SF）作流动相的色谱过程，SFC 法可以弥补 GC 法和 HPLC 法在分析有机污染物方面的某些不足之处，适用于一些极性强、热不稳定、化学性质活泼和分子量高等复杂化合物的分离和测定，而且 SFC 能和一系列检测系统联用。CE 作为一种高效分离技术，近年来在环境分析应用上已经表现出强劲的发展势头。由于 CE 具有样品需要量小、分离效率高、柱价格低、易清洗、方法简单以及分析时间短等特点，使其在有机污染分析和质控中具有独特的优势。

DDT 环境样品的前处理方法主要为超声振荡、索式提取、液液萃取、半透膜装置，基质固相分散（MSPD）、超临界流体提取、吸附树脂、加速溶剂提取（ASE）、微波辅助提取（MAE）、固相萃取和固相微萃取等。常用的净化方法有硅胶层析柱、佛罗里硅土、硫酸高锰酸净化、酸性硅藻土柱净化、硫酸钠柱、氧化铝净化等。其中固相萃取、固相微萃取、顶空固相微萃、ASE 和 MAE 萃取都是近年来有关水环境中 POPs 监测的新技术新方法。

2.2.1.2 DDT 污染对人体健康的影响

（1）人体内 DDT 的残留

1）血液和脂肪组织中 DDT 的残留

我国科学家 1979—1980 年在河南省对 1 394 例非职业暴露人群检测，发现 DDT 检出率为 96.34%（血液），平均为 60.3 μg/L，高于美国（29.4 μg/L）、荷兰（16.0 μg/L）和日本（18.3 μg/L）等国家禁止或限制 DDT 生产和使用前的残留水平。1974—1980 年有关地区的调查研究发现，上海人群脂肪组织中总 DDT 残留量最高，平均为 22.95 mg/kg，与 DDT 污染最为严重的印度（25.1 mg/kg）和巴基斯坦（21.6 mg/kg）同期水平相当；广州（6.10 mg/kg）、辽宁（4.72 mg/kg）和北京（5.82 mg/kg）相对较低，但仍高于英国（1.9 mg/kg，1969—1971 年）、日本（2.4 mg/kg，1968—1969 年）和德国（3.6 mg/kg，1970 年）等发达国家水平。谢军勤等在 2001 年对孝感市 30 名居民检测发现，血液和体脂 DDT 检出率仍较高，分别为 86.7%和 100%，蓄积量分别为 3.61 μg/L（0.15～11.2 μg/L）、0.298 mg/kg（0.033～0.851 mg/kg）。

2）人乳中 DDT 的残留

我国人乳中 DDT 含量残留量较高，据不完全统计，1983 年我国有报道的各地区人乳中 DDT 残留量平均值为 14.1 mg/kg，其中 *p, p*-DDE 为 8.07 mg/kg，分别是瑞典 10 倍，美国和日本 5 倍左右。自 1983 年我国禁用 DDT 以后，我国妇女乳汁中 DDT 的残留水平呈现下降趋势，至 1986 年降为 11.1 mg/kg，1988 年为 8.17 mg/kg，平均每年的下降率仅为 6.38%，低于美国和加拿大刚停用 DDT 时的下降速度（11%～21%）。

（2）对健康影响的研究

国外开展了一系列 DDT 污染与人体健康的研究，涉及生殖、畸形、骨密度、肿瘤、神经以及免疫等各方面。规模最大的一项有关 DDT 暴露与不良生殖结局的队列研究在美国展开，一共观察了 1959—1966 年 44 000 多名的围生期婴儿，结果显示，随着 DDT 的代谢产物 DDE 的增加，调整 OR 值有一个显著性的上升。

到目前为止，在动物和人类胎儿组织中均发现 DDT 的浓度与生殖异常存在一定相关性，推测其原因可能是 DDT 与胚胎卵泡生成素或雌激素受体之间存在交互作用有关。虽然有关 DDT 暴露对成年男性体内性激素水平的可能影响的横断面研究开展较多，但是到目前为止，还未发现两者之间的统计学相关关系。国外有研究表明围生期 DDT 接触可能干扰滋养层细胞的正常钙摄取功能，另外两个小型的横断面研究结果进一步支持此种论断，发现血清中 DDT 浓度与骨密度下降之间存在一定相关性，但不是显著相关。其后在 DDT 高低污染区开展的一项渔夫及其配偶的队列研究中显示高暴露区的渔夫配偶中，因为脊椎异常的住院率显著性升高。

有机氯农药不但对子代生殖系统有影响，而且可以干扰子代早期的神经发育，从而影响其行为能力和认知能力。1997—1999 年，Ribas-Fitó 等对西班牙地区 92 名一岁婴儿的调查发现，出生前暴露于 *p, p′*-DDE 与 1 岁婴儿的智力发育以及运动发育延迟有关，暴露浓度每增加一倍，婴儿智力量表的得分降低 3.50 分，运动量表的得分则下降 4.01 分。然而，有机氯农药对出生结局的影响研究结论并不一致，尚未发现有机氯农药宫内暴露与出生结局之间有关联。Gladen 等分析了 1993—1994 年在乌克兰出生的 197 名单胎新生儿的出生体重资料与其母亲乳汁中 *p, p'*-DDE 和β-HCH 等有机氯农药以及 11 种多氯联苯（Polyehlorinated biphenyls，PCBs）的含量的关系，未发现有机氯农药的含量与新生儿出生体重之间的关系。1993—1998 年，Sagiv 等调查并分析 722 名新生儿脐带血清中 PCBs、*p, p'*-DDE 和 HCB 与出生体重、头围、身长之间的关系，也未发现 *p, p'*-DDE、HCB 与出生结局之间存在关联。

但也有许多流行病学研究发现，有机氯农药宫内暴露与新生儿低出生体重、出生头围减小、宫内生长迟缓综合征（IUGR）以及早产等不良出生结局有关。Siddiqui 等检测了 30 名 IUGR 婴儿和 24 名正常体重婴儿分娩时的孕产妇静脉血，胎盘以及脐带血中 *p, p'*-DDT、*o, p'*-DDT、*p, p'*-DDD、*p, p'*-DDE、α-HCH、β-HCH、γ-HCH 和 δ-HCH 的含量，结果显示，在调整了混杂因素后，孕产妇静脉血清中上述有机氯农药含量与胎儿宫内发育迟缓（IUGR）有关联。Dewailly 等调查与分析魁北克地区 1989—1990 年出生的 109 名母乳喂养的新生儿乳汁中 PCBs 和有机氯农药的含量与出生时的生长发育资料，结果发现，乳汁中 HCB 的含量与男性新生儿的身长呈负相关关系（r =–0.41，P=0.006），并且在调整了孕产妇的年龄以及孕龄后，这种负相关关系仍然有统计学意义。Pan I.J. 等对美国卡罗来纳州母乳喂养 6 个月以上的新生儿暴露于乳汁中的 PCBs、*p, p'*-DDT 和 *p, p'*-DDE 等污染物的研究结果也显示，以上污染物暴露与新生儿体重、身长具有关联。

2003 年 3 月至 2004 年 6 月，Asawasinsopon 等在泰国北部研究发现，脐带血清中总甲状腺素（Totaltraiodothyronine，TT4）水平的降低与 *p, p'*-DDE（r = –0.37，P=0.024）、*p, p'*-DDT（r = –0.33，P=0.048）以及 *o, p'*-DDE（r = –0.76，P=0.019）浓度的增加有关。Maervoet 等于 2002—2004 年研究了比利时佛兰德斯地区出生的 198 名新生儿的脐带血血清中 PCBs、类二噁英化合物、HCB、*p, p'*-DDE、镉和铅的暴露水平与甲状腺激素的含量关系，发现随着新生儿脐带血清中 HCB 和 *p, p'*-DDE 暴露水平的增加，新生儿脐带血清中游离三碘甲腺原氨酸（Freetriiodothyronine，FT3）、游离甲状腺素（Freetraiodothyronine，FT4）的含量均逐渐降低（P<0.05），因此，在胎儿的发育时期暴露于 DDT 等有机氯农药，可能会影响子代的甲状腺激素水平。

国内几乎未见有关 DDT 的毒理学研究，环境流行病学研究也较为鲜见，且多集中在 DDT 污染与肿瘤的关系。张宏等采用病例对照研究乳腺癌与 DDT 的关系，结果显示病例组与对照组平均乳房脂肪组织 DDT 浓度分别为 1 950.8 μg/kg 和 755.8 μg/kg，血浆 DDT 浓度分别为 8.55 μg/L 和 3.82 μg/L，病例组均明显高于对照组（P=0.000 1）；病例组中，21 例雌激素受体（ER）阳性患者和 21 例 ER 阴性患者的平均乳房脂肪组织 DDT 浓度分别为 3 051.8 μg/kg 和 849.7 μg/kg，ER 阳性患者是 ER 阴性患者的 3.6 倍（P=0.000 1）。荣素英等探讨了唐山震后有机氯农药暴露与乳腺癌发生的关系，收集了 2006 年 4 月至 2007 年 6 月在唐山市 3 家医院就诊的经病理学确诊的新发女性乳腺癌患者 150 例，以同期住院的非肿瘤和非生殖内分泌系统疾病的女性患者为对照，进行 1∶1 配比的病例进行对照研究，结果显示，*p, p'*-DDD 及 *o, p'*-DDT 两组检出率的差异有统计学意义，病例组高于对照组；血清中 *p, p'*-DDE、α-HCH 及 δ-HCH 残留水平在乳腺癌病例组和对照组差异有统计学意义，病例组高于对照组；唐山震后农药不同暴露地区血清中 δ-HCH、*p, p'*-DDE 及 *o, p'*-DDT 残留水平差异有统计学意义，高暴露地区高于低暴露地区；多因素条件 Logistic 回归分析显示震后农药高暴露、*p, p'*-DDE 和 *p, p'*-DDT 均与乳腺癌的发生有相关性，初步推测，环境有机氯农药暴露可能是导致乳腺癌发生的危险因素。

刘守庆等发现距离农药厂越近，水果和大米中六六六和 DDT 的含量就越高，新生儿出生缺陷的发生率就越高。吴伟晴等对 2008 年 6 月 1 日至 2009 年 6 月 1 日在深圳某医院出生的 161 名新生儿的胎龄、出生体重与甲状腺激素水平进行相关性分析，结果发现，新生儿的出生体重与血清中 T3（r =0.765，P<0.05）、T4（r =0.732，P<0.05）的含量均呈正相关关系。因此，如果甲状腺激素受到一些因素诸如环境污染物的干扰，有可能会影响新生儿的出生结局。

2.2.2 多氯联苯

2.2.2.1 环境领域的主要研究成果

（1）多氯联苯污染溯源及管理

多氯联苯（Polychlorinated Biphenyls，PCBs）又称氯化联苯，是一类人工合成的有机物，是联苯苯环上的氢原子被氯原子取代而形成的一类氯化物，具有 209 种同系物，它们大多具有高毒、难降解、强脂溶性和生物累积性等特点，属于持久性有机污染物（Persistent Organic Pollutants，POPs）。因其具有良好的阻燃性、低电导率、抗热解性和化学稳定性，曾被广泛地用作变压器和电力容器的浸渍剂。据统计，我国在 1965—1974 年累计生产了近万吨的 PCBs，其中 90%用于变压器和电力电容器。目前，随着这些电子设备产品的逐渐淘汰，对其处理不当将导致大量污染物释放进入环境中。已有的文献报道在废旧变压器/电力电容器的堆积和拆解过程中，PCBs 随泄漏的绝缘油、污水等废弃物流入河中，通过挥发作用进入大气，随飘尘沉积到水源和土壤中，再通过水、土壤和空气进入动、植物体内。已有报道我国南方某废旧电器拆解产业较为集中的地区，由于 PCBs 污染导致当地的生态环境受到严重的污染和破坏。

PCBs 用途很广，可作绝缘油、热载体和润滑油等，还可用于许多工业产品的添加剂。如添加到各种树脂中增加其抗氧化性和耐腐蚀性，添加到橡胶中增强其持久性、灭火性和电绝缘性，添加到各种涂料中作增塑剂等。这些大量使用 PCBs 的工厂是造成 PCBs 污染的主要来源，这些污染源中 PCBs 以废油、渣浆和涂料等形式进入水系，沉积于水底，然后缓慢地在水中迁移，污染生态系统。

美国是对多氯联苯污染危害的严重性和持久性关注比较早的国家，根据 1977 年 1 月 1 日开始生效实施的美国国家有毒物质控制法（TSCA），除非在完全密封的系统内，否则不得使用多氯联苯；1978 年 7 月 1 日开始禁止使用多氯联苯；1979 年 1 月 1 日开始禁止生产多氯联苯；1984 年 7 月 1 日开始完全禁止使用多氯联苯作为工业化学物质。为了方便对环境中已经存在的多氯联苯进行监控以及毒理研究并且寻找可能的有效降解方法，美国国家环保部允许出于以上研究目的而进行少量的多氯联苯合成和销售。在防治多氯联苯污染方面，我国国家环保局、能源部最早于 1991 年 1 月 23 日就发布了《防止含多氯联苯电力装置及其废物污染环境的规定》，其管理对象就是以多氯联苯为基质的电力电容器、变压器及其他有关装置和由此产生的含多氯联苯的废物。其中规定，PCBs 水质污染控制值是 0.003 mg/L，PCBs 土壤污染控制值分别是 50 mg/kg（一级：土壤中 PCBs 浓度介于 50～500 mg/kg 范围内，禁止作工农业生产使用，有条件的地方应进行处理处置）和 500 mg/kg

（二级：土壤中 PCBs 浓度在 500 mg/kg 以上，严禁各种使用，必须进行处置）。

（2）多氯联苯污染现状

由于 PCBs 具有特殊的物理化学性质，从其生产以来就得到广泛应用，消费过程中渗漏或有意、无意的废物排放，已造成 PCBs 大范围的污染，并通过食物链对生物体产生影响。同时，由于 PCBs 的低溶解性、高稳定性和半挥发性等使其能够作远程迁移，从而造成“全球性的环境污染”。从苔藓、地衣到小麦、水稻，从淡水、海水到雨、雪，从赤道到中纬度、亚北极和北极地区，还有从北极的海豹到南极的海鸟蛋以及从美国、日本和瑞典等许多国家的人乳中均检测出了 PCBs，甚至在几千米高的西藏南迎巴凡峰上的雪水、江水、森林、土壤、自然植被、家禽内脏及其他动物毛发中也检测出 PCBs 的存在。

有关 PCBs 对环境污染的首次报道是在 1966 年。由于它的自净能力很小，在环境中的降解性有赖于联苯的氯化程度，持久性也随着氯化程度的增加而增加，因此，随着 PCBs 的不断应用，在环境中的累积不断增加，到 20 世纪 60 年代末 70 年代初其污染达到最高峰，之后伴随着 PCBs 的限制和禁用，大气、土壤、水体和动物体内等各种介质中 PCBs 的含量开始出现大幅度降低，但是其降解速度在逐渐减缓。

我国有些地方 PCBs 的含量已接近或高于全球近岸表层沉积物中 PCBs 的含量范围（0.2～400 mg/g）的最高值。有许多地方沉积物中 PCBs 含量在 50～500 ng/g，已受到了中等至严重程度的 PCBs 污染。我国部分地区 PCBs 污染物的含量范围见表 2-2。

表 2-2 表层沉积物中 PCBs 含量范围 单位：ng/g 干重

沉积物来源	藏南迦尼瓜峰	香港维多利亚港	厦门西港	大连湾	锦州湾	第二松花江	珠江三角洲地区
PCBs	0.1～5.934	3.2～81	0.1～7.2	1.02～153	0.6～32.6	25.4．70.33	10.2～48.5

PCBs 具有亲脂性和持久性，在食物网中呈现出很高的生物富集特性。据报道水鸟体内 PCBs 浓度可达水中浓度的 50 万～100 万倍，呆头鱼内的生物浓缩系数为 120 000～270 000 倍。历史上曾有过几次污染公害事件，尤以 1968 年日本北部九州县发生的震惊世界的米糠油事件最为严重，1 600 人因误食被 PCBs 污染的米糠油而中毒，22 人死亡。1979 年台湾也重演了类似的悲剧。

（3）检测分析方法

目前有关 PCBs 检测的国家标准如下：《海产食品中多氯联苯的测定》（GB/T 5009.190—2003）、《纺织品多氯联苯的测定》（GB/T 20387—2006）和《饲料中多氯联苯的测定气相色谱法》（GB/T 8381.8—2005）。但目前水中 PCBs 的测定还没有国家或行业的标准方法，甚至尚未出现“多个实验室验证，证明是较成熟的统一方法”。国内已经开展了一些关于水中 PCBs 测定方法的研究，较为权威的是《水和废水监测分析方法》（第四版）中的固相圆盘萃取—气相色谱—质谱法。该法中的固相圆盘萃取是一种新的特殊的固相萃取，一般实验室中并不具备，其成熟性尚待验证，因此其推广具有一定的局限性。也有文献做了气相色谱法测定水中 PCBs 的尝试，但前处理部分均缺乏消除有机氯干扰的措施，其检出限也没有考虑国家水质标准值。

对环境中 PCBs 的测定，早先有峰加和、特征峰定量等液相色谱法，但这已不能满足当前 PCBs 的毒理和迁移等方面的研究。其他还有薄层色谱法（YLC）、高效液相色谱法

（HPLC）、超临界色谱法（SFC）、红外光谱法（IR）和质谱法（MS）等方法。经简单前处理分级后的气相色谱法（GC）仍是目前最常用的分离测定方法。将上述几种方法联合应用则还可以得到氯原子数、分子量和异构体等数据，以及满足实际样品中痕量 PCBs 的分析测定需要。由于环境水样和生物样品的组成成分十分复杂，对其中的 PCBs 分析往往产生严重干扰，因此，样品的前处理至关重要。我国有一些学者在此领域展开研究，赵荣飚等在 US EPA 固体废弃物分析等有关方法的基础上，选择生物样品及水中的痕量 PCBs 作为分析对象，建立了采用超声提取或液液萃取进行提取、硫酸硅胶柱和弗罗里土柱进行净化和分离、毛细管气相色谱进行检测的分析方法来测定生物样品及水中痕量 PCBs 的同类物，并用于环境中痕量 PCBs 的同类物污染与来源调查工作中。

2.2.2.2 多氯联苯污染与人体健康影响

（1）致癌作用

1973 年以来，多项研究证实 PCBs 可使动物发生癌前病变或癌变。1987 年，国际癌症研究机构（IARC）将 PCBs 列为“人类可能的致癌物质”和“动物已知的致癌物质”。Brown 在对暴露于 PCBs 商业混合物（含氯 41%～54%）的电容器生产工人的调查中发现，肝癌、胆囊癌和胆管癌的死亡率增高，并具有统计学意义。Loomis 等发现累积暴露多氯联苯绝缘油时间＜2 000、2 000～10 000 和＞10 000 h 的工人，患恶性黑色素瘤的相对危险度分别为 1.23（95% CI=0.56～2.52）、1.71（95% CI=0.68～4.28）和 1.93（95% CI=0.52～7.14）。一些研究显示，非何杰金氏淋巴瘤与脂肪组织和血中 PCBs 的水平之间存在明显关联，职业性暴露 PCBs 与乳腺癌的发生可能有关联（OR=4.35，95%CI=0.90～22.0），但是更多合理的回顾性和巢式病例对照研究却没有提供有力的证据支持这种关联。

（2）对神经行为发育的影响

有学者在美国密歇根进行了一系列关于子宫内暴露 PCBs 对儿童神经行为发育影响的研究，结果显示，孕龄缩短、婴儿低出生体重、头围缩小和认知记忆能力不足，与母亲大量食用被 PCBs 污染的鱼和脐带血中 PCBs 的浓度较高存在相关性；智商测试得分、记忆力、注意力集中能力、语言智商测试得分及阅读理解能力等，与脐带血 PCBs 的浓度呈负相关，脐带血中 PCBs 暴露水平高的儿童，其智商低于平均水平的可能性是其他儿童的 3 倍，阅读理解能力比正常儿童落后 2 年以上的可能性是其他儿童的 2 倍。

（3）对内分泌系统的影响

甲状腺激素主要包括甲状腺素（T4）和三碘甲状腺素（L），其异常增高或降低可以直接或间接地影响各器官、系统的功能。Koopman-Es-seboom 等研究表明，2 周龄和 3 月龄婴儿体内的促甲状腺激素（TSH）水平与母乳中 PCBs 和多氯代二苯并呋喃水平呈正相关。Nagayama 等在日本进行了一项研究，对象是 71 对母婴，分别采集分娩后 2～3 个月时的母乳和婴儿未满 1 岁时的血液进行分析发现，母乳中 PCBs 和 PCDD 的水平与儿童血中总甲状腺素水平呈负相关，与儿童血中 TSH 水平呈正相关。德国的一项研究以 7～10 岁的 320 名儿童（女孩 138 名，男孩 182 名）为研究对象，测定血清中 TSH、游离三碘甲状腺素（FT3）、游离甲状腺素（FT4）与全血中 8 种 PCBs 同系物的水平，用多元线性回归模型校正了血中的镉、甲基汞和年龄、性别、主动吸烟以及食用鱼等混杂因素后，分析发现 PCB118 与 TSH 呈正相关，PCB138、PCB153、PCB180、PCB183、PCB187 与 FT3 呈负相关。Schell 等对美国 117 名 10～17 岁的青少年进行了研究，在控制六氯苯、DDE、灭蚁灵、铅、年龄和性别的影响之后，发现 PCBs 的水平与 TT4、FT4 的水平呈负相关。

此外，PCBs 污染对性激素水平也存在一定影响。Vreugdenhil 等研究发现，出生前 PCBs 和二噁英的暴露对不同性别儿童的游戏行为有影响，产前 PCBs 暴露水平较高的男孩，其游戏行为的男性化程度得分明显降低；而产前 PCBs 暴露水平较高的女孩，在男性化程度上得分则较高，二者之间的差异具有统计学意义；儿童游戏行为的变化，可能是由于出生前暴露 PCBs 和二噁英及其他有机氯等污染物所引起的出生前类固醇激素失衡造成的。

（4）生殖影响

Baibergenova 等研究发现，位于或邻近 PCBs 污染区的婴儿，平均出生体重比非 PCBs 污染地区的婴儿低 21.6 g，在综合考虑婴儿性别及母亲的年龄、种族、体重、身高、教育程度、收入、婚姻状态和是否吸烟等可能的混杂因素后，发现居住在 PCBs 污染地区的妇女生育低出生体重（＜2 500 g）男婴的危险性明显增高（OR：1.06，95%CI=1.02～1.10）。但 Rogan 等的研究结果显示，PCBs 的暴露与婴儿出生体重之间没有关联。Gomez 等对台湾米糠油事件进行追踪调查，对食用被 PCBs 污染的米糠油的 996 名母亲和 693 名父亲所生育的后代进行了分析，针对暴露组的每一位研究对象，分别选定 3 个生活在其邻近地区的同性别、年龄相近的居民构成对照组，研究结果显示，父亲的暴露，尤其是 20 岁以前的暴露，可导致后代中男孩出生率明显降低（男孩出生率仅为 46%，而对照组中同龄段男性的男孩出生率为 54%）；母亲的暴露对后代性别比例无明显影响。但是，由美国 Karmaus 主持的一项研究却发现了相反的结果，因为食用大湖区中受 PCBs 污染的鱼类，密歇根州男性所生育后代的性别比例失调，女孩的出生率下降。国内也有报道称，女性受孕能力下降与食用大量被 PCBs 污染的鱼类有关。

（5）对免疫功能的影响

Tryphonas 等研究发现，母亲大量食用被 PCBs 污染的鱼类与婴儿易患细菌感染性疾病有关，并提出 PCBs 可能对免疫系统造成影响。Svensson 等研究发现，大量食用被 PCBs 和 PCDD 污染的波罗的海中富含脂肪的鱼类，与机体自然杀伤（NK）细胞水平降低有关。Hardell 等研究发现，暴露 PCBs 可增加人体感染 EB 病毒的危险性，这一发现与一些动物实验的结果一致。研究人员认为 PCBs 可引起机体免疫抑制作用，而免疫抑制已被证明为 NHL 的危险因素，所以 PCBs 可能通过免疫抑制的机制引发人类癌症。

（6）对肝脏的影响

许多动物实验证实，肝脏是 PCBs 作用的主要靶器官，PCBs 对动物肝脏可产生诸多方面的影响，诱导肝微粒体酶、肝酶和脂质在血中的浓度增高、脂肪肝、肝脏肿大和肝脏肿瘤。胎儿和新生儿容易受到 PCBs 的伤害，因为他们的肝脏尚未发育完全，不能代谢和排出体内的 PCBs。某些成年人对 PCBs 也很敏感，尤其是那些酗酒者、患有先天性代谢失调症者和肝炎患者。Steinberg 等的研究中分析了血中 12 种生化指标与 PCBs 的关系发现，血中甘油三脂、胆固醇和总胆红素的水平与 PCBs 的浓度呈正相关，而且含氯量越高的 PCBs（如 Aroclor 1260），这种相关性越显著。Yu 等对台湾米糠油事件的受害者进行了随访研究发现，这一人群中慢性肝脏疾病和肝硬化的标化死亡比明显增高（SMR=2.7，95%CI=1.3～4.9）。

（7）皮肤损伤

早在 1930 年，有关文献就记载了接触 PCBs 可产生严重的皮肤损害和痤疮。研究人员在对职业性接触 PCBs 的工人和日本、中国台湾米糠油事件的受害者的研究中发现，PCBs 可能对皮肤造成一定程度的损伤，主要表现为皮肤炎症、氯痤疮、指甲和皮肤的色素沉着，而氯痤疮是最可能与接触 PCBs 相关的皮肤损伤。

2.2.3　四氯化碳

2.2.3.1　环境领域的主要研究成果

（1）四氯化碳污染溯源及管理

四氯化碳（CCl_4），又称四氯甲烷，为无色、易挥发和不易燃的液体，具有氯仿（$CHCl_3$）的微甜气味。作为一种基础有机化工产品，主要用作工业溶剂、机械和电子元件的清洗剂、灭火剂以及生产 CFC-11、CFC-12 的原料，其中绝大多数用于生产 CFC-11 和 CFC-12（占总消费量的 90%以上）。水中 CCl_4 的来源主要是生产 CCl_4 的有机化工厂和石油化工厂等企业排放的废水。

CCl_4 是典型的肝脏毒物，但接触浓度与频度可影响其作用部位及毒性。高浓度暴露时，首先是中枢神经系统受影响，随后累及肝、肾；而低浓度长期接触则主要表现肝、肾受累。乙醇可促进 CCl_4 的吸收，加重中毒症状。另外，CCl_4 可增加心肌对肾上腺素的敏感性，引起严重心律失常。目前认为 CCl_4 无致畸和致突变作用，但具有胚胎毒性。根据 IARC 1972 年及 1979 年资料，CCl_4 长期作用可以引起啮齿动物的肝癌，被列为“对人类有致癌可能”一类的化学物。

水体受到 CCl_4 污染后很难自净消除。该物质已被美国列为 129 种“水中优先控制污染物黑名单”之中，也被中国列入 68 种“水中优先控制污染物黑名单”中。美国饮用水标准中规定 CCl_4 质量浓度不能超过 3 μg/L。我国于 1991 年 6 月签署《关于消耗臭氧层物质的蒙特利尔议定书》伦敦修正案，要求至 2010 年 1 月 1 日完全停止 CCl_4 作为 CFC 的原料、化工助剂和清洗剂。为此，中国政府于 1993 年 1 月批准实施了《中国逐步淘汰消耗臭氧层物质国家方案》，制定了相应的淘汰战略，并于 1999 年进行了修订，用作清洗剂的 CCl_4 以行业整体淘汰方式在 2004 年完全停用，其他用途的 CCl_4 将制订相应的行业战略。我国于 2002 年 6 月 1 日起实施的《地表水环境质量标准》（GB 3838—2002）中规定集中式生活饮用水地表水源地 CCl_4 标准限值的最高质量浓度不得超过 2.0 μg/L，《污水综合排放标准》（GB 8978—1996）中 CCl_4 的一级排放标准为 0.03 mg/L。

（2）四氯化碳污染现状

有关水中 CCl_4 的污染国内外均有报道。美国华盛顿南部原子能研究中心汉福德，从 1955—1973 年，共有 1 000 t CCl_4 倾倒在附近，使得其西部 200 号地区遭到 CCl_4 严重污染，地下水中四氯化碳平均浓度达 1 000～2 000 μg/L。利物浦等地的地下水检测也发现有害有毒垃圾的堆放导致 CCl_4 污染物的产生，有毒物质渗滤液中 CCl_4 的浓度高达 500 μg/L。1974 年美国哥伦比亚地区饮用水中检出浓度为 5.0 μg/L 的 CCl_4。1986 年，加利福尼亚地下水检测中发现 38 口井受到了 CCl_4 污染，浓度达 5.0 μg/L。1992 年对西班牙 La Coruna、Ferrol 等 7 个城市的检测分析表明，供水系统中 CCl_4 浓度达到了 1.5～39.5 μg/L。1992 年芬兰和Kajaani的6个地下水厂和1个地面水厂的饮用水中都发现了CCl_4污染物。1999年10月至2000年10月，加利福尼亚州的饮用水检测中发现249个水样的CCl_4浓度超标。美国前Fortord Army军事基地使得Marina的市政供水中CCl_4超标，2000年8月测得CCl_4浓度达15 μg/L。

中国山东小清河沿岸的浅层地下水已遭受CCl_4的污染，最高浓度达380 μg/L，污染面积达80 km^2。小清河鸭旺口、西闸两测点浅层地下水CCl_4含量为16.0～380.0 μg/L。1997年，检测出上海市闸北区自来水中CCl_4含量为1.17 μg/L，北京市西城区和宣武区则分别为0.24 μg/L和0.32 μg/L。对我国某地区浅层地下水检测结果显示，2000年5月CCl_4检出率为26%，2000年12月为32.5%，2001年5月为58.06%，2001年7月为32.69%。山东邹平和博兴两县浅层地下水受到CCl_4的污染，浓度为16～380 μg/L。

袁国良对秦皇岛市饮用水中CCl_4的浓度进行了调查，发现CCl_4浓度以靠近市区的汤河水为最高，靠近煤矿的柳江地下水次之，石河水库再次之，平原深层地下水最低，而同一水源CCl_4含量随采样时间的不同而不同，夏季明显高于冬春季。李迎玲等为了解邯郸市自来水中$CHCl_3$、CCl_4、DDT、六六六及苯并[*a*]芘含量的情况及其变化动态，于1989—1995年对自来水公司的三个水厂的出厂水做了动态调查，发现CCl_4并非在水处理过程中形成的，而是由外界污染所致，并且含量极低。

（3）四氯化碳检测方法

目前，我国检测CCl_4一般采用卫生部《生活饮用水卫生规范》（2001年修订版）中的气相色谱法，在一定的条件下，水中的卤代烃在气液两相中达到动态平衡，此时卤代烃在气相中的浓度与它在液相中的浓度成正比，通过对气相中卤代烃浓度的测定，即可计算出水样中卤代烃的浓度。

我国学者对CCl_4顶空气相色谱分析法进行了相应的改良，金永高等研究了顶空气相色谱法测定水中CCl_4的检测方法，该方法利用$CHCl_3$、CCl_4在水中的弱溶解性，采用微池电子捕获检测器顶空气相色谱法测定。该方法的检出限CCl_4为0.01 μg/L，RSD为1.18%～2.44%；CCl_4回收率为99.2%～102%，表明该方法具有灵敏度和精密度高等特点。

许瑛华等为了提高分析水中微量$CHCl_3$、CCl_4的效率和方法的灵敏度，采用顶空固相微萃取法代替传统的顶空法，该方法最低检出限分别为0.05 μg/L和0.005 μg/L，准确度和精密度均符合检测的要求。结果表明，顶空固相微萃取法测定水中微量的$CHCl_3$和CCl_4，操作简单快捷，且灵敏度高于常规顶空法。张宁惠利用大口径毛细柱气相色谱/电子捕获检测器（GC/ECD）气液平衡法测定饮用水中的$CHCl_3$和CCl_4，发现样品加标回收率为86%～102%，精密度为0.9%～1.8%，效果较好。

李永波等探讨了DB-5、Rtx-1和DB-1毛细管柱在测定饮用水中的$CHCl_3$和CCl_4中应用的可行性，该方法利用$CHCl_3$和CCl_4在水中的弱溶解性，采用静止顶空气相色谱法进行分析，使用DB-5、Rtx-1和DB-1毛细管柱和电子捕获检测器（ECD）测定，外标法定量。结果发现用这3种毛细管柱测定CCl_4和$CHCl_3$时，保留时间均小于3 min，$CHCl_3$和CCl_4平均加标回收率分别为92.06%～104.95%、78.33%～103.22%，CCl_4和$CHCl_3$的RSD分别为2.06%～2.71%、1.76%～5.59%，提示3种毛细管柱均可以满足测定要求。

（4）四氯化碳最高容许浓度研究

李学明等通过CCl_4经口中毒动物实验，发现急性CCl_4中毒引起肝细胞膜脂质过氧化反应，P450 降低，SGPT 和肝甘油三酯增高，并且确认脂质过氧化是 CCl_4 中毒重要起始反应，慢性中毒阈剂量为 0.2 mg/kg，最大无作用剂量为 0.02 mg/kg，结合考虑安全系数，建议我国水源水中 CCl_4 最高容许浓度为 0.004 mg/L。

2.2.3.2　四氯化碳污染对人体健康影响

CCl_4 的肝毒性主要表现为血清中转氨酶活性增加，肝细胞脂质过氧化或坏死，其转归有肝细胞增殖，损伤恢复或肝纤维化。近年来，随着自由基和细胞因子、黏附分子研究的不断深入，对 CCl_4 肝毒性的研究也取得了一些进展。

（1）自由基清除剂的变化

CCl_4 进入机体后，经肝脏细胞色素 P450 激活，生成三氯甲基自由基和三氯甲基过氧自由基，这两种自由基引起肝细胞的各种变化导致肝损伤。研究表明，大鼠 CCl_4 肝损伤早期，肝的过氧化物歧化酶（SOD）和过氧化氢酶的活性降低，且维持在恢复期水平，维生素 E 的含量降低。肝损伤进展期，肝的谷胱甘肽还原酶（GSSG-R）的活性和谷胱甘肽（GSH）、维生素 C 的含量降低，脂质过氧化物（LPO）增加，维生素 E 的含量增加且超过原来的水平。肝损伤恢复期，GSSG-R 的活性及 GSH 和维生素 C 的含量回到原来的水平。LPO 的含量接近正常，维生素 E 仍维持在进展期的水平。肝损伤进展期和恢复期，肝的谷胱甘肽过氧化物酶（GSH-Px）活性没有变化，葡萄糖-6-磷酸酶（G-6-P）活性增加，恢复后期，G-6-P 的活性降低。因此，在 CCl_4 所致的大鼠中毒期间，由于谷肽甘胱氧化还原循环和抗坏血酸的介导，肝内活性氧的代谢增强。随着肝损伤的恢复，受损肝的活性氧代谢减弱。GSH 的作用通过肝的谷胱甘肽氧化还原循环，内源性 GSH 对肝损伤早期肝的脂质过氧化增加产生应答，对进展期的这种变化却不产生应答。研究表明：大鼠在注射 CCl_4 前用 GSH 预处理，在注射 CCl_4 后 24 h，可减轻 CCl_4 的肝毒性，48 h 后这种保护作用消失。Nishida 等在小鼠腹腔注射 CCl_4 后 3 h，皮下注射 GSH 或γ-谷氨酰基半胱氨酸乙基酯（γ-GCE），发现 CCl_4+γ-GCE 组肝损伤明显减轻，肝的 LPO 和 GSH 浓度分别比单用 CCl_4 组明显降低。在相同时间点，CCl_4+GSH 组的肝损伤程度及肝的 LPO、GSH 浓度与 CCl_4 组无显著差异。推测是谷胱甘肽合成酶在肝细胞中将γ-GCE 转换成 GSH，使肝内 GSH 的水平得以维持，从而抑制 LPO 的形成，肝内 GSH 水平的维持也许是抑制 LPO 形成的重要因素。

（2）细胞因子的变化

1）肝损伤过程中细胞因子的变化

急性肝损伤后，单核细胞趋化蛋白-1（MCP-1）的表达和单核细胞的渗透有直接的关系，MCP-1 的表达先于单核细胞的募集，用维生素 E 预防氧化应激相关分子的产生，可使 MCP-1 的表达和释放减少。有报道称，通过给雄性 Wistar 大鼠转导肝细胞核因子-3γ（HNF-3γ）基因诱导肝脏中的肝细胞生长因子（HGF），可使肝细胞肿胀和血清酶的增加明显减轻。给大鼠传染含有人 HGFcDNA 表达质粒的成纤维细胞后，可明显抑制血清谷丙转氨酶（GPT）水平的增加，减轻肝细胞的组织学损伤程度。

2）肝细胞增殖过程中细胞因子的作用

血小板衍生生长因子（PDGF）通过促进肝细胞复制 DNA 调节受损肝细胞的修复。有研究发现，PDGF 亦能促进坏死组织的迁移和细胞外基质网络的重建。内源性激活素 A（actinA）对正常肝细胞的 DNA 合成具有抑制作用，但服用 CCl_4 24 h 后，激活素受体的表达下调，激活素不能通过激活素受体完整的传递抗增殖信号，对增殖肝细胞 DNA 合成的抑制作用减弱。在小鼠 CCl_4 肝损伤期间，肿瘤坏死因子受体-1（TNFR-1）介导的肿瘤坏死因子（TNF）信号的缺乏使肝细胞的复制被抑制，肿瘤坏死因子受体-2（TNFR-2）介导的 TNF 信号的缺乏却无此作用，说明 TNFR-1 介导的信号是损伤后促有丝分裂应答的主要成分。Louis 等研究发现肝损伤恢复期，内源性 IL-10 使肝细胞增殖和纤维化受到限制，CCl_4 灌胃的雄性 Wistar 大鼠腹腔注射 HGF 单克隆抗体后，血清中的 HGF 水平和肝细胞的再生明显受到抑制。

3）肝纤维化过程中细胞因子的作用

国外有报道称，TGF-β_1 的缺乏抑制了由 CCl_4 引起的肝的胶原α（I）的 mRNA 和α-sma 蛋白（肝星状细胞激活标志）的表达，且 TGF-β_1 的过表达增加了肝的胶原α（I）的 mRNA 和α-sma 蛋白的水平。说明 TGF-β_1 通过促进 HSC 的活化诱导肝脏纤维化。另有研究表明 TGF-β_1 和激活素 A 都能使 HSC 产生的纤维粘连蛋白明显增加。

（3）黏附分子的变化

国外有科学家研究发现大鼠实验服用 CCl_4 后 3～6 h，肝窦中细胞黏附分子-1（ICAM-1）增加，24～48 h 时在坏死区积累；从服用 CCl_4 后 12 h 开始，管壁周围和窦状隙的白细胞功能抗原-1（LFA-1）免疫反应性细胞数增加，随后在坏死区积累。由此可见 ICAM-1 表达的增加在 LFA-1 阳性细胞浸润之前，且它们先于肝细胞坏死区的发展，说明 ICAM-1 的上调和炎症细胞的积累可能是 $CC1_4$ 肝毒性产生的关键。

（4）四氯化碳诱发动物肝硬化模型的研究

CCl_4 是最早、最广泛应用以及最能诱导肝硬化动物模型的化学毒物。经肝微粒体细胞色素 P450 激活生成三氯化碳（-CCl_3），攻击肝细胞膜的磷脂，引起脂质过氧化破坏膜性结构，-CCl_3 还与蛋白质形成共价键，损害线粒体还原性辅酶 A（NADH）与三磷酸腺苷（ATP）在肝内生成减少，脂肪酸氧化受到限制，影响三羧酸循环致肝细胞“窒息”死亡。内质网受损则脂蛋白合成障碍，甘油三酯和脂肪酸在肝细胞内蓄积，低浓度的 CCl_4 反复应用损害肝肾，肝脏损害—修复—损害最终形成肝硬化。CCl_4 诱发肝硬化动物已经成为实验性肝硬化造模的经典方法，染毒方法有口服、腹腔注射等，均以小动物大鼠为多。早在 1969 年 McLean 用 CCl_4+苯巴比妥钠造模，饮水中加入苯巴比妥钠 350 mg/L，CCl_4 蒸气吸入。Proctor 在大鼠饮用含苯巴比妥钠 350 mg/L 的水 2 周肝脏极度肿大后，以 CCl_4 灌胃，用量为 CCl_4 0.2 mL/kg 体重，5 天 1 次，按耐受情况调整 CCl_4 用量，此方法可缩短造模时间，8～10 周可形成肝硬化，但死亡率高达 40%。1981 年 Chatamra 采用 50% CCl_4 和 10%乙醇为主的多因素综合法来诱导大鼠肝硬化模型，诱导时间约 12 周，目前已成为一种标准的诱导方法。

2.2.4 高氯酸盐

2.2.4.1 环境领域的主要研究成果

（1）高氯酸盐污染溯源

高氯酸盐具有低吸附性、高水溶性、高流动扩散性以及高稳定性的特点，是具有高度扩散性的持久性有毒污染物质。环境中高氯酸盐的污染主要来自生产及使用高氯酸盐的工厂排放的废弃物。多年来，高氯酸盐作为氧化添加剂广泛应用于火箭推进剂、烟火制造和军工企业等领域，也作为添加剂较多地被用于润滑油、织物固定剂、电镀液、皮革鞣剂、橡胶制品、染料涂料、冶炼铝和镁电池等产品的生产中，它也作为一种实验用化学药品被大量使用，此外，农业生产使用的化肥中也含有一定浓度的高氯酸盐。除了日常生产和使用中的排放造成环境污染之外，由于高氯酸盐贮藏寿命有限，厂家会定期对库存进行淘汰，这也导致大量未经处理的高氯酸盐排放到环境中。进入环境中的高氯酸盐可进入河流、湖泊等地表水和地下水中，并随水的流动而快速扩散，如果以这些水体作为饮用水或以之作为农业灌溉用水和养殖业中的动物饮用水，高氯酸盐就会通过直接或间接的方式进入人体，对人体健康构成威胁。

（2）检测分析方法

国内外关于高氯酸盐检测的方法有离子色谱法、离子色谱-质谱联用法、分光光度法、荧光法和电致化学发光法等。其中离子色谱法是最主要的检测方法，它的选择性好，灵敏度也最高。离子色谱-质谱联用法可以提高复杂基体样品中高氯酸根测定的灵敏度和准确性。而分光光度法、荧光法和电致化学发光法等对于实际样品尤其是复杂样品应用价值不大。

（3）研究现状

鉴于高氯酸盐的危害性和难降解性，近年来，国外掀起了高氯酸盐研究的热潮，它已经成为一种新型的热点研究的环境污染物。在美国，已经在超过 5%总人口的聚居区的水系统中检测到了高氯酸盐的存在。在中国存在许多生产及使用高氯酸盐的工厂，可能存在许多高氯酸盐重污染地区，但对高氯酸盐污染的研究还较少。

2.2.4.2 毒理学领域的主要研究成果

在动物实验中，高氯酸盐可导致甲状腺激素合成障碍而出现一系列反应。1957 年，Postel 通过动物实验研究指出，高氯酸盐很容易通过胎盘（豚鼠的）导致胎（仔）鼠甲状腺肿大，胎鼠的甲状腺对于高氯酸根阴离子比母体更为敏感，对动物子代有明显的影响。Siglin 等对大鼠进行了 90 d 饮用含高氯酸盐溶液的甲状腺毒性研究，其剂量分别为 0、0.01、0.05、0.2、1.0、10.0 mg/（kg·d），结果显示，90 d 后，0.2 mg/（kg·d）及以上剂量组雄性大鼠促甲状腺素（TSH）水平高于阴性对照组，差异有统计学意义（$P<0.05$）；10.0 mg/（kg·d）剂量组雌性大鼠 TSH 水平高于阴性对照组，差异有统计学意义（$P<0.05$）；0.01 mg/（kg·d）及以上剂量组三碘甲腺原氨酸（T_3）和四碘甲腺原氨酸（T_4）水平低于阴性对照组，差异有统计学意义（$P<0.05$）。

2.2.4.3 流行病学领域的主要研究成果

高氯酸盐可以通过饮水或食物经消化道进入人体，也可以粉尘的形式从呼吸系统进入人体。研究表明，高氯酸盐的过量摄入会导致甲状腺激素的分泌不足，从而抑制人体正常的新陈代谢和生长发育（特别对大脑发育的影响）。另外，对婴儿和孕妇等敏感人群，高氯酸盐的过量摄取有可能导致甲状腺机能不足。目前对哺乳动物进行的实验已证明了高氯酸盐对甲状腺激素的危害作用，但由于毒理实验数据不足，尚无法确定其毒性作用的剂量-效应关系，也不能预测人体中是否存在其他可能的靶器官或其他毒性效果。另外，有研究显示长期暴露在高氯酸盐粉尘中的工作人员存在一定程度的血红细胞破坏和肝、肾损伤。高氯酸盐可对儿童的生长发育产生不良的影响，特别是对胎儿和婴儿大脑发育的影响。有人研究认为，一旦婴幼儿体内的高氯酸盐过量，儿童会出现智商偏低、学习障碍、发育迟缓、多动症、注意力分散甚至弱智等症状。

2.3 生物毒素污染——藻毒素与人群健康

2.3.1 环境领域的主要研究成果

（1）藻毒素污染溯源及现状

近年来，由于人类生产和生活的发展，向水体中排放了大量富含氮、磷的有机废物，加之地球气候日益变暖，使水体富营养化程度加剧，造成藻类大量繁殖，其中不少藻类能在代谢过程中或藻体破裂后向水体中排放藻毒素。藻毒素（Microcystin，MCYST）是由海洋微藻产生的能够毒害其他海洋生物活性物质的总称。淡水水体中蓝藻毒素很多，主要包括作用于肝的肝毒素（hepatotoxins），作用于神经系统的神经毒素（neurotoxins）和位于蓝藻细胞壁外层的内毒素（endotoxins），一般把内毒素与脂多糖（lipopolysacchari-des，LPS）视为同一物质。肝毒素包括微囊藻毒素（microcysin，MC）、节球藻毒素（nodularin）和柱孢藻毒素（cylindrospermopsin）。微囊藻毒素为环七肽，节球藻毒素为环五肽。神经毒素主要包括鱼腥藻毒素-a（an-atoxin-a）、鱼腥藻毒素-a（s）[anatoxin-a（s）]、石房蛤毒素（saxitoxin）、新石房蛤毒素（neosaxitoxin）和膝沟藻毒素（gonyautoxin），其中后三者统称为麻痹性贝毒（paralytic shellfish poisoning，PSP）。鱼腥藻毒素-a 为仲胺碱，鱼腥藻毒素-a（s）为胍甲基磷脂酸，麻痹性贝毒为氨基甲酸酯类。淡水水体中的蓝藻毒素已成为全球性的环境问题，世界各地经常发生蓝藻毒素中毒事件。

2007 年太湖蓝藻爆发，几十厘米厚的蓝藻覆盖所有水面。据无锡市政府公布的统计数据，除无锡水厂外，其余占全市供水 70%的水厂水质都被污染，水龙头里放出的水又黄又臭，200 万无锡市民生活饮用水受污染，其引发的公共危机引起了国内外的广泛关注。其后，国家大力治理太湖污染，据太湖流域管理局 2011 年年底最新检测资料，通过“引江济太”工程，太湖的水质已经发生转变。2011 年，太湖主要水质指标高锰酸盐指数、氨氮、总磷和总氮的浓度比 2007 年分别下降了 17%、42%、12%和 12%，分别达到了Ⅲ类、Ⅱ类、Ⅳ类和劣Ⅴ类水质标准。

国内许多学者开展了蓝藻爆发的过程及成因方面的研究。例如，有文章分析太湖蓝藻爆发的影响因素，结合预警模型和 GIS 技术，描述了太湖蓝藻预警系统的设计与实现流程。也有报道对塔山水库蓝藻爆发的过程及成因进行了研究，研究显示由于水库的营养物质增多、水质恶化，在不利的水文、气象（高温、光照充足、微风）等条件下，导致蓝藻爆发。有人开展了太湖底泥中蓝藻的复苏和水柱中生长方面的研究，结果发现在复苏期太湖蓝藻的复苏呈现波动性增加，4 月达到最大量。水柱中蓝藻同步的比生长率和生长量也呈现波动性上升，并在 5 月初达到最大值。浮游动物的存在并没有对蓝藻的生长造成显著的影响；对底泥蓝藻释放和水柱生长进行比较，底泥释放的蓝藻只占藻类生长量的很小一部分，水柱中蓝藻的生长对其优势的确立和水华的形成具有重要的作用。此外，还有学者以中国贵州的红枫湖、百花湖及小关水库为研究区域，对其有毒藻类的现存量以及有毒藻类所产生的有毒物质——藻毒素的现存量进行了实地调查，并给出了各个水域有毒藻类的现存量与藻毒素的现存量之间的相关关系式。

另有学者利用分子生物学技术开展了蓝藻的鉴别研究，结果证明以 DNA 为基础鉴别产毒和非产毒微囊藻及其他水华蓝藻的方法是可行和实用的，全细胞 PCR 检测法适用于不同来源的蓝藻材料。

（2）检测方法

目前，国内外对藻毒素的检测方法可归为 3 种：生物分析法、化学分析法和免疫学检测法。生物分析法用动物急性毒性测定，间接推算 MCYST 的含量，一般无法准确定量。化学分析方法中使用较多的是 HPLC，其次是 GC-MS 联用。免疫学检测法包括酶联免疫分析（ELISA）及蛋白磷酸酯酶抑制剂（PPIA）法，应用此类分析方法筛选毒素的优点是灵敏度高，在处理大批样品时分析速度快，工作原理简单。

（3）研究现状

随着对藻毒素健康危害性研究的不断深入，发现水体藻毒素污染已成为一个世界性的环境问题。毒理学研究显示藻毒素的毒性作用机制主要为特异性地抑制蛋白磷酸酶活性，其中某些组分还有不同程度的致癌作用。流行病学研究证实 MC 与肝癌发病相关，是一种促癌剂，对人体健康具有极大的危害性。然而，尚有许多亟待研究和解决的问题。目前有关藻毒素的研究中多以淡水中的 MC-LR 为例，不能完全反映世界范围内水体中产毒藻的种类和分布情况；藻毒素在体内的代谢及降解机制尚不甚清楚；现有饮水消毒工艺尚难完全消除水中的藻毒素污染，且藻毒素及其消毒副产物与环境中其他致癌因子的联合作用的研究还不多；由于缺少必要的毒性资料，除 MC-LR 以外，尚无法提出其他藻毒素的毒性基准参考值，完全确证安全的人类最大耐受浓度尚处于讨论之中，亟须建立一套完整的藻毒素安全评价体系。所有这些问题的解决均有待于对藻毒素的健康危害性的进一步研究。

2.3.2　毒理学领域的主要研究成果

蓝藻毒素的暴露途径主要有皮肤接触、呼吸道吸入、血液透析和消化道摄入等。

蓝藻毒素具有一定毒性作用，有人研究水体有机物和蓝藻提取物的毒性作用机理，结果发现二者达到一定浓度时，可引起细胞形态改变；有机物在各个浓度、各个培养时相均可引起细胞的存活率下降，有明显的剂量-时间-效应关系，而藻毒素在低浓度短时间染毒下可引起细胞数目的增加，在高浓度或长时间作用下，细胞存活率却明显下降。有机物和藻毒素对细胞膜均有损伤作用；有机物对线粒体有损伤作用，而藻毒素对线粒体具有刺激和损伤的双重作用。

有关蓝藻提取物对原代培养大鼠肝细胞和人类肝细胞系的毒性作用的研究结果表明，蓝藻提取物对两类肝细胞的毒性作用有明显差别，在蓝藻提取物作用下，原代大鼠肝细胞形态发生一系列变化，且乳酸脱氢酶渗出率随提取物剂量和处理时间的增加而增加；对人类肝细胞上述两项指标都没有明显改变。

2.3.3 流行病学领域的主要研究成果

微囊藻毒素是一类肽毒素，肝脏是其主要的靶器官。流行病学资料表明我国一些地区人群原发性肝癌的发生可能与池塘水、沟塘水、河水和浅井水中的微囊藻毒素相关，提出微囊藻毒素可能是致肝癌的促进剂，同时地面水或沟塘水由于富营养化，尤其适于藻类生长。藻细胞死亡后释放出藻毒素，常规的水处理措施不能有效去除溶于水中的藻毒素，从而造成饮水受到藻毒素的污染。Fleming 等对佛罗里达州 1981—1998 年确诊的 4 741 名原发性肝癌病人，运用地理信息系统进行生态学调查，结果发现：在地面水处理厂服务区居住的人群，与邻近地区的人群相比，其发生原发性肝癌的危险度显著升高，但与随机选择的地下水处理厂服务区内的人群或与观察期间佛罗里达州肝癌的累积发病率比较，危险度并未升高。在江苏太湖流域开展的横断面调查表明，饮用水中不同浓度的 MC 可导致人群肝脏酶学指标的变化，随着水中 MC 浓度的增加，人群的 SGPT 和-GT 的水平也升高，其间存在显著差异（$P<0.05$），说明饮用受 MC 污染的水可能与肝脏功能的损伤有关。据此有学者把 MC 列为我国南方原发性肝癌高发的三大环境危险因素之一。

2.4 物理类污染——放射性污染与人群健康

水环境中的放射性主要是由于地壳中的天然放射性物质（Naturally Occurring Radioactive Material，NORM）的存在。近来由于核电厂的建立、核武器的实验和制造以及放射源的使用等，造成了一些人工放射性核素的产生。另外，人类在开采、加工铀矿石和矿砂的过程中，在化肥生产、石油燃料开采和金属提炼等过程中也增加了环境中 NORM 的水平，这被称为技术性增加的放射性物质（Technologically Enhanced Radioactive Material，TERM）或技术性增加的天然放射性物质（Technologically Enhanced NORM，TENORM）。这些放射性核素经自然沉降和雨水冲刷等造成了局部地区及全球水环境的放射性污染，从而危害人体健康。许多国家和地区对水体中的放射性污染进行了多方面的研究。

2.4.1 环境领域的主要研究成果

世界各国对于人工放射性核素调查始于 20 世纪 50 年代前后，主要调查大气层核实验造成的污染，1979 年 3 月美国三里岛的核电事故以及后来的切尔诺贝利核事故震惊了全世界，放射性污染引起很多国家的重视，并对水体的污染进行了调查。1997 年，St-Pierre S. 等对法国南部 Rhone 河的人工放射性核素水平做了相应的调查，此流域的人工放射性核素主要来源于沿岸核企业放射性废水的排放，五种水生生物的受照剂量率为 0.003～1.13 μGy/h，其中对水生生物未造成不良影响，对于高剂量率，外照射剂量率超过总剂量率的 70%（不包括食鱼鸟类和浮游鱼类），对于低剂量率内照射剂量率超过总剂量率的 80%（不包括水底植物），其中人工放射性核素主要有 ^{134}Cs、$^{137}Cs+^{137}Ba$ 和 $^{106}Ru+^{106}Rh$。

近年来的文献多见于针对磷肥的施用、磷酸岩盐的开采、含铀煤矿的开采以及核企业等造成的污染的研究，如 1995 年，A.Martinez-Aguirre 和 M.Garcia-Leon 对某磷肥厂附近的河流中 ^{210}Pb 分布的调查结果表明，1988 年、1990 年、1991 年的最高值分别是 644 mBq/L、311 mBq/L、54.5 mBq/L；底泥 1988 年、1990 年、1991 年的最高值分别是 1 207 mBq/g、

848 mBq/g、559 mBq/g，在底泥中的分配系数的数量级达 10^4，底泥中的放射性水平与泥沙颗粒的大小没有关系。1999 年，Dim L.A.等对 Kubanni 河的 U、Th 的浓度水平做了调查，调查结果表明，U、Th 的浓度范围为 6.40～11.72 ppm 和 17.32～25.56 ppm，Th/U 的比值在 20 cm 水深处为 2.32，较 22 cm 水深处（2.35）略低，研究显示施用磷肥造成了此河流的 U、Th 放射性水平升高。

除了调查外，有些学者也开展了环境放射性评价研究。1997 年，Kryshev II 等对俄罗斯乌拉尔山脉地区做了环境放射性评价，包括对 Techa 河和 Karobolka 河的放射性水平调查与评价，此区域的人工放射性核素主要来源于 1948 年开始运行的 Mayak 核企业，在运行核企业的头几年向环境排放了大量的核废料，1949—1956 年约 1 017 Bq 的放射性废液被排入 Techa 河；1957 年，此核企业发生了一起核事故，向环境释放了大量人工放射性核素；1967 年的一场沙尘暴使沉积在地表面的放射性核素造成了再次污染。

国内也有大量研究者对我国水环境中的放射性污染水平进行了调查和检测。1984 年对长江水系的放射性水平进行了调查，结果表明天然放射性核素（钍系、铀系）及人工放射性核素（^{137}Cs、^{90}Sr）皆处在本底水平，其中鄱阳湖及其支流幼儿组的个人剂量最大，为 8.5×10^{-5}Sv/a，^{210}Po 的贡献占 72%。另外，不管哪个子区、哪个年龄组，由游泳和划船所产生的外照射影响在总的个人剂量中所占份额均小于 0.06%；在不同子区，对个人剂量贡献最大的放射性核素也不尽相同。1992 年，黄河水系调查的放射性核素的种类和长江水系的基本相同，各种放射性核素活度浓度低于国家对露天水源的限定值，处在较低水平。1969 年到 1980 年黄河水系水中总β和 ^{90}Sr 基本上是按指数规律递减的，其中总β比活度大约每 5 年下降一半，而 ^{90}Sr 比活度大约 9 年下降一半。1997 年对山东省小清河流域放射性水平调查表明，小清河水中的人工放射性核素 ^{90}Sr、^{137}Cs 和 ^{3}H 的水平已呈下降的趋势，说明其来源主要是由核实验所产生的大气沉降灰，沿岸的工农业生产及其他人类活动没有造成污染。1989—1991 年对太湖、苏南运河水系居民生活饮用水中放射性水平检测结果表明，该流域城市生活饮用水中年均放射性水平总α为 2.12×10^{-2}Bq/L，总β为 1.19×10^{-1}Bq/L，^{40}K 为 8.13×10^{-2}Bq/L，天然铀为 6.56×10^{-8} g/L，天然钍为 4.97×10^{-8} g/L，均低于国家对地表水源的限值标准。苏州市区各种水体中总α、总β放射性本底水平及动态变化研究结果表明，苏州市区水体未受到人工放射性核素的污染。

在湖南省全省生活饮用水的放射性水平的调查中，分别测量了总α、总β放射性水平，结果显示，湖南省生活饮用水总α水平为 0.001～2.00Bq/L，总β放射性水平为 0.003～0.65Bq/L，湖南省生活饮用水总α放射性比活度的几何平均值为 0.021 8 Bq/L，总β放射性比活度的几何均值为 0.060 3Bq/L。有人以内蒙古东乌旗地区为例研究了西北地区地下水放射性环境问题，结果表明，东乌旗地区地下水存在严重的放射性污染，花岗岩裂隙水、砂岩承压水和潜水达标率分别为 8%、14%和 45%；放射性铀、氡污染主要为铀矿化扩散成因、淋漓花岗岩成因和蒸发浓缩成因；处理该地区地下水铀污染的合理方法为阴离子交换树脂吸附法。地下水中氡有两面性，一方面饮用水中氡含量超标，给人体带来危害，但只需将其露天放置一星期或加温煮沸即可达到饮用水标准；另一方面氡浴又有利于人体的健康。采用厚层法调查河南省地下水放射性水平，并计算出其质量级别，结果表明，总α属Ⅳ类；总β郑州、新乡、许昌、安阳属于Ⅰ类，其他 13 个地市属于Ⅱ类。河南全省地下水和河水放射性质量评价为较差，自来水和湖库水放射性质量评价为优良。地下水大多数还可作为生活饮用水使用，但个别异常水样不宜作为生活饮用水使用。

浙江省辐射环境监测站对秦山核电基地外围环境放射性水平进行了连续的监督性监测，与运行前本底值和对照点监测值相比，秦山核电基地外围环境水体放射性水平在正常波动范围内，基地外围环境陆地淡水和附近海域海水没有受到放射性污染。对重庆市医院污水放射性水平状况及其对饮用水的影响调查结果表明，其放射性污水的排放达到国家排放标准；重庆市两大江河水系放射性水平在正常天然本底范围，未受到放射性核素污染。

另外，有学者通过测定雨水中的γ射线，对雨水中的短寿命放射性核素进行了研究。实验证明，几乎所有的降雨都存在短寿命放射性核素。能谱分析结果表明：这些短寿命放射性核素主要为 ^{218}Po、^{214}Pb 和 ^{214}Bi。对雨水天然放射性的产生机理进行了分析和探讨，认为水汽凝结、下降雨滴的碰并和对空气的冲刷是雨水放射性产生的原因。还有学者研究了饮用水水源受到化学致癌物、放射性污染物以及非致癌性污染物所致的健康危害的风险度计算模型，并应用于某市受污染地下水水源的饮水途径健康风险评价，分别计算出了各类污染物的风险度，结果表明，地下水中化学致癌物所致的健康危害风险度超过国际辐射防护委员会（ICRP）推荐的最大可接受限值 $5.0\times10^{-5}\ a^{-1}$，并远远大于非致癌物所致的风险度。化学致癌物所致的健康危害风险度由大到小顺序为 Cr^{+6}＞As＞Cd，非致癌性污染物所致的风险度大小顺序为 Pb＞氟化物＞氰化物＞挥发酚＞NH_3-N。

2.4.2 毒理学领域的主要研究成果

放射性物质对人体和动物存在着一定损害作用。大剂量照射可导致死亡，人体照射 650 rad 时，死亡率为 100%。即使照射剂量较低死亡率为零时，也会对人体产生其他损害作用，但往往需经多年以后，一些症状才会表现出来。放射性也能损伤遗传物质，通过引起基因突变和染色体畸变，使一代甚至几代受害。

胡勤芳等对 30 例长期饮用高浓度含氡井水人员的血液学、免疫学及细胞遗传学指标进行了观察，并对饮用水中的氡含量进行现场检测，结果表明，由饮用含氡井水和摄入氡产生的人均年待积有效剂量为 5.6 mSv，在此受照水平下血液学中嗜酸粒细胞以及外周血淋巴细胞染色体畸变率高于对照组人员，未见血液学其他指标、免疫学和外周血淋巴细胞微核率变化。汪珍春等研究了水体中铊对泥鳅外周血红细胞的遗传毒性，结果表明，水体中铊含量在 0～1 μg/L 范围内，随铊质量浓度的增加，泥鳅红细胞产生微核以及核突起、凹陷等各种核异常现象；微核率、核异常率及核空泡率 3 项指标随铊质量浓度升高而升高，且呈显著或极显著正相关；这 3 项指标作为铊胁迫下泥鳅红细胞毒害程度的依据具有可行性；当水体铊质量浓度为 0.3 μg/L 时，微核率、核异常率及核空泡率均极显著高于对照，将铊质量浓度 0.3 μg/L 作为泥鳅红细胞发生突变的阈值。也有研究观察放射性水平不同的饮水对小鼠遗传性状的影响，实验将昆明种幼鼠随机分为 3 组，分别喂养至第 50 天、100 天和 150 天时进行动物骨髓细胞微核实验及染色体畸变分析，结果表明两处理组与对照组不同时相点的实验结果基本一致（$P>0.05$），结果表明该实验浓度的高本底放射性饮水未观察到遗传毒性效应。

2.4.3 流行病学领域的主要研究成果

流行病学研究结果提示放射性污染可能会提高患智力低下、白血病以及癌症等疾病的风险。

陈锋等在株洲市攸县某村就智力低下多发的病因进行流行病学调查。对青少年儿童进行体格检查、智商、听力测定，对痴呆和低智者进行系谱、遗传度分析及外周血淋巴细胞染色体畸变、fra（X）综合征基因突变分析，调查发现严重智力低下（MR）病人 14 人，轻度智力低下 5 人，智残率为 84%。研究显示，水碘含量和患者血清 T3、T4、TSH 分析均不支持缺碘；分子生物学检测未发现 fra（X）家系；该村地表γ辐射本底较高，饮水中氡和铀含量超标；严重智力迟钝和智低者染色体畸变，研究结果排除遗传、环境污染、缺碘、孕期感染、中毒以及用药等因素，表明该地 MR 的发生可能与高本底辐射有关。王燮华对天津地区不同地层、岩石、井深、水温以及不同用途的地热井水完成了水中氡浓度的测定，对地热水氡致公众肺癌进行了评估，结果表明，天津市约有地热井 180 眼，平均每眼井每天出水量 400 t，全市每年地热水的应用总量为 2 600 万 t，经计算，每年暴露到环境中的氡为 42 GBq，按此推算，每年有 20 例肺癌是由于吸入地热水氡所造成的，占全部氡致肺癌贡献的 6%。

L. Fuortes 等分析了爱荷华州白血病发病率和饮用水中放射性物质之间的关系，对 59 个单一饮用水供应镇的非软化水中的镭浓度进行检测，用于验证其与总骨髓白血病和急性白血病的相关性，结果显示，14 个镇的饮用水镭浓度超过 EPA 标准（5 pCi/L），随着饮用水中镭浓度增长，该地区存在一个小的总白血病发病增长趋势。Paivi Kurttioa 等研究了井水中放射性物质对泌尿系统癌症的风险，研究对象包括 61 例膀胱癌、51 例肾癌患者，以及 274 例随机抽取的对照者，结果表明，井水中的放射性物质作为暴露的一种放射源，其同膀胱癌和肾癌发生并没有很大的相关性。Anders I.Selden 等研究了饮用井水中的铀的肾毒性，发现尿液中的铀浓度与饮用井水中的铀浓度有极强的相关性，但该水平的饮用水铀暴露并没有显示明显的肾毒性。

第3章 土壤污染与人群健康

土壤和空气、水一样，是生物和人类赖以生存和生活的重要环境，是生态系统物质交换和物质循环的中心环节。土壤环境是个开放系统，易受到人类生产和生活过程中产生的环境污染物的影响，当进入土壤中的污染物的数量和速度超过了土壤环境容量和土壤净化速度时，就会发生土壤污染。土壤受有害物质污染后，其危害性可能要远远大于大气和水体。土壤中的有害物质不仅通过食物和水体影响人体健康，一些污染物还会附着在土壤颗粒上，通过呼吸进入人体。随着工农业生产高度发展和人类活动急剧增加，水、气污染物及固体废物大量排放，最终使土壤污染日趋严重。土壤污染主要是重金属污染和有机物污染。

3.1 重金属污染与人群健康

3.1.1 镉

3.1.1.1 环境领域的主要研究成果

国内土壤及固体废弃物中的镉监测主要采用原子吸收分光光度法，包括 KI-MIBK 系统萃取火焰原子吸收分光光度法和石墨炉原子吸收分光光度法；其他还有氢化物发生—原子荧光法等。

国内对土壤镉污染的研究主要集中在锌矿厂附近、污灌区和一些蔬菜地。如有研究对葫芦岛锌厂周围土壤中重金属镉含量进行了分析检测，并用三种评价标准（当地土壤背景值、土壤污染起始值和土壤环境质量标准）分别对土壤镉的污染程度进行了评价，结果表明：锌厂周围土壤受镉污染严重，锌厂南部土壤镉的含量最高，其次是北部的土壤，镉的含量分别超过土壤环境质量标准的 19.23～109.23 倍和 4.13～11.63 倍；三种评价方法均表明锌厂南部和西部 5 km、北部 10 km 范围内的表层土壤（0～20 cm）达到了重度污染，北部 15 km 处为中度-重度污染，北部 20 km 处受到轻度污染；下层土壤（20～40 cm）也受到了不同程度的污染，大部分剖面点达到了中度到重度的污染；在所研究范围内土壤上下层含镉量比值为 1.3～17.9。

有学者对沈阳西郊污水灌溉区农田土壤镉污染状况进行调查，分别采集 0～10 cm、10～20 cm 和 20～30 cm 土层农田土壤样本，对土壤全镉和有效镉含量状况进行分析，采用内梅罗指数法评价农田土壤镉的污染程度，结果发现：沈阳西郊污水灌溉区农田土壤镉污染十分严重，宁官、高明、胡孤家和四台子农田土壤均受到重度镉污染，宁官全镉含量高达 2.89 mg/kg，有效镉含量达 0.91 mg/kg，以土壤背景值和土壤环境质量标准中的二级标准为参照，宁官土壤镉污染指数分别为 17.02 和 9.65，沈阳西郊污水灌溉区农田已不再适合于种植农作物，必须禁止污水灌溉，同时要通过工程、生物及化学措施进行长期的治理。

3.1.1.2　毒理学领域的主要研究成果

见第 2 章 2.1.3.2 节。

3.1.1.3　流行病学领域的主要研究成果

我国开展的土壤镉污染的人群流行病学调查表明镉污染区居民的健康状况已受到影响。

对福建省政和县环境镉污染较严重的2个自然村育龄妇女的生殖健康状况调查结果发现，污染区育龄妇女中，未婚女性的月经周期异常率、痛经发生率（分别为 19.1%和 42.6%）均高于非污染区（分别为 5.7%和 18.9%）；污染区已婚妇女不孕症发生率（6.3%）高于非污染区已婚妇女（1.1%）；已婚妇女前两胎妊娠时恶心、呕吐、早产及死胎死产的发生率（分别为 44.7%、31.7%、10.27%和 4.23%）高于非污染区已婚妇女（分别为 26.5%、17.8%、2.85%和 1.05%），差异均有统计学意义（$P<0.05$）；用累积比数模型分析表明：在控制其他因素的影响后，居住在污染区的育龄妇女，其生殖功能受到损害的可能性更大，其相对危险度是居住在非污染区育龄妇女的 2.072 倍（95%CI：1.526～2.813），表明污染区育龄妇女生殖健康的各个方面已受到不同程度的影响。对昆明西郊某大型冶炼厂周围不同距离的两所小学和一所对照小学 1～3 年级（7～9 岁）262 名学生进行调查，结果表明，冶炼厂周围受污染的两所小学空气、饮用水、灌溉水、土壤、大米、蔬菜中 Pb、Cd、As 的含量高于对照小学；儿童头发中 Pb、Cd、As 的含量，受污染的两所小学儿童高于对照小学；对儿童生长发育的身高、体重、胸围和肺活量等指标检查发现，实验组儿童生长发育水平较对照组小学落后，在体格发育匀称度方面，实验组儿童匀称型百分率低于对照小学，不匀称体型中以粗壮型为多。

3.1.2　铅

3.1.2.1　环境领域的主要研究成果

国内土壤及固体废弃物中的 Pb 检测主要采用原子吸收分光光度法，包括 KI-MIBK 系统萃取火焰原子吸收分光光度法和石墨炉原子吸收分光光度法；其他还有原子荧光光谱法、示波极谱法、阳极溶出伏安法和双硫腙比色法等。

相关调查表明我国许多地区如沈阳、上海、北京、南京等地都存在土壤铅污染。对沈阳市城乡结合部土壤中铅的空间分布特征研究表明：沈阳市城乡结合部耕作层土壤铅含量范围值为 72.063～381.502 mg/kg，已经普遍受到较严重的污染。铅大部分存在于表层土壤，由于深翻土地，耕地 1 m 以内的土层均受到较为严重的铅污染。不同作物类型的土壤铅含量不同，污染顺序为菜地＞水稻田＞玉米田＞葡萄园。

对上海市区和郊区城镇中心街道灰尘中铅含量水平的研究表明：市区街道灰尘中铅的

含量为 28～4 443 mg/kg，平均含量为 264 mg/kg，为上海市土壤环境背景值的 10.4 倍；郊区城镇中心街道灰尘中铅的含量为 155～364 mg/kg，平均含量为 237 mg/kg，为环境背景值的 9.3 倍；市区内环线以内黄浦江两岸区域铅污染较为严重，平均含量为 359 mg/kg；铅污染中心主要位于商业区和交通干道，平均含量分别为 642 mg/kg 和 520 mg/kg。地积累指数法和铅污染指数法的评价结果表明：上海城市街道灰尘中铅污染整体上处于中度污染水平，其中市区内环线以内黄浦江两岸区域街道灰尘中铅污染处于偏重污染水平。

对北京市区 12 个典型公园土壤的铅含量调查结果显示：北京市区大部分公园存在铅污染问题，其表土的铅含量平均值为 30.95 mg/kg，变幅为 16.20～121.00 mg/kg，污染指数为 0.65～2.35；分析表明，一些历史悠久、客流量大和位于市中心的公园土壤的铅含量及污染指数均大大高于平均水平。

3.1.2.2 毒理学领域的主要研究成果

见第 2 章 2.1.4.2 节。

3.1.2.3 流行病学领域的主要研究成果

见第 2 章 2.1.4.3 节。

3.1.3 汞

3.1.3.1 环境领域的主要研究成果

（1）检测分析方法

国内土壤及固体废弃物中汞的检测主要采用冷原子吸收分光光度法、原子荧光光度法和等离子体发射光谱法，另外也有采用漫反射光谱直接测定汞沉淀物的，其原理是基于 Hg^{2+}与 $KI\text{-}CuSO_4$ 反应生成橙红色 Cu_2HgI_4。目前我国土壤中汞的测定方法标准为《土壤质量 总汞的测定 冷原子吸收分光光度法》（GB/T 17136—1997）。

（2）汞污染现状调查

对我国部分地区如贵州万山汞矿区、兰州市、湘西典型多金属矿区等进行土壤汞污染的调查，结果表明在国内存在汞污染地区。如对武汉市葛店地区的土壤、水体及沉积物取样测试结果表明，该地区表层和底层土壤中 Hg 的平均含量分别为 0.314 mg/kg 和 0.181 mg/kg，分别是区域土壤汞背景值的 6 倍和 3.6 倍，初步分析原因为污灌，大气汞的干、湿沉降和含汞农药的使用。对湘西典型多金属矿区土壤中汞、铅等重金属污染状况进行研究，结果表明：湘西矿区是汞、铅污染严重的区域，与中国土壤元素背景值相比，汞矿区土壤中汞和铅含量分别高出 1 315 倍和 3.1 倍。

3.1.3.2 毒理学领域的主要研究成果

见第 2 章 2.1.1.2 节。

3.1.3.3 流行病学领域的主要研究成果

汞元素具有很强的毒性和生物累积效应，高汞背景环境下生活的矿区居民，会通过长期的饮食、呼吸及皮肤接触等途径，导致汞在体内大量积蓄。国外科学家 Bose-O'Reilly 等对印尼 Sulawesi 和津巴布韦 Kadoma 两混汞采金区 9～17 岁儿童的尿液、血液和发样调查显示，长期生活在采金区的儿童汞暴露程度远远高于对照区的儿童，他们的尿汞、血汞和发汞平均含量分别为 36.5±93.06 mg/kg、12.4±14.66 μg/L 和 4.08±7.07 mg/kg，高出对照区 1～2 个数量级，而直接参与采金活动的童工，其尿汞、血汞和发汞分别高达 666.87 mg/（kg • Cr），100.8 μg/L 和 52.96 mg/kg。有学者运用 tPERG 和 tPVEP 对亚马逊采金区冶金工人的观测显示，当人体受到严重汞暴露后，其视觉系统会受到严重损害。李平等对我国贵州土法炼汞区人群的尿汞、尿β_2微球蛋白含量和健康状况等进行了详细的调查，结果显示：土法炼汞人群遭受了严重的汞蒸气暴露，人群尿汞和尿β_2微球蛋白的平均含量分别高达 779 mg/（kg • Cr）和 208.5 mg/（kg • Cr），远远高于对照区人群，而部分调查人群已经出现轻度慢性汞中毒的症状，表明肾脏受到了损伤。

3.1.4 铬

3.1.4.1 环境领域的主要研究成果

土壤中的总铬测定常见的是采用火焰原子吸收分光光度法，也可以采用石墨炉原子吸收分光光度法和等离子体发射光谱法。固体废弃物中总铬的测定可以采用火焰原子吸收分光光度法、二苯碳酰二肼光度法和硫酸亚铁铵滴定法。

世界各地土壤中铬的含量悬殊甚大，美国土壤中铬含量的平均值为 100 mg/kg，苏联为 200 mg/kg，日本为 20～200 mg/kg，我国为 50～60 mg/kg。铬在土壤中的垂直分布规律一般为土壤表层含量高，越往下铬的含量越少，说明外界进入土壤中的铬大部分被固定在耕层，很少向下渗透；铬在土壤中的水平分布主要受成土母质及人为因素的影响。20 世纪 70 年代，日本东京曾因铬渣处理不当引起铬公害事件；我国的锦州等地排出的铬渣堆积如山，污染大片农田；北京、上海、河南等地土壤中也相继出现了不同程度的铬污染，且危害已扩大到粮食作物。铬盐及皮革、印染和电镀等涉铬工业的发展，城市污水的非达标排放对农业土壤亦造成一定的毒害，其危害由于生物放大作用已威胁人体健康。因此，铬被列为我国农田土壤环境质量评价的 8 个重金属控制指标之一。

雷有德等对青海海北化工厂铬矿堆渣场土壤铬污染状况进行调查，结果表明：渣场附近土壤受到严重的铬污染，其铬含量大幅度超出全国土壤铬平均含量和青海土壤铬的环境背景值；堆渣场附近土壤中铬具有很大的可迁移性，铬进入土壤后主要和土壤碳酸盐、有机质和氧化物相结合，有很大一部分存在于土壤溶液中，显著地改变了原有土壤中铬的形态分布。

北京市 97 种蔬菜的 345 个蔬菜样品和 54 个菜地土壤中的铬含量研究结果表明：北京市菜地土壤中铬含量的含量范围、算术均值、中值和几何均值均低于《土壤环境质量标准》中的蔬菜地土壤质量标准，但显著高于北京市土壤铬背景值；北京市本地产蔬菜和裸露地蔬菜的铬含量均显著高于市售外地产蔬菜和设施栽培蔬菜；北京市居民从蔬菜中摄入铬的量为每人 50.5 μg/d，目前已存在一定的潜在健康风险。

3.1.4.2 毒理学领域的主要研究成果

见第 2 章 2.1.2.2 节。

3.1.4.3 流行病学领域的主要研究成果

薛山涛等对某电镀厂周围地下水、土壤、小麦、白菜、番茄及人群血、尿、发中 Cr^{6+} 水平沿厂址所在区地下水流向的上、下游进行采样分析，结果表明：下游方向的地下水、土壤、小麦、白菜和番茄均受到 Cr^{6+} 污染，距厂区越近，污染越严重；人群血、尿和发中 Cr^{6+} 水平均超过正常值；同时发现，人体血、尿和发 Cr^{6+} 水平可以作为环境污染对人体健康危害的指标。唐洪磊等运用随机抽样的方法对广东省经济较发达的 12 个沿海城市居民的膳食情况进行问卷调查，并结合该地区食物中持久性卤代烃和重金属的污染水平，对居民通过食物摄入的污染物进行人体暴露水平评价，结果表明：该地区居民日常膳食中 Pb、As 和 Cr 的暴露水平处于安全线内，但金属镉的日均摄入量与 FAO/WHO 规定每日允许摄入量相同，表明金属镉通过膳食的暴露可能对居民的健康构成潜在的威胁。

3.1.5 锑

3.1.5.1 环境领域的主要研究成果

（1）锑污染溯源及管理

锑（Sb）及其化合物的用途广泛，主要用于生产陶瓷、玻璃、电池、油漆、烟火材料及阻燃剂，其中制作阻燃剂是锑的主要用途。除此之外，还用于生产半导体、红外线检测仪、两极真空管及用做驱虫剂等。近年来由于人类活动的影响及锑化合物的广泛使用，环境中的锑污染越来越严重。锑的污染源分为天然源和人为源，后者为主要污染源，包括：①城市垃圾废物，一些研究表明城市废物中锑的浓度为 8～40 g/t，在城市垃圾焚烧后的废物中，也含有一定量的锑；②矿区冶炼厂，有调查发现：在锑冶炼厂周围表土和植物中的锑的浓度分别达 1 489 mg/kg 和 336 mg/kg，在铜冶炼厂周围的河流沉积物中，锑的浓度达 1%，在铅冶炼厂周围的土壤中锑的浓度达 260 mg/kg；③ 含锑燃料的燃烧释放，大气中的锑主要来自煤炭和石油的燃烧，在美国的远郊、近郊和城市大气中锑的浓度分别为 0.004 5～1 ng/m^3、0.6～7 ng/m^3 和 0.5～171 ng/m^3。

（2）检测方法

目前，环境中锑的检测方法主要有：分光光度法、原子荧光法、原子吸收法和电感耦合等离子体发射光谱法（ICP—AES）等，另外氢化物发生—原子荧光光谱法也较普遍地应用于微量元素的分析。

（3）研究现状

大量的调查与研究已经证实锑是一种有毒的危险物质。目前国外对锑污染的研究越来越重视。各国对环境中的锑的含量都制定了比较严格的标准。美国环保局规定人体对锑和锑（Ⅲ）的 ADI 值为 0.4 μg/kg，空气和饮用水中锑的允许浓度为 6 μg/L，中国是世界上最主要的锑储量和生产大国，但对环境中锑的污染状况及其生物毒性效应的研究却很少，在以后的研究中应该重点加强这方面的工作。

3.1.5.2　毒理学领域的主要研究成果

人体及动物可以经皮肤、消化道和呼吸道多种途径接触到环境中的锑，人体每天通过食品和水吸收的锑约有 416 μg。不同价态的无机锑化合物的毒性为：Sb（0）＞Sb（Ⅲ）＞Sb（Ⅴ）；有机锑化合物的毒性一般较无机锑化合物小。锑的急性中毒可表现为腹痛、呕吐、脱水、抽筋、尿血和无尿等症状，甚至引起肝硬化、肌肉坏死、肾炎和胰腺炎等。锑也具有慢性毒性，有研究对白鼠进行 90 天的慢性暴露，发现锑不仅能够引起血液学的变化，还能引起甲状腺、肝、胸腺、脾和脑下垂体等组织产生相应的结构变化。此外，亦有实验证明 $SbCl_3$ 具有基因毒性和细胞毒素性质，而且锑化合物还会影响人体某些酶及器官的功能。

3.1.5.3　流行病学领域的主要研究成果

锑可以通过呼吸、饮食或皮肤等暴露途径进入人或动物体内，其在人体中的平均含量为 0.1 μg/g。锑在人体各组织中的含量水平有所不同，其中骨骼中的含量最高，其次是人发，而血液中的含量最低。锑的急性毒性在临床医学上已有很多报道。锑可通过职业暴露、食物摄入及药剂服用等多种暴露途径引起急性中毒。临床观察发现，经吸入暴露锑的急性毒性作用靶器官为皮肤和眼睛。1957 年南斯拉夫首次报道了塞尔维亚锑冶炼厂工人的职业尘肺病，该病的临床医学特征及其机制也逐渐被揭示出来。1967 年 Belyeava 报道称，经吸入暴露的锑能引发人及动物的早产和自然流产，从事锑加工作业的孕期女职工流产率显著偏高。经吸入暴露锑的慢性毒性作用靶器官最初为呼吸系统，其临床症状主要表现为肺功能改变和慢性支气管炎等；除呼吸系统外，锑慢性毒性作用的靶器官还包括心血管系统和肾脏。长期吸入 SbH_3 后，会出现红血球溶解和肌红蛋白尿症等；锑还具有潜在的致癌风险，流行病学调查发现，锑冶炼工人患癌症的风险较高。1994 年 Jones 调查表明在锑冶炼厂工作的工人的肺癌死亡率高，并且证明从接触到病发有近 20 年的潜伏期。李小萍等调查 Sb_2O_3 粉尘的职业危害，对广西两个从事锑生产厂的 79 名接触 Sb_2O_3 粉尘的作业工人（接触组）进行职业卫生学调查和流行病学调查，并与无 Sb_2O_3 接触的 21 名对照人群进行比较，结果显示，接触 Sb_2O_3 粉尘可引起以皮肤和呼吸系统损害为主的职业危害。

3.2　有机物污染与人群健康

3.2.1　有机氯农药污染

有机氯农药（Organic Chlorine Pesticides，OCPs）包括脂肪族、芳香族和脂肪族氯代碳氢农药。可分为两类：一类为氯代苯及其衍生物，如滴滴涕（DDT）、六六六（HCH）等；另一类为氯化钾撑萘（茚）制剂，如狄氏剂、艾氏剂、七氯等。其中滴滴涕（DDT）和六六六（HCH）因广谱、高效、价廉、急性毒性小而广泛使用，曾经是世界各国使用量最大的一类农药。这两种杀虫剂在农业上使用后，往往在农作物或土壤中较长时间不分解，这就给农产品和环境造成污染。20 世纪 60 年代以来，欧美国家和日本从人体、牛奶、禽蛋上发现有高含量的六六六和滴滴涕的残留后，引起了世界各国的重视。由于这类农药属于神经及实质脏器毒物，并且可致癌，我国在 20 世纪 80 年代初就已经禁止使用六六六和滴滴涕农药。

DDT 即二氯苯基三氯乙烷（2,2-bis（4-Chlorophenyl）-1,1,1-trichlor oethane），由欧特马·勤德勒于 1874 年首次合成，1939 年瑞士化学家保罗·米勒（Paul Hermann Müller）发现了 DDT 的杀虫作用，并因此获得了 1984 年的诺贝尔奖。分子式 $C_{14}H_9Cl_5$，分子量 354.5，熔点 108～109℃，沸点 260℃，为白色结晶状固体或淡黄色粉末，无味，几乎无嗅，化学性质稳定，在水中极不易溶解，在常温下不分解，对酸稳定，强碱及含铁溶液易促进其分解。六六六即六氯化苯（benzene hexachloride，HCH），1825 年由 M.法拉第合成，分子式 $C_6H_6Cl_6$，分子量 290.82，有 8 种同分异构体，分别称为α-、β-、γ-、δ-、ε-、η-、θ-和ξ-六六六，各异构体的熔点和沸点不相同，其中γ异构体杀虫效力最高，α异构体次之，β异构体最低。六六六为灰白色到褐色粉末，有难闻的霉臭味，在水中溶解度极微，可溶于有机溶剂，对酸稳定，在碱性溶液中或 Zn、Fe、Sn 等存在下易分解，长期受潮或日晒会失效。

3.2.1.1　环境领域的主要研究成果

土壤中 DDTs 和 HCHs 的测定主要是采用气相色谱法。

尽管 OCPs 已经停用多年，我国许多地区的土壤中仍有 OCPs 的检出，如四川省绵阳市、乌鲁木齐市、青岛市、雷州半岛以及长江三角洲地区和珠江三角洲地区等。

对南京地区土壤中 OCPs 残留及分布状况研究结果表明：市区土壤 HCHs 和 DDTs 的检出率均高达 100%，残留范围分别为 2.7～130.6 μg/kg 和 6.3～1 050.7 μg/kg，其中 65%以上的样点土壤有机氯残留总量低于 60 μg/kg；OCPs 主要残留物为 *p, p'*-DDE，占残留总量的 80%以上；工业用地土壤中 OCPs 残留量明显低于农业土壤，不同利用类型土壤中有机氯残留总量排序为露天蔬菜地＞大棚蔬菜地＞闲置地＞旱地＞工业区土地＞水稻土＞林地。与国内同类报道相比，南京地区土壤中 OCPs 的残留较低，而与国外相应值比较，南京地区土壤中 OCPs 残留量高于德国，低于阿根廷以及波兰土壤中 OCPs 的残留量。

对珠江三角洲地区 6 种典型类型土壤中的 DDT 检测表明除滨海砂土外，其他 5 种土壤都能够检测到 DDT 的存在，DDT 含量在 0.16～32.8 μg/kg，以 *o, p'*-DDT 的检出率最高，其次为 *p, p'*-DDE，该地区可能存在通过使用三氯杀螨醇带入微量 DDT 的情况。

3.2.1.2　毒理学领域的主要研究成果

DDT 和六六六性质稳定，不易分解，可长期残存在环境中，破坏生态平衡，危害人类健康，是持久性有机污染物（Persistent Organic Pollutants，POPs）。急性中毒多由于误服或大量集中喷药所致，轻度中毒时有头痛、恶心、呕吐、腹泻和肌肉轻度震颤等症状，严重中毒时可以发生强直性抽搐，陷入木僵、昏迷，并危及生命；慢性中毒时，影响神经系统、内分泌系统和侵害肝脏、肾脏，可引起肌肉震颤、内分泌紊乱、肝肿大和中枢神经系统等病变，能增加女性患乳腺癌、子宫癌等生殖器官的恶性肿瘤和子宫内膜疾病的危险，且可能影响后代。国际癌症研究机构（IARC）已经将其列为 2B 类（可能的人体致癌物）。其具体毒理介绍可参见水环境污染部分。

3.2.1.3 流行病学领域的主要研究成果

国内有研究表明 OCPs 污染与乳腺癌及直肠癌可能有相关性。

陈坤等采用分阶段整群随机抽样的方法，按直肠癌标化发病率高低在嘉善县抽取 11 个乡镇，再随机抽取行政村、自然村，采集各自然村的大米和稻田土壤样品，测定其中各 OCPs 指标的含量，结合各乡镇的直肠癌发病资料，用 Spearman 等级相关进行统计分析，结果发现直肠癌标化发病率与大米中总 DDT 含量和 *p*, *p*′-DDE 含量之间存在统计学上的显著相关关系。

李佳圆等采用成组病例对照研究方法，调查 90 名乳腺癌新确诊患者（病例）和 136 名社区健康女性（对照），采用问卷调查表收集病例及对照的乳腺癌相关危险因素信息；采用气相色谱-电子捕获（GC-ECD）方法检测血清中 OCPs 残留物水平；运用 logistic 回归模型分析 8 种 OCPs 残留物的血清水平与乳腺癌患病风险的相对危险度（OR），结果表明病例和对照血清中均能检出 *p*, *p*′-DDT、*p*, *p*′-DDE、*o*, *p*′-DDT、*p*, *p*′-DDD 以及α、β、γ、δ-HCHs OCPs 残留物，其中β-HCH、*p*, *p*′-DDE 及 *p*, *p*′-DDT 的总检出率分别为 91.2%、92.1%和 91.2%；控制了混杂因素后分层分析发现绝经前女性的 *p*, *p*′-DDT、*p*, *p*′-DDD 和δ-HCH 血清水平与乳腺癌呈正相关，调整 OR 分别为 3.59、5.70 和 3.06（$P<0.05$）。OCPs 残留物（DDTs 和 HCHs）可能增加妇女，尤其在绝经前妇女患乳腺癌的风险。

3.2.2 多环芳烃污染

多环芳烃（Polycyclic Aromatic Hydrocarbons，PAHs）是指两个以上苯环以稠环形式相连的化合物，是目前大气环境中普遍存在的环境污染物。PAHs 按照芳环的连接方式可分为稠环芳烃和孤立多环芳烃两类。稠环芳烃是指相邻的苯环至少有 2 个共用碳原子的多环芳烃，其性质介于苯和烯烃之间，例如，萘、蒽等。孤立 PAHs 是指苯环直接通过单键联合，或通过一个或几个碳原子连接的碳氢化合物，如联苯、三联苯等。五环以上的 PAHs 大都是无色或淡黄色的结晶，个别具有深色，熔点及沸点较高。PAHs 大多不溶于水，辛醇-水分配系数比较高，易溶于苯类芳香性溶剂中，PAHs 大多具有大的共轭体系，因此其溶液具有一定荧光。PAHs 及其衍生物主要是由石油、煤等燃料以及木材、纸张、天然气、有机高分子化合物、作物秸秆以及烟草等含碳氢化合物的物质，经不完全燃烧或在还原性气氛中热分解生成的。环境中的 PAHs 有天然来源和人为来源两种，前者主要由微生物和高等植物（如烟草等）合成以及在森林和草原火灾、火山爆发等过程中产生，后者包括化学工业污染源、交通运输污染源、生活污染源和其他人为源，是环境中 PAHs 的主要来源，其中，焦化煤气、有机化工、石油工业等所排放的废弃物中含 PAHs 较多，飞机、汽车等机动车辆和煤炉所排放的废气以及垃圾渗滤液等也含有相当数量的 PAHs。

3.2.2.1 环境领域的主要研究成果

土壤中 PAHs 组分的测定可采用高效液相色谱方法和气相色谱—质谱法。

土壤及固体废弃物中均存在 PAHs 污染，其中石油工业是一大污染源，污灌导致大面积土壤污染。另外，煤等的不完全燃烧和汽车尾气的排放也可产生 PAHs 并污染土壤。例如，对有污水灌溉历史的沈抚灌区、浑浦灌区和清原对照点 3 个土壤剖面多环芳烃（PAHs）

含量的分布特征进行研究表明，在美国 EPA 优先控制的 16 种 PAHs 中，沈抚灌区土壤剖面中检测出 10 种，浑浦灌区检出 12 种，清原检出 8 种；PAHs 总含量峰值随着土壤深度的增加呈下降趋势，但最高值均未出现在 0～2 cm 土层，而是分布在 2～5 cm 和 5～10 cm 土层；各剖面单组分分布以 4～5 环 PAHs 为主，主要污染物是荧蒽、苯并[*a*]蒽和苯并[k]荧蒽；低环 PAHs 含量峰值多集中在 0～2 cm 土层，中、高环 PAHs 大部分分布在 5～10 cm 土层；从单组分比值和母体 PAHs 比值可以看出，3 个剖面的 PAHs 污染源来自于汽油、原油和煤的不完全燃烧，以烟尘颗粒为载体通过大气干、湿沉降和风力以及污水灌溉输送进入到土壤环境中。

对珠穆朗玛峰地区土壤和植被中多环芳烃的含量及其海拔梯度分布模式的研究，结果表明，珠穆朗玛峰地区土壤中的 PAHs 属于地球边远地区的水平，主要来源可能是家庭燃烧和汽车尾气的排放，季风是将印度等人类活动频繁地区排放的 PAHs 带到珠穆朗玛峰地区的主要贡献者。

3.2.2.2 毒理学领域的主要研究成果

PAHs 在环境中的存在虽然是微量的，但其分布广泛，在生成、迁移、转化和降解的过程中，能通过呼吸道、皮肤和消化道进入人体，对人体造成危害的主要部分是呼吸道和皮肤，可引起急性或慢性伤害。PAHs 进入哺乳动物细胞后经代谢活化可成为高毒性的代谢产物，能不可逆地损伤生物大分子（DNA、蛋白质、脂质），在体内产生许多毒性反应，包括细胞毒性、遗传毒性、免疫毒性、致畸性和致癌性等。在目前已知的 1 000 多种的致癌物质中，PAHs 占 1/3 以上，是数量最多的一类。

3.2.2.3 流行病学领域的主要研究成果

长期接触 PAHs 可能诱发皮肤癌、阴囊癌和肺癌等。1775 年，英国人发现烟囱清扫工人多患阴囊癌；1892 年，又有人发现从事煤焦油和沥青作业的工人多患皮肤癌。煤油、沥青、焦油类物质已被国际癌研究机构（IARC）列入对人致癌的化学物质之中。

我国学者在职业人群中开展的调查表明，焦炉工人职业性肺癌与 PAHs 的暴露有关，而且，在 PAHs 暴露者临床症状出现前，外周血淋巴细胞已出现损伤；检测 PAHs 职业人群外周血淋巴细胞 DNA 损伤，可作为职业性肺癌发生的一种早期检测指标，如用单细胞凝胶电泳法（SCGE）分别检测 43 名 PAHs 暴露者（暴露组）和 21 名非暴露者（对照组）外周血淋巴细胞 DNA 断裂情况，研究发现暴露组外周血淋巴细胞 DNA 损伤率为 3.27%，对照组为 0.67%，暴露组显著高于对照组（$P<0.01$），损伤程度也明显高于对照组（$P<0.01$）。此外，有研究在进行炼焦工和煤气工职业性肺癌与其他癌症之间的关联时发现，不论在流行病学上或病因学上，职业性肺癌、肝癌和消化道癌都与 PAHs 有密切的关系。

3.3 生物性污染与人群健康

土壤中的生物性污染主要是病原体污染。用未经无害化处理的人畜粪便、垃圾做肥料，或直接用生活污水、医院污水等灌溉农田，都会使土壤受到病原体的污染。包括肠道致病菌、肠道寄生虫（蠕虫卵）、钩端螺旋体、炭疽杆菌、破伤风杆菌、肉毒杆菌、霉菌和病毒等。有些病原体能在土壤中存活相当长时间，如抗力较小的霍乱弧菌可存活 8～10 d，而结核杆菌能生存一年左右，蛔虫卵能生存 315～420 d，炭疽杆菌芽孢在土壤中能存活几年甚至几十年。

国内对土壤生物污染与人群健康关系的研究较少，仅有一些地方开展了土壤中虫卵污染与人群感染率的研究，发现有一定的相关性，如对鄱阳湖区进贤县 4 个村土壤中土源性线虫卵污染情况及其与人群感染率的关系进行研究，结果发现鄱阳湖区进贤县的 4 个村土壤中土源性线虫卵检出率与人群感染率之间相关性非常显著；土壤样本共检查 131 户，蛔虫卵、鞭虫卵和钩虫卵检出率分别为 58.02%、77.86%和 3.82%，蛔虫、鞭虫和钩虫感染率分别为 26.26%、65.26%和 1.74%；相关分析表明，4 个村人群土源性线虫感染率与土样中土源性线虫卵检出率呈显著正相关（$r=0.995$，$P<0.01$），其中人群蛔虫感染率与土样蛔虫卵检出率显著正相关（$r=0.954$，$P<0.05$），人群鞭虫感染率与土样鞭虫卵检出率呈显著正相关（$r=0.991$，$P<0.01$）。

第 4 章　环境健康风险评价研究进展

4.1　环境健康风险评价研究现状

环境污染已经成为影响人类健康和死亡的四大主要因素之一，不断出现的新旧公害事件严重破坏了生态环境，威胁人类健康。国际上通常认为环境污染造成的风险是环境污染源对人体健康和生态系统产生危害的可能性。美国环保局（USEPA）认为，环境风险评价是对环境污染引起的人体健康和生态危害的种类及程度的描述过程。环境健康风险评价是狭义环境风险评价的重点，是把环境污染与人体健康联系起来，定量描述污染对人体健康产生危害的风险；是收集、整理和解释各种健康相关资料的过程，其目的在于估计特定暴露剂量的有害因子对人体不良影响的概率，以评价人体健康所受到损害的可能性及其程度大小。

国际上对健康风险评价的研究始于 20 世纪 30 年代，此阶段采用毒物鉴定法进行急性毒性和风险性较大的健康影响定性分析。50 年代提出了安全系数法，用于估算人群的可接受摄入量。70—80 年代健康风险评价体系基本形成，美国国家科学院（NAS）在 1983 年出版的《联邦政府的风险评价：管理程序》中将评价步骤概述为：危害识别、剂量-反应评估、暴露评价和风险表征。1986 年美国环保局颁布了一系列有关健康风险评价的技术性文件、准则或指南，如《健康风险评价导则》，该导则包括致癌性、致突变性、化学混合物、可疑发育毒物以及估算接触量 5 个方面内容（51FR33992～34054）。这一科学体系被欧盟和中国在内的多个国家和组织广泛采用。

中国的健康风险评价起步于 20 世纪 90 年代，潘自强院士课题组在核工业系统开展了放射性污染物、致癌化学物和非致癌化学物的环境健康综合研究。“十五”期间，原国家环保总局组织实施了“环境污染对人体健康损害及补偿机制研究”科技攻关项目，开展环境污染对人群健康损害医学诊断标准、健康损害补偿机理与法律框架研究。2007 年，科技部将“环境污染的健康风险评估与技术研究”列入“十一五”科技支撑计划重点研究项目，区域环境污染健康风险评价研究正式启动。同年 11 月卫生部等 18 个部委联合发布《国家环境与健康行动计划（2007—2015 年）》，明确将“开展环境污染健康危害评价技术研究”作为行动策略之一。国家环境保护部发布的“十二五”环境与健康工作规划中也将“环境与健康调查和风险评价技术与方法”的研究作为主要任务。本课题组于 2010 年建立了环境污染的健康损害调查方法与技术规范，提出区域环境污染健康风险评估研究的“六步骤”方法：区域环境污染源调查、区域环境特征污染物识别、特征污染因子危害鉴定、剂量-反应评估、区域多暴露途径环境暴露风险评价、综合区域健康风险表征。

4.2 环境健康风险评价研究进展

环境污染引起的健康风险广泛存在于人群的各种活动中，其性质和表现方法复杂多样。角度不同，健康风险评价分类不同，根据风险来源可分为有毒有害化学物质和核污染等风险；根据环境介质可分为空气环境、水环境和土壤环境等风险；根据风险发生时间可分为突发性污染事故的健康风险和慢性累积的健康风险；根据风险的效应终点可分为致癌风险、致突变风险和生殖风险等；按生命周期划分可分为胚胎孕育期、婴儿期、儿童期和成人的健康风险。

近三十年来中国科学家对不同风险源对人群造成的健康风险进行了评估。早期的健康风险评价主要应用在人体长期低剂量暴露于有毒化学物质所引起的慢性健康损害，其评价方法主要采用 US EPA 推荐的“四步法”，多用于对水体、土壤、大气、动植物等单环境介质中化学物质污染引起的健康风险进行评价。从时间上看，早期的研究更多的是针对单一受体和风险源，而在实际研究中发现，环境介质的污染不仅仅从单一途径摄入人体，而多以复合污染存在，且其受体和生命周期均以多样的形式存在。从 20 世纪 90 年代末开始，中国科学家们尝试进行不同受体的多暴露途径的复合污染健康风险评价研究；近几年有研究人员通过对中国人群的暴露状况进行调查，优化评估模型，以降低评估的不确定性。

除对化学因子造成的健康风险进行研究外，中国对辐射污染的暴露剂量评价及其慢性致癌和非致癌的健康风险也开展了研究。突发性污染事故的健康风险评价主要包括化学物质泄漏事故、火灾和爆炸事故的风险评价。对于化学物质泄漏事故，有研究人员通过 CAMEO 模型对造成的人群健康风险进行模拟计算，利用伴随方法，结合研究区地理特征和人口密度等条件，计算毒气泄漏的风险值。表 4-1 为近年中国部分环境污染物健康风险评价的基础研究成果。

4.3 环境健康风险评价方法研究进展

国际上大多以美国国家科学院（NAS）提出的四步法为环境健康评价范式，其他国家如加拿大、英国等提出一些其他健康风险评价模式，与四步法基本相似。

4.3.1 危害识别

危害识别是健康风险评价中定性评价阶段，用于判断在一定情况下，某种特定污染物是否产生危害，并进一步确定其危害的后果。一般而言，危害识别的方法常常采用病例收集、毒理学、短期简易测试系统、长期动物实验及流行病学调查方法等。此外可将待评化学物质与已知致癌物进行分子结构比较，根据构效关系理论，通常认为与已知致癌物具有相似化学结构的化合物可能具有致癌性。程序上可先通过急性、毒性实验进行筛选，继而通过慢性实验、“三致”实验等进行测试，再通过现场研究和微观研究进行测试，最后进行监测性研究。

表 4-1　中国环境污染健康风险评价基础研究（部分）

时间	风险来源	发生时间	介质	暴露途径	效应终点	敏感人群	研究区
2012	PCBs	慢性	土壤、水、农作物、肉类、大气	饮水、食物经口、土壤摄食、呼吸吸入、皮肤接触	致癌和非致癌风险	成人	浙江
2012	Cu、Pb、Cd	慢性	土壤、水、农作物、肉类、大气	饮水、食物经口、皮肤接触、呼吸吸入	致癌和非致癌风险	成人	浙江
2011	电离辐射	慢性	—	—	致癌和非致癌风险		
2010	As、Pb、Cd	慢性	大米、面粉	食物经口	非致癌风险	成人	湖南
2010	H_2S	急性	大气	呼吸吸入	非致癌风险		重庆
2009	Cd、Cr、Cu 等重金属	慢性	灰尘	呼吸吸入、皮肤接触	致癌和非致癌风险	成人	河北
2009	Cd、Cr、As	慢性	水	饮水	致癌和非致癌风险	成人	天津
2009	OCPs	慢性	食物	食物经口、土壤摄食	致癌和非致癌风险	成人、儿童	江苏
2008	POPs	慢性	土壤	呼吸吸入、土壤摄食、皮肤接触	致癌和非致癌风险	成人、儿童	常州
2008	Cd、Cu、Cr 等重金属、DDT、HCH、DP	慢性	土壤	土壤摄食、皮肤接触	致癌和非致癌风险	成人、儿童	北京
2008	PAHs	慢性	土壤	皮肤接触、呼吸吸入、土壤摄食	致癌风险	成人	辽宁
2008	Zn、Fe、Cu 等重金属	慢性	食物	食物经口	致癌和非致癌风险	成人	
2008	Pb、Zn、Cd 等重金属	慢性	农作物	食物经口	非致癌风险	成人	广东
2008	C_6H_6、Cl_2、HCHO 等	急性	大气	呼吸吸入	非致癌风险		
2007	Cd、Pb 和 Hg 等重金属、OCPs、PAHs	慢性	大气、水、灰尘、农作物	饮水、呼吸吸入、食物经口	致癌和非致癌风险	成人、儿童	上海
2007	Cd	慢性	水	饮水	致癌风险	成人	宁波
1995	放射性同位辐射	慢性	—	—	非致癌风险		中国

对于评价的化学物质，主要是通过收集和评估该物质现有的毒理学和流行病学资料，确定其是否对人群健康造成损害。对危害未明的新化合物，应累积完整可靠的资料，对其资料进行评估后，将动物和人类资料根据证据的程度分组，再将动物和人类证据结合进行权重分类。目前，国际上关于权重分类的方法有两种：国际癌症研究中心（IARC）化学物质致癌性分类和 US EPA 综合风险信息系统（IRIS）化学物质致癌分类，其分类标准见表 4-2。在危害识别过程中需注意，根据 IARC 和 IRIS 致癌分类数据，Cd、Cr（Ⅵ）等化学物质除具有致癌效应外，还具有非致癌效应，IARC 分别给出了这些化学物质的非致癌参考剂量（RfD）值和致癌斜率因子（CSF）值，此外 PCBs 等混合物中包含致癌及非致癌的单体。对这些化学物质进行风险评价时，应同时考虑其致癌风险和非致癌风险。

2008 年中国环境科学学会、北京大学医学部公共卫生学院联合发布的《环境影响评价技术导则　人体健康（征求意见稿）》中也将 IRIS 数据库推荐为主要参考资料。中国环境保护部发布的《污染场地风险评估技术导则（报批稿）》公布了部分污染物不同暴露途径的毒性参数值。到目前为止，中国尚未建立较为完整的污染物毒性数据库。建立中国的污染物毒性数据库，可为健康风险评价中污染物质的毒性鉴定提供主要的、重要的参考依据。

表 4-2 IARC 化学物质致癌性分类与 IRIS 化学物质致癌性分类

<table>
<tr><th colspan="3">IARC 致癌性分类</th><th colspan="3">IRIS 致癌性分类</th></tr>
<tr><th colspan="2">类别</th><th>描述</th><th colspan="2">类别</th><th>描述</th></tr>
<tr><td colspan="2">G1</td><td>具有充足的人类致癌性的证据</td><td colspan="2">A</td><td>人类致癌物质</td></tr>
<tr><td rowspan="2">G2</td><td>G2A</td><td>人类可能致癌物质，流行病学资料有限，但有充分的动物实验资料</td><td rowspan="2">B</td><td>B1</td><td>根据有限的人体毒性资料与充分的动物实验资料，极有可能为人类致癌物质</td></tr>
<tr><td>G2B</td><td>也许是人类致癌物，流行病学资料不足，但动物资料充分，或流行病学资料有限，动物资料不足</td><td>B2</td><td>根据充分的动物实验资料，极可能为人类致癌物质</td></tr>
<tr><td colspan="2">G3</td><td>致癌证据不足</td><td colspan="2">C</td><td>可能的人类致癌物质</td></tr>
<tr><td colspan="2" rowspan="2">G4</td><td rowspan="2">对人类无致癌性证据</td><td colspan="2">D</td><td>不能划分为人类致癌物质</td></tr>
<tr><td colspan="2">E</td><td>对人类无致癌性物质</td></tr>
</table>

4.3.2 剂量-反应评估

剂量-反应评估是对有害因子暴露水平与暴露人群不良健康反应发生率之间的关系进行定量估算的过程，是健康风险评价的定量依据。毒理学中通常将其分为两类：① 暴露于某种污染物的剂量与个体呈现某种生物反应强度之间的关系；② 某一污染物的剂量与群体中出现某种反应的个体在群体中所占比例。剂量-反应评估是在各种调查和实验数据的基础上估算出的，故以人类的流行病学资料为首选，另敏感动物的长期致癌实验资料也极为重要。在无这两种资料的情况下，不同种属、性别、剂量、暴露途径的多组长期致癌实验结果，亦可用来估算剂量-反应关系。对于有阈化合物，未观测到有害效应剂量水平（NOAEL）是对无遗传毒性物质进行风险评估时常使用的一个参考点，通常采用人类终身每日摄入该外来化学物而不引起任何可见损害作用的剂量（ADI）作为指标。由于现有的数据库资料来源，其实验并不是为建立 ADI 而设计，因此在剂量-反应评估的过程中要在毒理学数据库中找出既有合适观察终点又有恰当染毒时间的实验结果较为困难，在此情况下需建立新的实验确定 ADI，或者通过实际摄入量和临时建立的 ADI 之间的大小，来判断是否需要进行新实验。孟丽苹等对全国范围内自来水厂中的 9 种卤乙酸进行监测，结合小鼠饮水暴露的毒性数据评估后提出新的水厂出水 TCAA 的健康指导值为 20 μg/L；在风险评价基础上，建议我国饮用水二氯乙酸和三氯乙酸的标准修改为 16μg/L 和 20 μg/L。郑丙辉等通过对 2000—2010 年中国突发性水污染时间的统计分析，建立水污染时间污染物安全阈值计算方法，并提出以《地表水环境质量标准》（GB 3838—2002）这一慢性暴露标准作为水污染事故应急处理依据，可能夸大了时间危害性。隋海霞等应用毒理学关注阈值（TTC）对中国人群膳食中低暴露量化学物 DEHP 进行风险评估，并以传统评估方法进行验证，结果发现差异不大。

NOAEL 适用于所有存在阈值的毒理学效应，而对于没有阈值的毒理学效应或污染物既有遗传毒性又有致癌性的情况下，基准剂量（BMD）可为暴露限值提供更有价值的参考。BMD 方法扩展了动物实验或者观察流行病学研究获得的剂量-效应数据的适用范围，更好地描述潜在风险的特征并量化。田琳等对慢性铅接触者引起肾损伤的生物接触限值进行了估算，选择 135 名蓄电池厂工人作为铅接触者，对其血铅浓度与尿总蛋白（TP）、尿β_2-微球蛋白（β_2-MG）和尿 N-乙酰-β-D-氨基葡萄糖苷酶（NAG）浓度关系进行分析，并分别以尿 TP、尿β_2-MG 和尿 NAG 为指标计算引起肾损害的血铅 BMD 和 BMDL 值。江兰对广东某厂锰接触工人尿锰剂量及其心电图异常率的剂量-效应关系进行研究，估算出其尿锰含量的基准剂量和基准剂量下限值。赵焕虎等将基准剂量在镉性肾损伤健康风险评价的相对敏感指标的确定应用中发现，对于肾早期损伤的判断，暴露指标尿镉优于血镉。顾刘金等应用 BMD 分析咪鲜胺锰盐 SD 大鼠亚慢性毒性，估算其基准剂量，结果发现估算值较高于 NOAEL。王烁等对汕头市氟病区儿童尿氟（UF）含量与血清碱性磷酸酶（AKP）活性的相关性进行分析，并以血清碱性磷酸酶活性为指标计算尿氟 BMD 和 BMDL 值。不难发现 NOAEL 和 BMD 方法是依赖于某个实验，因此其误差和不确定性较大。在人群的健康风险评价中，靶器官放射性测试和毒性作用方式是污染物质基准剂量推导和健康风险评价的基础。

对无阈化合物多采用毒理学传统的剂量-反应关系外推模型，即通过动物实验数据资料外推到人体的剂量-反应关系，通常采用体重、体表面积外推法或安全系数法。从高剂量向低剂量外推时，可选用耐受分布模型（包括威布尔模型、对数正态模型和概率单位模型）、机制性模型（包括单击模型、多击模型、多阶段模型、线性多阶段模型、随机二阶段模型），以及一些新发展的模型（包括肿瘤出现时间模型、生理毒代动力学模型和生物学为基础的剂量反应关系模型）。利用这些模型外推到实验剂量范围以下时，正常所得到的预测值与反应值之间的差别可达几个数量级，因此需要根据无阈化合物的特性及收集到的有关资料谨慎选择模型。目前多阶段模型是 US EPA 使用最多的外推模型。表 4-3 为无阈化合物低剂量-反应外推模型。黄德寅、张倩等先后用 ERDEM 软件构建苯的生理药代动力学模型，结合数据库进行新 PBPK 模型的建立，结合了数据库流行病学资料、哺乳动物实验结果以及人体毒理学研究，建立了暴露时间-剂量-效应关系。目前中国许多科学家开始使用分类回归法，综合多组实验数据，构建暴露时间和浓度为变量的剂量-效应关系，生理药代动力学模型能够模拟提供靶位的暴露剂量，由高剂量作用推导到低剂量作用，可由体外测试推导到体内测试，以及物种间的推导，是健康风险评价的发展目标，也是风险评价研究中的重要发展方向之一。熊成香也利用 PBPK 模型，对二甲苯进行种间类推，并制定了参考剂量。

然而，无论是有阈、无阈化合物（表 4-3），或者何种剂量-效应评价方法，均是在流行病学调查与实验数据的基础上通过模型估算出来的。在对剂量-效应关系不断深入研究的基础上，一些国家和部门构建了针对环境中各种污染物质的毒理学数据库。US EPA 的 IRIS，包含了 540 多种化学物质的致癌效应与非致癌效应毒理学数据。美国加州环保局环境健康危害评估办公室（OEHHA）构建了毒性标准数据库，包含了 400 多种化学物质的毒性资料。中国在此类基础数据的收集和毒理学数据库的建立上尚有欠缺。

表 4-3　无阈化合物低剂量-反应外推模型

类别	名称
耐受分布模型	威布尔模型（weibull model）
	对数正态模型（logit model）
	概率单位模型（probit model）
机制性模型	单击模型（one-hit model）
	多击模型（multi-hit model）
	多阶段模型（multistage model）
	线性多阶段模型（linearized multistage model）
	随机二阶段模型（stochastic two-stage model）
新发展的模型	肿瘤出现时间模型（time-to-tumor occurrence model）
	生理毒代动力学模型（physiologically based pharmacokinetic models，PB-PK）
	生物学为基础的剂量-反应关系模型（biologically based dose-response model）

4.3.3　暴露评价

4.3.3.1　暴露评价方法

暴露评价是确定或者估算暴露量的大小、暴露频率、暴露的持续时间和暴露途径。关于暴露情况的收集主要分为直接法和间接法。直接法包括个体监测和生物监测。个体监测是测量一定时间内个人身体接触污染物平均浓度的方法。如吉田和 Coulta 等利用个体监测法对汞作业的人员和暴露于烟雾环境中的工人进行 24 h 采样监测，但是此种方法受采样器材和样本数量的限制性较大，使用随机抽样监测不确定性也较大，中国并未广泛使用。生物监测法即生物标志物法，是一种直接监测生物介质中污染物内暴露的重要方法。通过皮肤、血液、唾液、头发、指甲和母乳等人体生物样本的取样监测，反映出多暴露途径进入人体的暴露剂量。对于急性毒性，目前国际上普遍认为生物标志物法暴露评价结果比较精准；对于长期的慢性毒性，污染物本身的半衰期及其人体本身的代谢作用直接影响其结果的准确性。生物标志物可以反映暴露早期的生物学或生理学改变。段小丽等对多环芳烃的生物标志物展开了相关研究，发现尿中的 1-OH-py、3-OH-B[*a*]P 的比值可以定量评价人体暴露 PAHs 肺癌风险的模型。王红梅、杨彦等用 8-OH-DG 反应和 DNA 氧化应激水平作为电子废弃物拆解人群的 Pb、Cu 等重金属污染物暴露的生物标志物，建立了剂量-效应关系。尽管生物标志物在健康风险评价中起着关键性的指示作用，但是由于其测定困难，花费高，特异性不够显著，灵敏度不够高等缺陷暂时还无法取代其他方法。

间接法是多数研究中常使用的暴露评价方法，是通过对污染物浓度的监测，对不同人口学特征人群在不同环境介质中的暴露时间和频率进行调查、统计，估算人群的实际暴露浓度，以评估健康风险。中国科学家使用该法对各种环境介质中的污染物通过不同的暴露途径进入人体的健康风险进行了科学评估。随着近年来对健康风险评价研究的不断深入，许多研究发现经口暴露途径的暴露剂量不容忽视，且从口摄入的污染物经过口腔、食道、胃、小肠、大肠被人体所消化、吸收、转化或排出体外，其中小肠吸收的污染物进入肝脏从而进入内循环。污染物及其代谢物在人体内通过蓄积、代谢和排泄三种方式进行迁移转化，许多科学家认为污染物在胃肠道消化过程中从基质（食物、水、土壤等）释放到胃肠液中的量与总量的比值表示了基质中污染物能被人体吸收的相对量，也是人体可能吸收的最大量，并称之为生物有效性。李俊岭等通过离体实验模拟人体消化过程，利用其生物有效性对上海地区各种介质中PCBs 的暴露风险进行了评估。崔岩山等通过比较多种体外实验（in vitro）方法对土壤中的重金属污染物的生物有效性进行了评价，从而评估对人体健康的影响。

除了上述方法之外，国际上越来越多的研究尝试将地理信息系统（GIS）技术应用于暴露评价的研究中，发展了许多将暴露模型和 GIS 技术相结合的方法和手段。如 Belllander 等在斯德哥尔摩市大气污染与肺癌相关关系的研究中，将基于排放源资料的大气扩散模型与 GIS 技术相结合，对该市的大气污染水平进行了较精准的评估。中国的环境风险评价研究中，也有关于 GIS 技术相结合的报道，如《基于环境风险分区的布局优化调整决策支持方法》（申请号 201110194180.8，公开号 102314549A）。

4.3.3.2 暴露评价模型

近年来，国外发达国家在暴露评价模型方面发展较快，US EPA 于 1987 年成立暴露评价模型中心（CLEM），提出了针对不同来源和不同介质中污染水平的评价模型，其中多介质模型包括 MINTEQA2、MMSOILS、3MRA 和 MULTIMES 等。欧盟联合研究中心启动欧盟化学物风险信息系统项目（EIS-ChemRisks），开发了具体场景下的暴露模型（ExpoModels）。此外，欧洲各国也随着暴露评价研究的开展，开发了针对土壤污染的人体暴露估算模型，如：美国的 RBCA 模型、荷兰的 CSOIL 模型、丹麦的 CETO 模型、英国的 CLEA 模型、意大利的 ROME 模型以及比利时的 Vlier 模型等，其中 RBCA、CLEA 和 CSOIL 三种模型使用最为广泛，其暴露情景及暴露途径见表 4-4。

表 4-4 CLEA、CSOIL、RBCA 模型暴露情景及暴露途径

模型		CLEA	CSOIL	RBCA
暴露情景		住宅用地，商业及工业用地，配给的土地	住宅用地，儿童玩耍场所，菜地，不含农场的农业用地，自然界，用于运动娱乐的绿地和公园，其他绿地、建筑物、基础设施和工业用地	住宅用地，工业与商贸用地，农业用地
土壤	土壤颗粒摄食（室内）	√	√	√
	土壤颗粒摄食（室外）	√	√	√
	吸入土壤颗粒（室内）	√	√	√
	吸入土壤颗粒（室外）	√	√	×
	皮肤接触（室内）	√	√	×
	皮肤接触（室外）	√	√	√
水	饮水暴露	×	√	√
	皮肤接触（洗澡）	×	√	×
	吸入蒸汽（洗澡）	×	√	×
空气	挥发蒸汽（室外）	√	√	√
	挥发蒸汽（室内）	√	√	√
其他	作物摄食	√	√	×

注：√ 表示该途径存在；×表示该途径不存在。

中国在《污染场地风险评估技术导则（报批稿）》中也提出了基于多介质的暴露模型，但由于起步晚，在暴露模型方面，多是引用国外较为成熟的模型，建立多暴露途径、复合污染的暴露评价模型也成为中国健康风险评价工作需要解决的关键问题。

4.3.3.3　暴露参数

人体的暴露参数是环境健康风险评价中的主要因子，暴露参数选择的准确性是决定健康风险评价准确性和科学性的关键因素之一。由于暴露参数具有明显的地域和人种特点，世界各国在完善健康风险评价方面，将暴露参数作为重要的一项工作来开展。美国是世界上最早开展暴露参数研究并发布暴露参数数据库和手册的国家。US EPA 在 1989 年发布了第一版《美国暴露参数手册》，并于 1997 年进行了修订，且在 2002 年编写了专门的《儿童暴露参数手册》，并于 2008 年 9 月正式发布。此外 US EPA 还发布了一系列的配套手册，如《社会人口学数据》、《暴露参数概率分布发展可选方法》和《食品摄入分布》等，这些参数手册在美国的风险管理和风险决策的制度中发挥了重要作用。欧盟在美国暴露参数手册的基础上，通过为期 4 年的研究，开发了适合欧洲居民特点的暴露参数数据库，建立了 ExpoFact 暴露参数数据库，并于 2007 年启动，成为欧洲各国环境暴露和风险评估研究的重要参考。亚洲国家日本和韩国分别于 2007 年、2009 年发布了本国的暴露参数手册，但是《日本暴露参数手册》只是提供了简表和参数解释；韩国是基于本国居民人体特征，在《美国暴露参数》框架上的优化编制。目前中国无论是卫生部门还是环保部门，均未发布一套标准或者手册供参考，国内学者在进行人体暴露和健康风险研究中主要是引用国外的一些资料。因此国家环境保护部发布的“十二五”环境与健康工作规划中将“发布《中国人群暴露参数手册》”作为主要任务。目前，国内已开展了大量调查工作，卫生部分别于 1959 年、1982 年和 1992 年开展了 3 次全国范围的营养调查工作，又于 2002 年在全国开展“中国居民营养与健康状况的调查”。中国疾病预防控制中心（CDC）于 1989—2004 年与美国北卡罗来纳大学合作的“中国健康与营养调查项目”，对 9 省 2 万人的膳食和营养状况进行了调查。此外，近年来国内学者积极开展了暴露参数的研究工作。王宗爽等采用呼吸速率的能量估算方法，对中国居民呼吸速率进行了研究；向明灯等通过实测的方法对太湖某饮用水源地附近居民经口暴露参数进行了研究，并与美国、日本人群暴露参数进行了比较；杨彦等在针对太湖流域（苏南地区）人群和浙江沿海温岭地区人群，采用问卷调查及实测两者结合的方法对调查对象的基本参数（身高、体重），皮肤、呼吸、饮食饮水以及活动行为模式等暴露参数进行了细致的调查分析。然而在暴露参数优化方式上，国内多使用 US EPA 推荐的计算模型方法或者仅使用其推荐的方法。如皮肤暴露参数中最为主要的皮肤体表面积计算形式上，许文生于 1928 年提出了计算体表面积的 Stevenson 模型，此后国内生理学大多采用这一模型，1999 年胡咏梅等对该模型进行了模型系数优化。在环境与健康领域，也有研究人员运用该模型优化皮肤暴露参数。杨彦等在近期研究中采用覆盖法对中国 1 008 个男性成人样本进行体表面积实测，分别建立了最新的中国男性体表面积估算的非线性 DuBois 模型和 Stevenson 模型，比较两者发现新建的 DuBois 模型更加适合中国人群，同时万素贞等也认为非线性的 DuBois 模型更适用于中国人。

4.3.4 风险表征

风险表征是健康风险评价中在总结前期结论的同时，综合进行风险的定量和定性表达，也是风险评价和风险管理的桥梁，是最后决策中最关键的步骤。由于致癌物和非致癌物的化学毒性不同，在评价时应分别考虑致癌效应和非致癌效应。表征潜在非致癌效应，应进行摄入量与毒性之间的比较；潜在的致癌效应，应根据摄入量和特定化学剂量反应资料评估个体终身暴露产生癌症的概率。

4.3.4.1 风险计算方法

非致癌参考剂量（RfD）被国际上公认为是用来衡量可能效应的一个参考点，通常认为低于 RfD 的暴露剂量不可能产生有害健康的效应，随着超过 RfD 的频率和幅度的增加，在人群中发生有害效应的频率也随之增加。在进行风险表征时，通常使用商值法和暴露剂量-外推法。对于非致癌物，商值法模型是将日均暴露剂量与化学物质 RfD 进行比值评分，对照评价标准评定其非致癌风险是否在可接受的范围内。对于致癌的化学物质，USEPA 推荐的方法是利用数学模型确定风险的上界而不估算真实风险，所以常用线性多阶段模型来确定风险上界。该法费用较低，实验简单，毒理指标易得，在健康风险评价研究初期使用较多，但随着研究的深入，科学家们越来越致力于风险值的准确获得。

暴露剂量-外推法有 2 种表征和评价方法：个人最大超额风险和人群超额病例数。个人最大超额风险评估法指在一定期间内以一定暴露水平连续暴露于某有害因子时，该有害因子对暴露个体造成的最大超额风险。该模型也是近年来使用最多，应用领域最为广泛的风险计算模型。人群超额病例数风险评价法是在一定暴露水平暴露于某有害因子时，该有害因子对暴露人群造成的超额病例数。范春等采用该法对 S 江水中有机毒物对特定人群年平均患肝癌超额病例数进行了风险估算。张晶等对干洗剂四氯乙烯（TCE）的直接暴露人群的超额病例数进行了计算。但该方法需要使用个体终生患癌超额危险度及个体年平均患癌超额危险度等多个参数，增加了其不确定性；近年来在健康风险评价的过程中较少使用。

4.3.4.2 可接受暴露限值

可接受风险水平是综合考虑社会、经济和技术等诸多因素得到的评判环境污染所致人体健康风险是否可接受的标准。国际上一些国家、地区和机构规定了健康风险评价中的最大可接受风险水平，但其可接受暴露限值各有差异。中国尚未制定此类限值，在使用时大多使用国外限值，主要为瑞典环保局、荷兰建设环保部和英国皇家协会推荐的可接受健康风险水平 $1\times10^{-6}\ a^{-1}$，US EPA 推荐的健康风险水平 $1\times10^{-4}\ a^{-1}$，以及国际辐射防护委员会（ICRP）推荐的最大可接受风险 $5\times10^{-5}\ a^{-1}$。

4.3.4.3 不确定性分析

根据 US EPA 对不确定性定义，不确定性是指对评价参数、模型和特定细节认知的缺乏。不确定性是风险评价的专用名词，指对所研究的系统目前和将来状态的认识不完全。在环境风险评价中，不确定性很大，故在研究中要确定对不确定性贡献最大因素和假设，而不是精确定量风险评价的不确定性程度。

风险评价中的不确定性主要分为三类：参数的不确定性、模型的不确定性和情景的不确定性。参数的不确定性即环境污染与健康损害调查过程中存在的测量误差、取样误差和系统误差，一方面，数据是否完善以及各种参数是否能反映环境污染对人体健康的影响；另一方面，利用动物毒理学的数据外推到人的有害效应，通常要经历从高剂量到低剂量外推，从动物向人外推的过程，由于种间及种内存在着易感性差异，造成了一定的不确定性。模型的不确定性是指由于对真实过程的简化，使得错误说明模型结构、模型误用以及使用不当的替代变量，即不合适的模型表达等。情景的不确定性是由于缺少足够数据和信息而难以完整的确定暴露和剂量的水平，其来源主要有对时间和空间近似和假设而造成的误差和前两者不确定性造成的误差。

不确定性分析是指对数据收集和调查、毒性评价和暴露评价的不确定性进行定性或定量表达，如所收集数据的可靠性、评价模型中某些假设、输入参数的不确定性和可能发生的概率事件。不确定性的来源、类型和性质虽然复杂，但可通过数学、实验等方法避免，也可通过定量或定性分析减少不确定性，如泰勒简化法、概率树法、贝叶斯法和蒙特卡罗法。张应华等利用可传递参数差异的蒙特卡罗方法，对水源地石油污染等进行研究，分析了苯污染经过呼吸和饮水暴露途径造成人体健康风险的不确定性，量化了不确定性因素影响的人体健康风险水平。表 4-5 为不确定性分析的参数统计模型（部分）。

4.4　环境健康风险评价的发展趋势

世界卫生组织（WHO）在 US EPA 和世界经济合作与发展组织的协助下，于 2001 年制定了健康和生态综合评价框架。相对于生态风险评价，人体健康风险评价的方法已基本定型，中国环境健康风险评价研究，其主要发展趋势有：

- ❖ 由单一污染物的风险进一步考虑复合污染的健康风险，由单环境介质行为向多介质作用过程的方向发展。尽管国际上对于复合污染的环境表征研究已经开展了较长的时间，然而对于其健康效应的相应机理尚缺乏系统研究。近年来国际上已经有研究致力于不同环境介质中两种以上复合污染物的拮抗、协同和加和等作用，但对于其对应的剂量-效应关系或毒理学效应的研究仍然薄弱。
- ❖ 人体环境污染的暴露途径多样，生物放大效应较复杂，而目前我国的环境健康评价研究在食物链生物放大作用方面还显不够。
- ❖ 化合物总是以不同的形态存在于环境中，国际上已有诸多报道发现并不是化合物的所有形态都会对生物体产生影响或危害，在对其健康风险评估时应考虑污染物不同形态对人体健康的不同影响。近年来中国科学家已经开展了对基于化合物生物有效性的暴露评价的研究，但仍需要开展体外到体内、高剂量到低剂量，以及物种间的推导等研究。
- ❖ 将健康风险评价的范围扩大到生物层面，提出行为生态毒理学的概念，并对多种生物的不同条件（包括自然条件变化和人为影响等）下的生活习性及行为变化进行研究，国际上有科学家通过代谢组学的方法对生态环境中一些胁迫因素（温度、饥饿等）对生物体的影响开展了一系列研究，但我国针对环境污染物的健康效应研究工作的报道较为鲜见。

表 4-5 部分不确定性分析的参数统计模型

分布模型	PDF	CDF
Normal/Gaussian	$f(x)=\frac{1}{\sigma\sqrt{2\pi}}e^{-\frac{(x-u)^2}{2\sigma^2}}\quad \sigma>0$	非封闭图形
Lognormal	$f(x)=\frac{1}{\phi x\sqrt{2x}}e^{-\frac{(\log x-\xi)^2}{2\phi^2}}\quad \phi>0, x>0$	非封闭图形
Exponential	$f(x)=\lambda e^{-\lambda x}\quad \lambda>0, x>0$	$f(x)=1-\lambda e^{-\lambda x},\ x>0$
Weibull	$f(x)=\frac{\alpha}{\beta}\left(\frac{x-\gamma}{\beta}\right)^{\alpha-1}\exp\left[-\left(\frac{x-\gamma}{\beta}\right)^{\alpha}\right]$ $x>\gamma, \alpha>0, \beta>0$	$f(x)=1-\exp\left[-\left(\frac{x-\lambda}{\beta}\right)\right]$ $x>\gamma, \alpha>0, \beta>0$
Gamma	$f(x)=\frac{(x-\gamma)^{\alpha-1}}{\beta^{\alpha}(\alpha)}\exp\left[-\left(\frac{x-\gamma}{\beta}\right)\right]$ $x>\gamma, \alpha>0, \beta>0$	非封闭图形
Beta	$f(x)=\frac{\Gamma(\alpha+\beta)}{\Gamma(\alpha)+\Gamma(\beta)}(\theta-x)^{1-\alpha-\beta}(x-\gamma)^{\alpha-1}(\theta-x)^{\beta-1}$ $\theta>x>\gamma, \alpha>0, \beta>0$	非封闭图形
Uniform	$f(x)=\frac{1}{\beta-\alpha}\quad \beta>x>\alpha$	$f(x)=\begin{cases}0, x\leqslant\alpha\\ \frac{x-\alpha}{\beta-\alpha}, \alpha\leqslant x\leqslant\beta\\ 1, x\geqslant\beta\end{cases}$
Triangular	$f(x)=\begin{cases}\frac{2(x-\alpha)}{(\beta-\alpha)(\gamma-\alpha)}, \alpha\leqslant x\leqslant\gamma\\ \frac{2(\beta-x)}{(\beta-\alpha)(\beta-\gamma)}, \gamma\leqslant x\leqslant\beta\end{cases}$	$f(x)=\begin{cases}\frac{(x-\alpha)^2}{(\beta-\alpha)(\beta-\gamma)}, \alpha\leqslant x\leqslant\gamma\\ 1-\frac{2(\beta-x)^2}{(\beta-\alpha)(\beta-\gamma)}, \gamma\leqslant x\leqslant\beta\end{cases}$
Poisson	$f(x)=\frac{\lambda^x e^{-\lambda}}{x!}, 0\leqslant x\leqslant\infty, \lambda>0$	$f(x)=\sum_{i=0}^{n}\frac{\lambda^i e^{-\lambda}}{i!}, 0\leqslant x\leqslant\infty, \lambda>0$
Binomial	$f(x)=\binom{n}{x}p^n(1-p)^{n-1}$	$f(x)=\sum_{i=0}^{n}\binom{n}{i}P^i(1-P)^{n-1}$

- 目前国际上进行环境健康风险的评价多是对有毒有害化学物的研究，而环境污染非化学因子对人体健康的不利影响研究较为鲜见，中国科学家对非化学因子的健康风险研究仅见放射性物质及肠道病毒的研究，但样本量较低并未进行受体健康损伤程度的分析。因此，应深入考虑非化学因子污染对生物健康效应的影响。
- 环境健康风险评估过程中的三类不确定性研究仍是风险评价的基础研究，针对暴露参数，我国正在全国多区域开展暴露参数调查；对于人群及其活动、时空信息、局部环境和暴露途径等，于云江等制定的《环境污染的健康损害调查方法与技术规范》中提出了对质量控制的规范方法，降低了情景的不确定性。而评估模型的不确定性将是我国环境健康风险评估研究的下一个研究重点。

第二篇

环境与健康主要研究机构

第5章　国外环境与健康主要研究机构

工业革命在给人类社会带来巨大生产力的同时，也使人类赖以生存的环境遭到前所未有的破坏，给人类身体健康和生存繁衍造成了巨大的威胁和危害。这些问题已成为社会的关注热点，引起了世界各国的高度重视。目前，由大气、水和食物污染造成的公害病和各种急、慢性病已经呈现出急剧增长的态势。据统计，全世界平均每年发生200多起严重的化学污染环境公害事件。现代流行病学研究证实，70%～90%的人类疾病与环境污染有关，与环境有关的疾病如肿瘤、心血管疾病和脑血管疾病等发病率逐年递增，连同呼吸系统疾病、职业病、公害病在内，由上述疾病引起的死亡率已经占总死亡率的90%以上。随着工业化的发展，污染物成分逐渐呈现多样化、复杂化的趋势，人类疾病构成亦随之发生改变。例如，20世纪后50年，我国疾病谱和死因谱发生了根本性的变化，影响人们健康的主要疾病由过去的传染病转变为非传染病。这些严酷的事实迫使管理者和科学家更加关注环境对人类健康的影响问题。

各国政府及民间组织也积极开展了环境与健康领域的研究工作，以应对全球严峻的环境污染态势。近年来，由世界卫生组织、联合国环境规划署和亚洲发展银行等发起并主办的环境与健康行动计划，以加强区域合作和部门合作为目的，广泛地开展政府与学术界以及政府与社会的合作，进而确定环境与健康优先领域和突出问题，建立区域论坛，加强对话与行动，积极应对挑战，保护环境和健康。

欧盟委员会在环境与健康领域的立法、科研和管理中开展了一系列较为深入的研究和探索，取得了很多值得我们借鉴的成果。欧洲环境署、世界卫生组织和一些国家调查机构在报告中指出，环境与健康之间的相互作用远比人们认识到的密切和复杂，尤其是在人体和环境中，都存在着不同污染物的交互作用。由于污染物在环境介质（水、土壤、大气等）中的弥散转化，人们通常暴露在污染物复合影响的环境中，而目前环境与健康的管理手段、环境评估、标准设立以及科学研究，只是集中于单一环境里的单一污染物，没有考虑到复合影响。基于这些问题，欧盟委员会于2003年制定了《欧洲环境与健康战略》，从立法、政策实施、科研和管理等方面，加强对日益复杂的环境和健康关系研究，以弥补环境与健康关系之间的空白，并试图通过建立完整的政策框架，从整体上保护社会和环境的健康安全。同时，欧盟管理政策与欧盟环境立法始终以健康标准、监测系统和控制一切威胁人类健康的因素为基础，其主要的领域就是化学品，包括二氧化物、聚氯化物、内分泌干扰物、农药、空气污染物以及水污染物，同时还包括噪声、废物、主要工业污染源及离子辐射等。另外，欧盟通过立法加大对公众环境与健康的教育力度，增强公众的环境保护意识。

世界卫生组织欧洲合作中心（WHO/EUROPE Collaborating Centers）针对环境与健康

的研究，在欧洲不同国家均设有不同的组织机构。这些机构分别以联合、开放和合作的方式开展一系列环境与健康领域的工作。

5.1 世界卫生组织在欧洲区的研究机构

5.1.1 比利时

WHO 在比利时（Belgium）的机构主要有饮水安全及处理总部（Drinking Water Safety and Treatment NSF International），自 1944 年以来，NSF 主要从事产品认证、制定标准和执行审核以保证食品、水和消费品的安全。作为一个非营利性组织，NSF 的合作方包括工业界、政府管理机构和消费者。NSF 的专业人员包括微生物学家、工程师、化学家、毒理学家以及具有在公共机构和私人组织中具有丰富的环境健康经验专家。NSF 由五个部门组成：事业部、国际部、客户部、协调部和培训部。NSF 制定的标准和方案包括膳食补充剂认证方案、饮用水处理装置、食品设备、良好操作规范（GMP）、瓶装水和袋装冰认证方案、非食品化合物注册方案、水处理和水配送系统、泳池和浴池设备以及管道系统等。

5.1.2 丹麦

WHO 在丹麦（Denmark）设有三个不同的机构，分别为水质量安全评价与控制机构（Water Quality Assessment & Control Water）、疾病预防与控制机构（Disease Vector Control in Sustainable Development）和健康城市培训中心（Centre for Healthy Cities Training (Horsens)），这些机构针对环境与健康的不同方面开展了广泛的工作，其中 Horsens 1987 年加入联合国主办的 WHO 卫生城市计划，该计划是对所有参加城市提出健康计划和健康项目，并坚持对项目实施过程和结果进行评估。此计划从 2003—2008 年开展的工作主要涵盖四个方面：健康城市计划、健康进行、健康风险评价和积极生活。

5.1.3 芬兰

WHO 在芬兰（Finland）设有芬兰辐射与核安全中心（Radiation and Nuclear Safety（STUK））（http：//www.stuk.fi/en_GB/）。

STUK 是一个集权威调解部门、研究中心与专业组织于一体的机构，其使命是保护公众、社会、环境和后代免于辐射毒害。STUK 隶属于社会事务与健康部门，被授予的权限包括对芬兰使用的核能安全问题作出规定及根据相关要求对核电站的产品进行控制，还负责在健康、工业和研究教育等领域制定放射源及放射物质的使用规范。所属 STUK 的研究部门从事放射物质的使用、发生及放射效应的研究。

5.1.4 法国

WHO 在法国（France）设有流行病预防、风险评价和健康监督研究所（Epidemiological Surveillance，Risk Evaluation and Observation of Health）（http：//www.invs.sante.fr/）、健康城市计划中心（Healthy Cities）、环境放射中心（Environmental Radiation）、放射病研究中心（Radiopathology）、甲状腺放射学研究中心（Study of the Radiobiology of the Thyroid）

和水与卫生研究中心（Water and Sanitation）。

流行病预防、风险评价和健康监督研究所（Epidemiological Surveillance，Risk Evaluation and Observation of Health）（http：//www.invs.sante.fr/）的工作核心在于地方病的监测，同时，它还致力于卫生监督、公共卫生和流行病学调查等活动。其工作与研究内容包括以下几个领域：①恶性传染病方面，指各类传染性疾病，如 VIH 感染、肝炎、结核、可遗传性恶性病、食品及动物传播的寄生虫病、抗生素的耐药性传播、呼吸系统传播疾病、流感和恶性热带病等预防；②环境卫生方面，对空气污染、化学品污染暴露评价、重金属污染效应、噪声与健康效应关系以及气候变化与健康关系的调查；③职业卫生方面，对职业与癌症的关系、可吸入颗粒物（如石棉）的毒性效应和职业暴露引发的疾病进行研究；④恶性持久性损伤方面，对癌症、心血管类疾病、糖尿病、营养性疾病、呼吸类疾病、精神疾病及罕见疾病的调查研究等。

5.1.5 德国

WHO 在德国（Germany）设有以下几个研究机构，分别为空气质量管理与污染控制机构（Air Quality Management & Air Pollution Control）、德国水、土壤和空气卫生与健康研究所（Institute of Water，Soil & Air Hygiene of the Federal Health Office（WABOLU））及环境与健康信息中心（Information on Environment and Health）。

环境与健康信息中心旨在提高环境与健康领域的信息交流，主要有 Robert Koch 研究所，其任务是传染病控制、监控突发性疾病及对公众进行风险预测，从而有效地保护公众健康，并提供各种信息，以满足公众的健康防护知识。

5.1.6 匈牙利

WHO 在匈牙利（Hungary）设有水资源保护研究中心（Water Resources Protection Research Center for Water Resources Development（VITUKI））。

5.1.7 意大利

WHO 在意大利（Italy）设有多个合作中心，涉及环境与健康领域研究的主要有甲状腺癌与其他甲状腺类疾病诊治中心（WHO Collaborating Centre for the Study and Treatment of Thyroid Diseases and Other Endocrine and Metabolic Disorders）和职业卫生中心（WHO Collaborating Centre for Occupational Health）等。

5.1.8 荷兰

WHO 在荷兰（Netherlands）设有地理信息系统在环境与健康领域的应用研究中心（Applications，Research & Training for Geographical Information Systems in Environment & Health）、给水安全与卫生中心（Community Water Supply and Sanitation）、疾病控制与环境管理免疫毒理与过敏研究中心（Environmental Management for Vector Control、Immunotoxicology and Allergic Hypersensitivity）、环境健康城市发展中心（Environmental Health Urban Development）、化学品污染事故的健康效应（Health Aspects of Chemical Accidents）以及健康城市研究（Research on Healthy Cities）等机构。

5.1.9 波兰

WHO 在波兰（Poland）设有环境健康的健康影响评估研究所（Health Impact Assessment and Training in Environmental Health）。该所针对波兰在环境健康领域所承担的国际义务，在波兰境内开展环境健康计划、国家环境健康行动计划、当地居民环境健康计划、长期政府的环境健康计划、WHO/DEPA 环境健康计划、环境健康影响评价和完整的环境健康监测等。

5.1.10 俄罗斯

WHO 在俄罗斯（Russian）设有国家环境信息学与医学遗传学研究中心（Environmental Cytogenics National Research Centre of Medical Genetics）、紧急放射事故处理中心（Radiation Emergency of Medical）和放射流行病学研究与培训机构（Research & Training on Radiation Epidemiology）。

5.1.11 西班牙

WHO 在西班牙（Spain）设有石油毒性综合征与罕见病研究中心（Toxic Oil Syndrome and Rare Diseases Research Centre），其主要由环境疾病的临床流行病学研究中心和人类资源发展中心两个部门组成。

5.1.12 瑞士

WHO 在瑞士（Switzerland）设有以下几个环境健康领域机构：日内瓦大学的人类生态学研究中心（Centre for Human Ecology University of Geneva http：//ecolu-info.unige.ch/research/OMS/）、环境媒介生物的控制与管理（Environmental Management for Vector Control）、辐射和甲状腺流行病学研究所（Study of the Epidemiology of Radiation and Thyroid Disease）等。

日内瓦大学的人类生态学研究中心（Centre for Human Ecology University of Geneva http：//ecolu-info.unige.ch/research/OMS/Centre universitaire d'écologie humaine et des sciences de l'environnement）是世界卫生组织关于人类生态学和农村城市发展中的健康问题研究的合作中心，目前研究的主要方向为农村政策和复杂的社会问题对健康的影响；核心围绕着欧洲城市居民的健康开展一系列评价工作，如农村经济和环境政策之间的联系以及它们对人体健康的影响，欧洲区域的特殊社会（农村居民、外来移民和无家可归者）问题及人群健康问题，以提高全社会对这类问题的关注度；研究目的是针对城市中社会不平等和一些问题发生率提出解决措施，引起公众的关注。

5.1.13 英国

WHO 在英国（United Kingdom）设有以下几个组织机构：环境健康标志物的发展、应用和评价机构（Development，Application & Evaluation of Environmental Health Indicators）、饮用水和水污染的控制机构（Drinking Water and Water Pollution Control）、环境媒介生物的控制和管理机构（Environmental Management for Vector Control）、欧洲环境

健康的管理中心（Environmental Health Management in Europe）、环境健康的提高和生态学机构（Environmental Health Promotion and Ecology）、环境健康风险评价和交流机构（Environmental Health Risk Assessment and Communication）、地下水质量评价和保护机构（Ground Water Quality Assessment and Protection）、健康城市和健康防护机构（Healthy Cities and Primary Health Care）、诺丁汉公共卫生学院（School of Community Health Sciences）、饮用水质量的保护和人类健康机构（Protection of Drinking Water Quality & Human Health）以及环境流行病学的研究、训练和合作中心（Research，Training & Coordination in Environmental Epidemiology）。

（1）饮用水和水污染的控制机构（Drinking Water and Water Pollution Control）

该机构主要提供环境方面有关水和废物的咨询，协助政府部门制定政策，同时也帮助一些组织提高操作效率和降低风险。研究内容主要包括：对管理和投资进行评估；能够在平衡危险的前提下提出有创意的技术；提供政策、法规和制度的支持；可以开展有效的管理研究和发展有用的技术。同时，该研究机构也开展世界范围内的许多化学物的评价，主要内容包括：人类健康风险评价（Human Health Risk Assessment）、环境毒理风险评价（Environmental Toxicology Risk Assessment）、环境中化学物的迁移转化（Fate and Behaviour of Chemicals in the Environment）和微生物风险管理（Microbial Risk Management）。

（2）环境媒介生物的控制和管理机构（Environmental Management for Vector Control）

该机构附属于英国的利物浦大学，主要研究领域是寄生物和其他的传染疾病，研究涉及分子科学、基因学、免疫学和传染病学。研究主要内容：热带传染疾病（Tropical and Infectious Diseases）、药物和诊断研究（Development of Drugs and Diagnostics）、临床实验（Clinical Trials）、媒介生物控制（Vector Control）、动物疾病的控制（Control of Veterinary Diseases）、儿童和生殖健康（Child and Reproductive Health）及健康服务的研究（Health Services Research）。

（3）健康城市和健康防护机构（Healthy Cities and Primary Health Care）

隶属诺丁汉公共卫生学院（School of Community Health Sciences），研究领域包括：流行病学与公共卫生、物理疗法教育、干预治疗、精神病学和复原与老龄化。

5.2 美国环境与健康主要研究机构

5.2.1 美国国家环境保护局环境与健康研究机构

美国国家环境保护局将环境健康研究放在了一个非常重要的位置上，在环保局的研究与发展中心下设两个与环境健康相关的实验室：国家暴露研究实验室（the National Exposure Research Laboratory，NERL）和国家健康与环境效应研究实验室（the National Health and Environmental Effects Research Laboratory，NHEERL），图 5-1 为美国国家环境保护局环境与健康研究组织结构图。

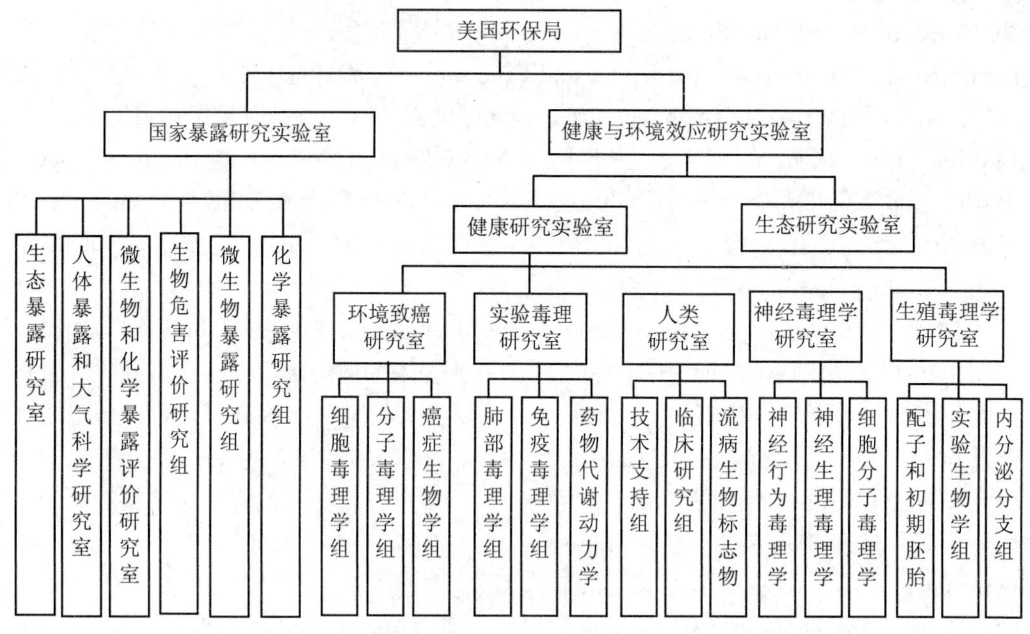

图 5-1 美国环保部门环境污染与健康研究机构图

5.2.1.1 美国国家暴露研究实验室

美国国家暴露研究实验室旨在建立、完善、提高人体和生态系统对环境污染物暴露的检测、评价以及预测方法，为国家、地方政府以及国外政府的经济政策等决策提供信息。实验室研究的一个重要部分是与其他实验室的合作研究，开展健康和生态效应的研究，以及开展风险管理和风险评价。

国家暴露研究实验室包括：生态暴露研究室、人体暴露和大气科学研究室、微生物和化学暴露评价研究室、生物危害评价研究组、微生物暴露研究组以及化学暴露研究组。

（1）生态暴露研究室

该机构的主要研究领域为：

- ❖ 生物损伤原因的诊断方法；
- ❖ 作为生态指示物的鱼和无脊椎动物的基因多样性；
- ❖ 内分泌干扰素、杀虫剂和其他物质暴露的分子指示物研究；
- ❖ 基因改良农作物的生态风险；
- ❖ 水生系统生态状况的指示物；
- ❖ 污染沉积的生态工具。

（2）人体暴露和大气科学研究室

主要目的是分析大气污染物从源到暴露受体过程中的运动和转化过程，表征人体对大气污染物的内部和外部暴露。主要研究领域包括：

- ❖ 大气研究：当前主要集中在颗粒物对人体健康的研究，包括人群暴露模型、高速路巡警的健康效应和高峰组人群的暴露评价。

❖ 人体暴露：当前主要研究儿童及其环境健康暴露研究，儿童对杀虫剂和其他持久性有机污染物的总暴露研究，人体暴露数据库系统开发，人体活动模式数据库开发，暴露评估模型开发以及城市空气扩散研究（污染物对人体暴露部分）。

（3）微生物和化学暴露评价研究室

包括三个研究组：生物危害评价研究组、微生物暴露研究组和化学暴露研究组。主要研究领域为：

❖ 测量、表征和预测人体对化学危险物和危险微生物的暴露量；
❖ 探索危害公共健康的污染物在环境中到达人体的途径；
❖ 定量测量和分析通过呼吸、摄入和皮肤等途径暴露的污染物的风险因子，调查和监测环境中危险化合物的浓度水平、暴露水平和暴露因子的来源；
❖ 建立无机物、有机物、危险微生物、病毒、真菌和原生动物的监测分析方法；建立流行病学方法，调查人体对污染物暴露的健康效应。

（4）生物危害评价研究组

主要研究领域包括：

❖ 研发和应用细胞培养方法识别病原体；
❖ 开发灵敏迅速的病毒和寄生虫检测方法，尤其针对目前没有标准检测程序的微生物；
❖ 应用扫描电子显微镜检测微生物，识别污染物并验证细胞培养和免疫测定结果；
❖ 通过个体暴露和环境监测确定病毒和寄生虫在群落中的流行性，确定微生物疾病和人群环境暴露水平的关系；
❖ 研发和建立标准化的能够预测病原体和污染源存在与否的指示系统，尤其强调人体排泄微生物；
❖ 开展生物危害检测，确定水、土壤和空气特殊病原体传播的生物危害基线。

（5）微生物暴露研究组

主要目的是识别和表征生物气溶胶和水环境中出现的病原体。主要研究领域包括：

❖ 识别、纯化和表征为生物毒素、过敏原和其他微生物产物（如 VOCs），检测人体对室内空气、饮用水和娱乐用水中上述物质的暴露；
❖ 建立细胞培养和基因探针方法检测环境中危险性微生物；
❖ 建立 DNA 指纹分析方法对比分析环境微生物和人体隔离微生物，建立血清学方法检测人体对微生物及其产物的暴露；
❖ 开展人体对微生物暴露的现场监测研究，利用环境监测技术建立暴露量和人体暴露反应的关系。

（6）化学暴露研究组

主要通过测量人体暴露和提供人体暴露数据来设计减少风险评价的不确定性研究；建立和完善水、固废、大气、食品和饮料中污染物的精密灵敏的分析方法，检测其中的无机物、挥发性和半挥发性有机物，以及非挥发性有机物，为开展暴露评价提供支持；建立人体对食品和饮料中有害物质暴露评价方法和程序，量化人体对危险性化学物质的暴露量。

需要说明的是生态系统研究室、环境科学研究室和大气模拟研究室都是为暴露研究提供基础的研究工作，如环境科学研究主要研究污染物在环境中的迁移、转化及其消亡过程，其研究成果将为暴露研究者分析该过程中人体等受体在每一个环节的暴露情况提供参考。

5.2.1.2 美国国家健康与环境效应研究实验室

美国国家健康与环境影响研究实验室（the National Health and Environmental Effects Research Laboratory，NHEERL）隶属于美国环境保护局研究与发展中心，共有 9 个研究室，其中 5 个健康研究实验室，4 个生态研究实验室。健康研究实验室包括人类研究室（Human Studies Division）、神经毒理学研究室（Neurotoxicology Division）、生殖毒理学研究室（Reproductive Toxicology Division）、实验毒理学研究室（Experimental Toxicology Division）和环境致癌研究室（Environmental Carcinogenesis Division），具体的组织结构介绍如下：

（1）环境致癌研究室

该研究室旨在认识环境污染物如何促进人类癌症发生。研究室分为三个分支：细胞毒理学组（the Cellular Toxicology Branch，CTB）、分子毒理学组（The Molecular Toxicology Branch，MTB）和癌症生物学组（the Cancer Biology Branch，CBB）。其中细胞毒理学组主要研究化学致癌物对细胞功能的影响；分子毒理学组主要在分子水平上研究化学致癌物对细胞功能的影响，与 CTB 一起提供完整的对细胞功能的影响；癌症生物学组的基本目标是应用修正慢性生物鉴定方法，研究环境化学物质的致癌潜势，并应用细胞核分子技术认识肿瘤发生的潜在机制。

具体研究目标：完善风险评价模型如生物剂量效应模型，开发和应用生物标志物。

（2）实验毒理学研究室

该研究室开展多学科的研究，目的是为提高肺、心血管、肝、肾和免疫毒性风险评价的科学基础，方便风险评价中药物代谢动力学数据的使用，所研究出的剂量测定和 MECHANISTIC 信息都可以在生物组织如细胞、组织和器官，甚至生物体等多水平进行评估。该研究室在实验研究和计算机模拟两个方面都采用反复进行的模式，一方面为了产生假设，另一方面也是为了对预测进行测试、实验设计和验证。

（3）人类研究室

该研究室开展临床和流行病学研究，进一步掌握环境污染造成的人体健康风险。该组由 55 位联邦雇员组成，位于北卡罗来纳州立大学校园内，并与北卡大学的环境医学和肺生物中心（Environmental Medicine and Lung Biology）建立了合作关系。

该组所开展的调查研究经常是与环保局内部和外部机构合作进行，而且特别着重采用多学科综合的方法整合从现存记录、问卷到临床和实验室研究所得到的数据。

（4）神经毒理学研究室

神经毒理学研究室是规划、管理、调整、支持和评估化学物质或者物理行为引起神经系统效应研究计划的关键部门。综合目标是为预测环境行为能否产生人体神经毒性提供科学基础和技术手段，主要的目标是最大程度地缩小这种预测的不确定性。

根据多学科研究的不同水平将神经毒理学研究室组织结构分为三个分支：细胞和分子神经毒理学研究分支、神经生理毒理学分支和神经行为毒理学分支。

（5）生殖毒理学研究室

主要使命包括开发污染健康效应检测的灵敏方法；阐述有毒物质如何与活体生物进行相互作用；为横跨物种和发展状态的数据外推开发模型。

研究室的构成主要有：配子和初期胚胎生物分组（Gamete and Early Embryo Biology Branch，GEEBB），主要研究配子生成和对毒物脆弱的受精卵发育，其中又分为发育效应组和细胞信号组；实验生物学组（Developmental Biology Branch，DBB），集中研究环境毒物对胚胎和胎儿发育的影响，其中分为配子基因组和基因效应组；内分泌学分支（Endocrinology Branch，EB），主要研究对于通常生殖功能的发展和维持必不可少的内分泌过程以及环境毒物如何干扰内分泌过程。

5.2.2 美国国家卫生和公共服务部

美国卫生和公共服务部（Department of Health and Human Services）类似于中国的卫生部，其下属单位国家疾病预防与控制中心（Centers for Disease Control and Prevention）和国家健康研究所（National Institutes of Health）都设有专门的环境健康研究或者管理部门，而且美国卫生与公共服务部还设立了美国环境健康政策委员会（Environmental Health Policy Committee，EHPC），所有的工作都围绕着通过预防和控制由于人类与其环境相互作用引发的各种疾病和死亡来改善生活质量和提高人体健康水平这个中心而开展工作（图 5-2）。

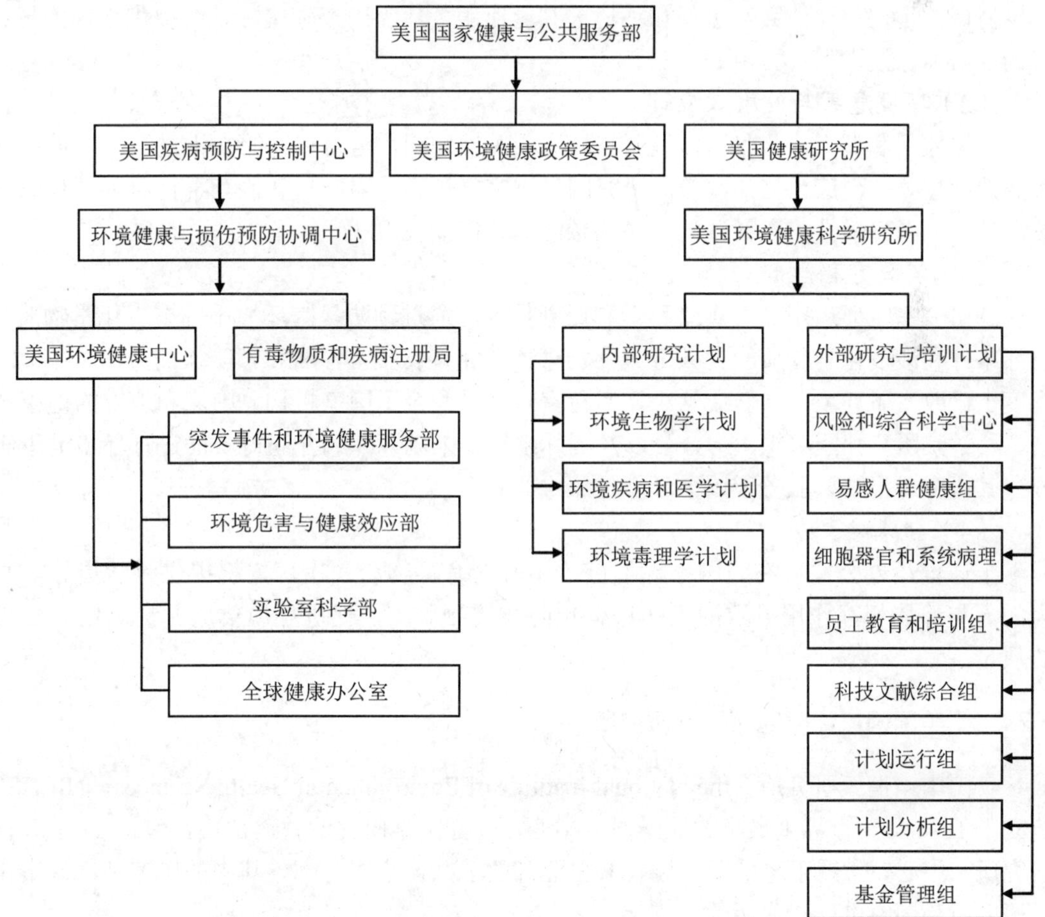

图 5-2 美国卫生部门环境污染与健康组织机构图

5.2.2.1 疾病预防与控制中心——国家环境健康中心

在美国疾病预防与控制中心的多个公共服务部门中，国家环境健康中心（National Center for Environmental Health，NCEH）是最直接从事环境健康管理研究的二级部门。该中心与美国有毒物质和疾病登记局（Agency for Toxic Substances and Disease Registry）组成了环境健康与损伤预防协调中心。

国家环境健康中心的使命是：规划、指导和协调国家计划，通过促进健康环境并预防非感染、非职业环境及其他因素造成的过早死亡和可避免的疾病及伤残等来维护并提高美国人民的身体健康。

NCEH 下设四个部门：突发事件和环境健康服务部（Division of Emergency and Environmental Health Services）、环境危害和健康效应部（Division of Environmental Hazards and Health Effects）、实验室科学部（Division of Laboratory Sciences）和全球健康办公室（The office of global health）。

（1）突发事件和环境健康服务部

协调、运送和评估突发事件和环境公共健康服务，为国家和国际社会提供指挥人员、咨询、培训、技术和人力帮助。

（2）环境危害与健康效应部

开展监督和调查，获取人体健康与环境相关性知识，运用获取的知识进一步制定预防疾病的国家公共健康计划和政策。研究因暴露空气污染、辐射和其他有毒物质以及其他自然、技术或者恐怖性灾害导致的疾病的预防和控制途径。

（3）实验室科学部

该研究室主要运用高级实验科学和原创技术，通过预防暴露环境中的有毒化学物质、恐怖事件和涉及化学物质的公共健康突发事件和完善实验室诊断和预防疾病方法，在一定程度上已改变了环境公共健康状况。实验室研究员联合了国家机构、国家和地方的健康部门、科学院所、社区组织、基金会以及国际组织，来制订计划并获得资助进行环境健康研究，其研究成果直接服务于国家环境健康中心。

（4）全球健康办公室

全球健康办公室旨在为国家环境健康中心的有毒物质和疾病登记提供科学指导，并为因人与环境相互作用导致的疾病进行预防与控制服务，促进环境健康并提高世界生命的质量。

5.2.2.2 美国国家环境健康科学研究所

美国国家健康研究所（the National Institute of Environmental Health Sciences，NIEHS）建立于 1887 年，世界上最早的医学研究中心，联邦医学研究的关键部门，包括 27 个分支研究所和中心，隶属于美国卫生和公共事业部的公共健康服务部，其中的国家环境健康科学研究所是国家健康研究所的分支部门之一。

环境健康科学研究所主要研究导致人体健康和疾病的三个原始因素，即环境因素、个体易感性和年龄。该所的使命就是通过了解上述每一个因素和它们之间的相关性来减少由于环境因素导致的人体疾病负荷和人体功能紊乱，并通过多学科的生物医学研究计划、疾病预防和干预、学术交流战略以及技术转让等方式达到其使命。

美国环境健康科学研究所在研究方面分为内部研究计划（the Division of Intramural Research，DIR）和外部研究计划与培训。就内部研究计划而言，分为环境生物学计划、环境疾病和医学计划及环境毒理学计划。内部计划主要开展长期的具有高风险的研究，包括有助于国家毒理学计划的研究，环境相关疾病流行病学的研究，减少对有害环境暴露效应的预防和干预方法的研究。外部研究与培训计划主要是指导和评价环境健康和培训方面研究的基金使用情况，它发展优先计划并推荐基金级别，以确保最大限度地使用可利用的资源达到研究所的目的。国家健康研究所以及公共和私人研究机构和组织等合作伙伴，通过外部计划可以认识国家研究的力量并评价国家环境健康研究与培训的需求。

美国环境健康研究所在美国多个大学建立了环境健康研究中心，如哈佛大学、加利福尼亚大学等。当前的研究工作主要有如下几个方面：健康差异研究（Health Disparities Research）、出生和成长缺陷研究、妇女健康、Alzheimer's 和其他神经系统紊乱、铅中毒、农业污染、环境激素、动物替代物以及生物标志物研究。

5.2.2.3 美国环境健康政策委员会

环境健康政策委员会（Environmental Health Policy Committee，EHPC）主要职责是协调与美国公众健康服务（Public Health Service，PHS）及其所属部门工作有关的环境健康活动的政策发展，交换环境健康信息，并提供咨询，以及为必要的环境健康研究、暴露评价和风险管理提供舆论支持。

EHPC 由毒物与疾病登记署（Agency for Toxic Substances and Disease Registry）、疾病控制和预防中心（Centers for Disease Control and Prevention）、食品药品监督管理局（Food and Drug Administration）、印第安纳卫生局（Indian Health Service）、国立卫生研究院（National Institutes of Health）首席律师办公室-公共卫生服务（Office of the Chief Counsel，Public Health Service）等组成。

5.3 日本环境与健康主要研究机构

日本进行环境与健康研究工作的主要机构是国立环境研究所，此外还有专门针对水俣病进行综合研究的水俣病研究所等。国立环境研究所的相关研究主要集中在环境风险研究中心和环境健康科学部，研究方向包括暴露评价、健康风险评价、生态风险评价、分子和细胞毒理学、环境免疫毒物学、流行病学、生物及健康标志物研究等方面。主要研究内容有电磁波、区域气候变暖和紫外线对人体健康的影响以及内分泌污染物对生殖健康的影响等。目前主要承担大气污染与健康、区域环境变化与健康、重金属及有害化学物质与健康等课题。

5.4 德国环境与健康主要研究机构

德国的环境与健康研究是由亥姆霍兹联合会多部门合作进行的。德国亥姆霍兹联合会原名“大科学中心联合会”，是德国最大的科研团体。联合会每年获得的科研经费总额超过 34 亿欧元，其中来自政府渠道的经费相当于德国另外三大科研团体（马克斯·普朗克学会、莱布尼茨联合会及弗劳恩霍夫协会）的总和，联合会下属有 18 个国际著名的研究中心，联合会在国际学术界代表着德国的国家科技研究形象，主要特征是围绕大型科研设备展开国际一流的大科学研究，在德国境内以及国际科技界拥有很多协作伙伴，充分体现了科技进步和创新应用相结合，进而直接影响社会发展远景。

位于诺伊尔贝格的环境与健康研究中心是德国亥姆霍兹国家研究中心的重要分支机构。该机构主要从环境因素与遗传素质交互作用的角度对复杂生命系统进行研究，在医学、卫生保健以及影响健康的生态系统、生活方式和环境因子等方面有较为深入的研究。此外，其在环境因子如何影响呼吸系统、癌症、心血管系统等疾病以及如何预防、诊断、治疗方面也展开了系统的研究。

5.5 荷兰环境与健康主要研究机构

荷兰的环境与健康管理主要研究机构是荷兰卫生部门下属的公共健康和环境研究所，该所负责环境污染与健康的研究，主要任务是调查研究环境污染对公共卫生的影响。研究所通过人群调查、移动实验室以及计算机模拟对影响健康的环境因子进行综合评价分析。除了具体的健康影响评估外，研究所还承担多个政府部门如健康福利运动部、城市住房规划环境部、公共运输建设及水管理部、荷兰环境评价中心等分配的任务，同时和 WHO 合作以研究改进健康影响评估的方法，研究结果用于环保政策、环境卫生标准制定、评价和实施。其研究领域包括空气污染健康效应、环境质量、突发事件中的健康研究、环境卫生监测、环境因子的健康效应评估等。具体研究内容包括大气污染物有害成分对健康的影响，呼吸系统疾病和心血管疾病的危险因子研究，居住环境、噪声、振动、恶臭对人体的影响等。此外，该研究所还针对突出问题研究解决对策。例如，在突发紧急情况下如何保证居民的健康，如何提高环境质量，如何进行环境质量、人群健康状况长期监测和人体污染物的暴露评价。这些研究结果经比较分析后报告给政府部门，为政府部门提供决策依据。

第 6 章　中国环境与健康研究机构

我国的环境与健康研究机构主要有环保系统、卫生系统和教育系统所属的相关机构和高等院校的公共卫生学院等。

多年来，卫生部的相关机构特别是中国疾病预防控制中心在我国的环境与健康管理及研究中发挥了重要的作用。环保系统在环境与健康方面也展开了大量研究。此外，高等院校的公共卫生学院也有大量从事该领域研究的科研人员，如北京大学公共卫生学院、复旦大学公共卫生学院和华中科技大学公共卫生学院等；中国科学院的相关研究所如上海生命科学研究院、中科院生态中心、中科院水生生物所和中科院微生物所等也进行这方面的科研工作。另外一些部门的科研院所也结合自己的专业特点，进行有关环境污染对人体健康的影响和防护研究，如中国军事医学科学研究院、中国辐射防护研究院等。

6.1　环境与健康研究机构

6.1.1　环境保护系统

20 世纪 80 年代以来，国家环保（总）局先后依托中国辐射防护研究院、中国预防医学科学院和同济医学院建立了三个共管的环境医学研究所，分别为太原环境医学研究所、北京环境医学研究所和武汉环境医学研究所。

太原环境医学研究所由国家环保总局与核工业集团公司共同建设，设有 3 个研究室(分子生物学研究室、环境毒理学研究室、环境流行病学研究室)，1 个环境分析测试中心、1 个疾病诊断专科医院。主要开展化学品环境污染所致的健康损害判定、补偿机制研究和电离辐射健康危害及其防治技术研究。研究内容包括：组织全国性公害病调查及定点监测；有关放射与非放射性因素环境污染健康损害诊断系列标准的制定与修订及其医学认定、补偿与相关技术研究；放射性物质（化学品与生物制品）所致环境污染事故（事件）的医学应急技术与政策研究，包括应急技术、应急方案、应急培训、应急演练及应急专家组组建；辐射事故健康损害标准、补偿技术与政策研究；与环境污染所致健康损害相关的基础性研究，以及环境污染所致健康损害的诊治技术研究等。

原国家环境保护总局北京环境医学研究所是中国预防医学科学院和国家环境保护总局所属研究机构。其前身是 1941 年建立的中央卫生实验院卫生工程系，经多次改组，1986 年改为环境卫生与卫生工程研究所。设有环境流行病、环境毒理学、环境化学、健康影响、固体废物与水处理、室内气候与测试技术、通风空调净化、颗粒及净化技术、环境影响评价 9 个研究室及免疫学、生态毒理学、氟砷元素、环境微生物、水处理技术 5 个专门实验室。主要研究方向：预防环境性疾病和维护健康、生存环境的研究；自然和人工的环境因子对人群健康影响的研究；环境性疾病病因监测和控制的研究；环境性因子和污染物的监测、净化处理技术研究；环境影响、健康影响和危险度评价研究等。该机构承担相关业务机构的技术指导与人员培训；环境监测仪器的设计、制造、监制；开展国际间学术交流与合作等。2002 年 5 月，在环境卫生与卫生工程研究所和环境卫生监测所基础上组建成中国疾病预防控制中心环境与健康相关产品安全所。

武汉环境医学研究所始建于 1986 年，由国家环保局与原同济医科大学协议共同建设；1989 年，国家教委（89）教高字 021 号批准环境卫生（环境医学）学科为国家重点学科；2002 年 11 月成为国家环境保护总局设立的“环境与健康”部级重点实验室的负责单位，是华中科技大学同济医学院国家级重点学科点劳动卫生与环境卫生学学科的重要组成部分。武汉环境医学研究所以环境污染对人群健康危害的机制及其防治对策为主攻方向，开展多层次研究并形成 5 个相对稳定的研究方向：①环境毒理学研究方向，采用现代生物化学、分子生物学等方法和技术，以神经毒理研究为突破口从整体、细胞和分子水平上探讨环境化学毒物的毒理作用机制和农药神经毒理机制等；②环境流行病学与健康影响评价研究方向，围绕环境中的主要污染物，利用流行病学方法研究环境污染所致健康危害，在环境影响医学评价研究方面，开展大中型水利工程的环境影响医学评价研究；③水污染对健康的危害及防治研究方向，“七五”、“八五”、“九五”连续数十年开展水污染与健康影响的研究，为政府拟采取的污染防治对策提供科学依据和提供新方法；④环境医学监测新技术研究方向，从医学角度对环境有害因素及其对人体健康危害进行监测，致力于研究各种生物标志物、环境类雌激素污染、基因突变、环境微生物测定的方法和技术，构建环境医学监测技术平台，为开展环境与职业医学研究提供技术支持；⑤环境基因组学研究方向，环境基因组学研究是近年来开展的一个新的研究方向，主要研究环境因素与基因组之间的相互作用，是环境科学、分子生物学、生态学、预防医学、基础医学和临床医学等多学科的交叉，是一个新的学科增长点，具有广阔的发展空间。

2002 年，为了适应环境保护行政管理和环境科学技术发展的需要，在三家环境医学研究所的基础上，建立了“国家环境与健康重点实验室”。主要开展环境污染对人群健康危害及其防治对策的研究，重点探索环境影响人群的健康机制，开展水污染、大气及室内空气污染的健康危害及其防治，以及健康损害判定及其相关技术的研究，建立环境与健康监测网及数据库等技术工作，为我国的环境管理提供科技支持。

中国环境科学研究院作为国家环保部直属的国家级综合性环境科研机构，根据环境与健康管理和环境与健康学科发展的需要，2004 年年底，成立了环境污染与健康研究室，致力于全国性、综合性、战略性环境问题，积极从事环境基准制定、环境政策研究、环境风险管理与健康风险评价技术研究，为相应的宏观控制管理决策提供技术支持。该研究室的研究方向涉及暴露评价、环境毒理、环境流行病学等。目前拥有各类先进的环境介质（土壤、水体和大气等）采样仪器、大型的环境化学分析仪器以及多种生物医学领域的仪器，在环境化学、空气质量监测、环境微生物学、环境毒理学、暴露评价和健康效应等方面具有较好的研究基础设施和条件。能够承担不同环境介质及生物样品中重金属和有机污染物浓度的测定，并且在环境毒理领域可以开展急、慢性毒性实验及致畸、致癌、致突变等实验，从不同研究层次（个体、细胞、基因）全面开展环境污染物与人体健康风险评价的综合研究。为进一步加强环境健康工作，国家环保部于 2005 年 1 月成立了专门的环境健康与监测处，积极拓展相关工作。

中国环境科学学会于 2006 年成立了专门的环境与健康专业委员会。为积极组织开展环境污染损害鉴定评估相关工作，在实践中摸索和积累经验，推动建立科学有效的环境污染损害鉴定评估调查规范、评价指标、损失评估、因果关系推断等技术支撑体系，促进完善环境污染损害鉴定评估活动的规范化管理，2006 年 10 月，经国家环境保护部（原国家环境保护总局）批准（环函[2006]398 号），中国环境科学学会设立了“环境污染损害鉴定评估中心”，开展环境污染损害的调查、技术咨询、鉴定评估及相关的管理制度和技术规范研究等相关工作。主要工作任务有：组织开展环境污染事故、环境污染损害纠纷等问题的调查和评估工作；组织开展环境污染损害相关方面的政策法规研究、标准规范制定工作；组织开展环境污染损害相关的前瞻性技术研究和交流工作；接受社会委托，组织开展环境污染损害鉴定评估技术咨询与服务工作等。

为适应新时期的环保需求，环境保护部华南环境科学研究所通过引进人才、整合科研队伍，应用现代生物学技术和理论，在基因水平、蛋白质水平和细胞水平对污染物的毒性作用机理进行多层次的研究，发展以暴露生物标志物、效应生物标志物和易感性标志物为主体的环境生物监测体系，逐步建立了环境与健康研究中心，同时形成了相对稳定的 4 个研究方向：①环境健康综合监测与分析方向，研究环境污染与健康特征，建立符合我国实际的环境污染与健康调查、监测的技术方法；②环境流行病学方向，应用流行病学的理论和方法，研究环境污染因素危害人群健康的规律，为确定环境要素与健康效应的相关关系提供依据；③环境毒理学方向，研究环境污染物对机体造成的损害和作用机理，探索环境污染物对人体健康损害的生物标志物；④环境健康风险评价方向，开展我国重点区域、重点流域和典型污染行业的健康风险评价，摸清我国环境污染的健康风险水平，有针对性地提出有效的环境风险管理对策。

环境保护部环境与经济政策研究中心，是为我国环境保护宏观决策提供支持的国家级政策研究机构，负责为国家环境保护决策提供政策和信息服务。在环境与健康领域其主要开展国家环境与健康战略、国家环境与健康管理政策体系和环境健康损害认定与赔偿制度等方面的研究。近年来，政研中心主要承担了“环境与健康管理体系与政策框架的研究”、“中国环境宏观战略研究中环境与健康战略专题的研究”、“我国建立环境健康损害赔偿制度相关政策研究”，以及环境保护部“十二五”环境与健康工作发展规划等研究工作。

6.1.2 卫生系统

新中国成立后，我国在较短时间内成立了包括卫生防疫、地方病控制、妇幼保健和环境卫生检验检疫等多部分组成的公共卫生机构体系。2006 年，为加强全国的公共卫生管理，卫生部组建成立了疾病预防控制局，负责全国疾病预防控制和爱国卫生工作；起草疾病预防控制和爱国卫生运动方面的法律法规，研究提出政策建议；拟订全国重大疾病防治规划、国家免疫规划和严重危害人民健康的公共卫生问题的干预措施并组织实施，完善重大疾病防控体系建设；协调有关部门对重大疾病和公共卫生实施防控和干预，防止和控制疾病的发生和疫情的蔓延；组织实施疾病预防控制规划和重大疾病防治项目，对落实情况进行监督检查等。

（1）国家级研究机构

卫生系统的环境与健康研究机构主要是中国医学科学院、中国疾病预防控制中心和中国预防医学科学院。

中国医学科学院成立于 1956 年，是我国唯一的国家级医学科学学术中心和综合性医学科学研究机构。北京协和医学院（下称校）由美国洛克菲勒基金会于 1917 年创办，是我国最早设有八年制临床医学专业和护理本科教育的重点医学院校。医科院与协和医学院实行院校合一的管理体制，设有 18 个研究所（以及 5 个分所）、7 所临床医院（含与北京市共建的天坛医院）、5 所学院、1 个研究生院和 5 所分院；拥有 4 个国家级重点实验室、10 个部委级重点实验室、17 个国家级研究基地和中心、6 个博士后科研流动站以及 10 个世界卫生组织合作中心。医学科研包括基础医学、临床医学、预防医学、药物以及与医药学有关的生物、物理、化学等相关学科，覆盖了医学科学各领域。

中国疾病预防控制中心是由政府建立的实施国家级疾病预防控制与公共卫生技术管理和服务的公益事业单位。主要职责包括发挥技术管理及技术服务职能，围绕国家疾病预防控制重点任务，加强对疾病预防控制策略与措施的研究，做好各类疾病预防控制工作规划的组织实施；开展食品安全、职业安全、健康相关产品安全、放射卫生、环境卫生、妇女儿童保健等各项公共卫生业务管理工作，大力开展应用性科学研究，加强对全国疾病预防控制和公共卫生服务的技术指导、培训和质量控制等。中国疾病预防控制中心环境与健康相关产品安全所是在原中国预防医学科学院环境卫生与卫生工程研究所和环境卫生监测所基础上于 2002 年 5 月组建而成的。环境与健康相关产品安全所是开展环境因素对人体健康影响和环境相关疾病的监测与研究、承担环境卫生监测和卫生学评价以及新技术与新产品的环境卫生安全性评价等研究工作的专业机构。目前，拥有 ICP-MS、LC-MS、LC-MS/MS、GC-MS、MALDI-TOF-MS 等多台大型先进仪器设备，以及先进水平的环境化学、环境毒理学与环境微生物学实验室。主要研究方向涉及室内空气质量、饮水质量、环境化学污染物、环境微生物、电磁辐射与健康影响等领域，以及化妆品、涉水产品、消毒产品、电磁辐射产品、建材、涂料、空气净化产品等健康相关产品的检测与安全评价。

中国预防医学科学院成立于 1983 年。作为国家级的科研机构，主要对严重危害人民健康的病毒性疾病、细菌性疾病、地方病、寄生虫病、职业病等进行病因学、流行病学及诊断研究。中国预防医学科学院把研究在经济发展过程中出现的公共卫生问题作为重点工作之一，进行职业性中毒发病机理、食物中毒病因、环境监测、环境污染与发病关系等方面的研究。目前有 5 个世界卫生组织合作中心，1 个国家级病毒基因工程重点实验室、2 个部级重点实验室（寄生虫病原生物与媒介生物重点实验室、微量元素重点实验室），同时经卫生部批准建立了全国病毒诊断中心、艾滋病监测中心和艾滋病研究检测中心等。

（2）地方环境与健康研究机构

近年来，特别是 2003 年“非典”疫情之后，各地政府高度重视疾病防控工作，采取了一系列的政策措施，在公共卫生方面投入了大量的人力、物力、财力，进一步健全了疾病预防控制体系的建设，加强了重大疾病的防控。通过整合原有疾病预防研究和管理资源，各地均组建了疾病预防和控制的研究和管理机构，同时，成立了涉及地方病、环境卫生和毒理学等环境与健康领域方面的研究和管理部门。由于各地情况不同，机构设置也各有不同，但职能和性质相同，均建有环境与健康的相关研究机构，因此，本文只是简要介绍部分地区的环境与健康研究机构。

北京市疾病预防控制中心环境卫生所主要承担公共场所、生活饮用水、涉水产品、化妆品、日化产品和保健用品、居民室内空气质量的检测、科研和教学工作，负责北京市生活饮用水（含水源水、矿泉水、集中式给水、出厂水、自备给水、二次供水、分质供水、桶装饮水、游泳池水、娱乐水）、涉及饮用水卫生安全产品（含与饮用水接触的联接止水材料、塑料及有机合成管材管件，贮水设备、防护涂料和材料、水处理剂、水质处理器，各类饮水机等）、化妆品（普通化妆品、特殊化妆品）、日用化学品（牙膏肥皂、清洁剂、空气清新剂、除臭剂等）、保健用品、卫生用品、室内外环境和公共场所空气、微小气候、装修装饰材料、空气净化器等产品或样品的卫生监测检验和卫生学评价工作。曾先后开展官厅水库水质卫生状况对人体健康影响的调查及实验，大气污染与肺癌、西郊大气污染现状及其规律、汽车尾气污染、北京市大气污染动态观察及其对健康影响的研究、人体生物材料的检测、人乳有机氯农药含量水平、人血铅、血镉的含量、儿童铅和镉的接触量、北京市生活饮用水与历年水性疾病调查公（报）告、北京地热水利用对人体健康的影响的研究以及北京市饮用水污染事故的原因和对策等课题的研究工作。

上海疾病预防与控制中心于 1998 年 11 月，在原上海市防疫站基础上，实质性合并上海市劳动卫生职业病防治研究所、上海市寄生虫病防治研究所、上海市结核病防治中心、上海市皮肤病性病防治中心以及上海市肿瘤防治研究办公室、上海市心脑血管疾病防治研究办公室组建成立，同时挂牌成立了市预防医学研究院。旨在控制危险因素、疾病、伤害和失能，提高全人群健康水平和生命质量。在继续加强传染病预防控制的同时，积极开展对慢性非传染性疾病和健康危害因素的预防控制，重点加强疾病预防的技术决策、信息综合、防治实施、应用研究和预防服务等功能。按预防医学专业设置传染病防治部、慢性病防治部、环境职业卫生部以及下属的多个专业科室。其核心研究室为环境与健康研究室，主要研究方向为：环境有毒有害因素的健康影响研究，包括环境空气污染、饮水卫生及环境废弃物、环境 POPs 的健康影响研究；环境相关疾病的流行病学调查，开展以呼吸系统疾病为主的环境相关疾病的流行病学调查，在社区进行主要影响因素分析，有针对性地开展以社区为中心的预防与控制适宜技术研究；应对环境污染事件和恐怖袭击的应用研究，开展基于 GIS 的污染物监测和分析，对饮水卫生、空气传播疾病等环境污染事件开展预测、预报工作，确定污染物有效污染半径、人员影响范围，及时采取控制措施；环境卫生的标准修订和制定研究，掌握国内外环境卫生领域主要的标准和规范，以及制定和修订情况；了解上海市主要存在的环境危害因素和需要建立标准的领域以及需要改进的标准内容，进一步进行相关的环境卫生标准研究，控制污染物的环境负荷和人群的摄入量，为制定重大疾病或环境相关疾病的预防与控制对策提供科学依据。

天津市疾病预防控制中心原为天津市卫生防疫站，始建于 1953 年，2006 年更名为天津市疾病预防控制中心。其主要内设业务机构有：传染病预防控制所、非传染病预防控制所、职业病预防控制所、性病艾滋病预防控制所、环境与健康所、病原生物检测所、卫生检测所、卫生信息所、预防医学门诊部、天津市结核病控制中心、天津市健康教育所等。

其中环境与健康所下设三个科，分别为地方病预防控制科、监测评价科和健康相关产品科，主要负责全市地方病（碘缺乏病和地方性氟中毒）及其危害因素监测、干预效果评价以及全市地方病信息的搜集和整理；负责全市饮水卫生及其危害因素监测、饮水污染事件的调查和处理；化妆品、一次性卫生用品、消毒产品、保健用品、生活饮用水集中式供水单位等生产场所的卫生学评价；饮用水及涉水产品、化妆品及保健用品、消毒产品（含一次性使用卫生用品）、病媒防治产品等的监督性监测、委托性检验及卫生学评价、相关卫生技术研究与咨询工作等。

山东省医学科学院创建于 1958 年，是集医学科研、临床医疗、疾病控制、医学教育、科技支撑管理与服务等职能于一体的综合性医学科研机构。目前，全院设有山东省医药卫生重点学科的毒理学科，主要从事农药、肥料、健康相关产品及其他各种化学品的毒理学研究及安全性评价，承担卫生毒理学专业硕士研究生的培养工作，建有 SPF 级实验动物房、Ames 实验室、神经毒理、遗传毒理和生殖毒理实验室；院重点学科为劳动卫生学专业，是山东省劳动卫生检测、生物检测、化学品中毒检测的科研、教育、培训中心。

山东省疾病预防控制中心（山东省卫生检测检验中心、山东省艾滋病控制中心）成立于 2003 年 1 月 8 日，是在原山东省卫生防疫站基础上组建而成的，主要开展疾病预防与控制、突发公共卫生事件应急处置、疫情报告及健康相关因素信息管理、健康危害因素监测与干预、实验室检测分析与评价、健康教育与健康促进、技术管理与应用研究指导等工作。中心设传染病防治所、慢性非传染性疾病防治所、免疫预防管理所、艾滋病防治所、病媒生物防治所（爱国卫生技术指导办公室）、公共卫生所、辐射防护安全所、省健康教育所、预防医学信息所、理化检验所、病原微生物实验室、消毒与医院感染控制所、毒理与功能检验所、药械管理部、卫生检测检验管理部、质量管理部以及预防医学杂志编辑部等部门。公共卫生所是中心涉及环境与健康领域的主要机构，主要负责对生活饮用水、涉及饮用水卫生安全产品、化妆品、日用化学品、保健用品、装修装饰材料、空气净化器、消毒等产品、公共场所和室内环境等危害因素的基础调查、卫生监测、动态观察以及卫生措施实施与效果评价；承担公害病调查方案的制订和组织实施，协助对环境污染与中毒事故进行调查处理；参加卫生标准规范研究，负责典型调查的规划设计、组织指导及质量控制等。毒理与功能检验所负责保健食品、保健用品等健康相关产品的毒理学实验、功能学实验以及实验动物饲养、研究、供应与经营管理，并开展毒性毒理检验和毒物化学研究工作。

浙江医学科学院成立于 1950 年，设有病毒病、生物工程、寄生虫病、药物、卫生学、计划生育、保健食品、医学情报和实验动物 9 个研究所（中心）以及 WHO 人类蠕虫病合作研究中心、WHO 人类生殖合作研究中心、国家甲型肝炎减毒活疫苗毒种保存中心、国家药品临床研究基地、国家新药安全评价研究重点实验室、浙江省实验动物与安全性评价重点实验室、浙江省中药新药研究开发中心等。其中卫生学研究所设有劳动卫生与职业病、环境医学、毒理学和卫生学评价四个研究室，并设有电镜与病理形态实验室。近年来，以劳动卫生学、环境卫生学和卫生毒理学为重点学科，以职业病危害因素致健康损害机理和防治对策研究，水中有机物污染防治和重金属污染与人体健康研究，化学物毒性评价研究为主要研究方向；重点研究内容包括：职业性呼吸系统疾病及化学物中毒研究；车间空气中有毒有害物质检测与卫生标准制订，大气、水、土壤中有毒有害物质测定及其人群健康效应的调查研究，农药及化学品的安全性评价研究，建设项目职业病危害预评价和职业病危害因素控制评价。

浙江省疾病预防控制中心成立于 2000 年 6 月，前身为诞生于 1953 年的浙江省卫生防疫站，中心另对外挂牌浙江省卫生检验检测中心、浙江省中毒控制中心和浙江省预防医学研究中心。中心内设职能科所 10 个、业务科所 19 个，主要承担疾病预防与控制、突发公共卫生事件应急处置、疫情与健康相关因素信息管理、健康危害因素监测与控制、健康教育与健康促进、实验室检测分析与评价、技术管理与应用研究七大职能。中心涉及环境与健康领域的研究机构主要有环境与健康监测所和卫生毒理所。环境与健康监测所主要负责制定浙江省环境危险因素调查、监测方案和计划及实施；制定浙江省地方病防治规划、监测方案、计划和技术规范并组织实施；组织开展环境危险因素与人体健康关系的调查研究；组织开展环境危险因素及相关的卫生学评价，参与环境卫生标准的修制订工作；承担全省地方病防治和各类环境危险因素监测工作的防治科学研究和健康教育。卫生毒理所主要负责建立公共卫生应急、疾病和危险因素监测、卫生学评价检测等相配套的毒理检测技术平台；负责重大食物中毒、环境污染、职业中毒等突发公共卫生事件急性毒理检验检测工作和安全性评价；承担对大气、涉水产品、职业危害、地方病等环境危险因素以及食品、化妆品、消毒产品等监测的毒理检验检测工作和安全性评价；开展疾病预防控制相关的毒理检验检测科学研究等。

广东省疾病预防控制中心为广东省疾病预防控制、突发公共卫生事件应急处置、卫生监测检验的技术指导中心，组建于 2000 年 12 月 28 日，前身为成立于 1952 年的广东省卫生防疫站。主要研究部门包括：传染病预防控制所、艾滋病预防控制所、寄生虫病预防控制所、消毒与病媒生物预防控制所、免疫所、慢性非传染性疾病预防控制所、基层卫生与地方病预防控制所、营养与食品安全所、环境与学校卫生所、病原微生物检验所、卫生化验所、卫生毒理所以及广东省公共卫生研究院等。其中广东省公共卫生研究院，主要任务分别为负责疾病预防控制和公共卫生应用技术研究；参与公共卫生和重大传染病防控技术标准制订；承担公众预防医学健康咨询服务和世界卫生组织新发传染病监测研究培训合作等工作。

江苏省疾病预防控制中心于 2000 年 10 月，由原江苏省卫生防疫站（省结核病防治所）、江苏省职业病防治所（省职业病防治院）、江苏省卫生宣传教育所和江苏省皮肤病防治研究所（省性病监测中心）合并组建。2002 年 3 月、2008 年 7 月增挂江苏省卫生检测检验中心、江苏省公共卫生研究院两个牌子。中心主要有传染病防治、性病与艾滋病防治、慢性非传染病防治、学生常见病防治、职业病防治、环境疾病（地方病）防治、消毒与媒介生物防治、食品安全与评价、放射防护、毒理与功能评价、理化检验、病原微生物研究、健康教育与健康促进、健康咨询、科研教育以及公共卫生信息等专业学科。主要参与拟定并组织实施全省环境疾病、地方病防制工作规划和实施方案，并组织实施和效果评价；参与环境卫生、地方病相关卫生标准、监测、检测和评价技术规范的修订和制定；对新、改、扩建的公共场所（包括集中空调通风系统）集中式供水（包括农村改水）等建设项目进行卫生学监测、评价和技术指导，并负责预防性和经常性卫生评价工作；开展环境疾病预防控制的科研工作和新技术、新方法的引进与研究；负责组织对环境污染健康危害事故及中毒和其他与环境有关的重大突发公共卫生事件的处置，开展信息收集分析和报告、流行病学调查、实验室检测、病因分析和应急处置演练工作；负责江苏省地方性氟、砷中毒的环境因素和病情的监测与控制；承担江苏省氟病区和高砷水源地区的改水等干预措施效果的评价和相关科研工作；负责江苏省碘缺乏病的监测和预防控制，包括组织开展江苏省碘缺乏病病情监测和碘盐、尿碘监测以及相关标准研制和碘缺乏病控制的科研等相关工作。

河北省疾病预防控制中心是在原河北省卫生防疫站、河北省地方病防治所、河北省职业病防治所、河北省放射卫生研究所、河北省结核病防治所、河北省医学科学院 6 家单位基础上组建的，于 2001 年 8 月正式成立。中心设 32 个处（所）室，其中涉及环境与健康领域的有地方病防治所和公共卫生监测与评价所。地方病防治所主要负责地方病的监测与报告管理、防治，组织开展全省地方病病情分析；开展地方病流行病学调查和防治研究；公共卫生监测与评价所负责河北省营养与食品卫生、学校卫生、环境卫生相关工作中长期发展规划、计划和工作方案等的制定并落实，组织开展营养与食品、学校、环境健康影响因素调查研究，参与制定相关预防控制、健康促进或干预措施和技术规范，负责国家和地方食品、生活饮用水及涉水产品、化妆品、日用化学品、文化体育用品、保健用品、环境卫生用品等健康相关产品抽检任务的采样、检测、鉴定工作，开展河北省公共卫生监测与评价工作，以及组织开展相关领域的应用研究、新技术推广和技术服务；卫生毒理所负责对河北省食品新资源和新资源食品、食品包装材料、食品添加剂、辐照食品、食品工具、设备用清洗消毒剂及保健食品、化妆品产品及原料、家用化学品以及消毒剂、农药、工业化学品等进行安全性毒理学评价，掌握国内外卫生毒理学发展动态，开展科学研究，吸收、引进国内外新技术、新方法，解决卫生监督、科学研究工作中的实际问题等。

河南省疾病预防控制中心由河南省卫生防疫站和河南省结核病防治研究所合并组建，于 2004 年 6 月 11 日挂牌成立。中心基本职能包括疾病预防与控制、突发公共卫生事件应急处置、疫情（报告）及健康相关因素信息管理、健康危害因素监测与控制（干预）、实验室检测分析与评价、健康教育与健康促进和技术指导（管理）与应用研究等。目前中心负责开展河南省传染病、寄生虫病、地方病、慢性非传染性疾病、学生常见病等重大疾病流行病学监测；进行与疾病预防控制有关的环境、学校卫生等卫生学评价；参与疾病预防控制和公共卫生相关法律、法规、政策、标准、规划等的制定；参与调查处理重大传染病疫情、不明原因疾病以及其他突发公共卫生事件等重大卫生问题；开展疾病预防控制科学研究和对外交流等工作。中心设立 9 个业务所（中心），分别是传染病预防控制所、免疫预防与规划所、性病艾滋病防治研究所、结核病预防控制所、寄生虫病预防控制所、卫生检测检验中心、公共卫生研究所、地方病预防控制所、健康教育与慢性非传染性疾病防治研究所。公共卫生研究所主要负责对化妆品、保健用品、生活饮用水、涉水安全产品、民用化学品、居室、公共场所、土壤、垃圾等环境污染物的健康效应进行卫生学监测、评价；开展公害病的流行病学调查和预防控制，为相关的法律、法规、标准、规范及依法行政提供科学依据和技术支持；开展预防性卫生评价，承担新、改、扩建设项目的卫生学评价；进行环境卫生及健康相关产品的应用性科学研究，开发新产品、新技术等。

辽宁省疾病预防控制中心成立于 2000 年 11 月 20 日，由原辽宁省卫生防疫站、辽宁省食品卫生监督检验所、辽宁省劳动卫生职业病防治所、辽宁省地方病防治所、辽宁省结核病防治所、辽宁省农村改水项目办公室六家单位合并组建，同时加挂辽宁省卫生安全评价所、辽宁省预防医学研究所、辽宁省性病艾滋病防治监测中心、中国公共卫生杂志社牌子。中心内设办、科、所 31 个，包括感染与传染性疾病防治所、艾滋病与性传播疾病防治所、结核病防治所、地方病防治所、免疫规划所、病媒生物控制所、消毒所、慢性非传染性疾病防治所、职业卫生所、放射卫生所、营养食品安全与学校卫生所、环境卫生所、理化检测所、卫生微生物检测所、毒理检测所等。其中环境卫生所负责对化妆品、生活饮用水、涉水产品、日用化学品、居室、装饰装修材料、公共场所、垃圾等环境污染物的健康效应进行卫生学检测和评价；开展公害病的流行病学调查和预防控制；对突发环境污染事件造成健康危害进行调查；对将要投放市场的新技术、新产品进行环境卫生安全性评价，为环境卫生应急事件以及政府决策提供科学依据和技术支持等。

福建省疾病预防控制中心成立于 2003 年 7 月，由福建省卫生防疫站、福建省结核病防治所、福建省健康教育所和福建省皮肤病防治院中性病麻风病社会防治科室合并组建而成福建省疾病预防控制中心，同时增挂福建省健康教育促进中心和福建省卫生检验中心两面牌子。中心共设 33 个科室：其中职能科室 8 个，业务科室 25 个。中心主要负责拟定规范的疾病预防控制方案和技术决策；执行疾病防治计划，组织落实疾病防治措施，培训疾病防治队伍，评价疾病防治效果；对重大突发公共卫生事件实施应急处置；开展各种卫生技术服务和预防医学科学研究。

6.1.3　教育系统

教育系统的环境与健康研究机构主要是各地的医学类大专院校设置的公共卫生学院（系），虽然学科优势和研究重点略有不同，但其学科设置及研究方向基本相同，因此，本文只是简要介绍部分重点医学类大学的公共卫生学科，另外，还包括一些综合性大学成立的专门的环境与健康研究机构。

北京大学公共卫生学院始建于 1950 年，其前身为北京大学医学院公共卫生科。公共卫生学院设有流行病学与卫生统计学、劳动卫生与环境卫生学、营养与食品卫生学、妇女与儿童青少年卫生学、毒理学、卫生政策与管理学、社会医学与健康教育七个系和中心实验室及北京大学儿童青少年卫生研究所。公共卫生学院的流行病与卫生统计学为国家重点学科，流行病学实验室为教育部重点实验室。学院有循证医学中心、艾滋病预防研究中心、营养与保健食品评价中心三个联合研究中心及预防医学实验教学中心。

北京大学环境与健康研究中心于 2007 年 10 月成立。主要研究领域：环境监测与人群暴露评价；生物标志物测量技术；癌症高发区的污染暴露及环境基因组学研究；细与超细（纳米）颗粒物的暴露及健康危害；环境污染的健康、社会及经济损失评价；环境质量标准的健康风险评价。

复旦大学公共卫生学院建立于 1952 年，是全国最早设立的 6 个公共卫生学院之一。学院的社会医学与卫生事业管理为国家重点学科，预防医学为一级学科博士授予单位。学院设预防医学和公共事业管理学 2 个专业，6 个硕士点、4 个博士点。另设预防医学研究所、世界卫生组织（上海）职业卫生合作中心、卫生部卫生技术评估重点实验室等科学研究机构，2 个博士后流动站；共有流行病学、劳动卫生与职业病学、环境卫生学、营养与食品卫生学、儿少卫生学、卫生统计与社会医学、预防医学、卫生微生物学、卫生化学、健康教育学、妇幼卫生学、卫生事业管理学、卫生经济学、医院管理学、卫生监督与卫生法学教研室 15 个教研室。

中山大学公共卫生学院前身为 1956 年成立的卫生学教研室，1976 年成立公共卫生系，1986 年更名为公共卫生学院。学院现设有预防医学系、营养学系、妇幼卫生学系、医学统计与流行病学系、卫生管理学系、实验教学中心以及预防医学研究所、卫生管理培训中心、卫生信息研究中心等部门和机构。学院目前设置预防医学五年制本科专业，包括预防医学、卫生事业管理、营养学、妇幼卫生学、医学心理学等专业方向。学院现有国家二级学科重点学科 1 个——卫生毒理学；广东省一级学科重点学科 1 个——公共卫生与预防医学；广东省二级学科重点学科 3 个——卫生毒理学、营养与食品卫生学和流行病与卫生统计学；广东省名牌专业 1 个——预防医学专业。

四川大学华西公共卫生学院是中国最著名的公共卫生学院之一，历史可追溯到 1914 年在“华西协和大学医学院”建立的公共卫生学课程组，1936 年发展为公共卫生学系，1951 年更名为“国立华西大学公共卫生学系”，后于 1986 年成立“华西医科大学公共卫生学院”。2000 年，原华西医科大学与四川大学合并，学院遂为“四川大学华西公共卫生学院”。经过 90 年的建设，目前学院由学院本部、四川大学华西第四医院（职业病防治医院）和四川大学华西卫生管理干部培训中心组成，集教学、科研、医疗、预防、保健、干部培训和高科技开发为一体。学院有 6 个博士点，9 个硕士点，博士点和硕士点覆盖预防医学的各个学科。6 个博士点分别是流行病与卫生统计学、劳动卫生与环境卫生学、营养与食品卫生学、健康与社会行为学、社会医学与卫生事业管理学、公共卫生检验学；其中，营养与食品卫生学和社会医学与卫生事业管理学为四川省重点学科；6 个博士点同时也是硕士点，另有卫生毒理学、儿少卫生与妇幼保健学、医院管理与卫生政策共 9 个硕士点。学院现有预防医学、卫生检验、公共事业管理、工商管理 4 个本科专业。

华中科技大学同济医学院公共卫生学院的历史可溯源至 1907 年宝隆博士创办上海德文医学堂时，当时由德国江哥斯博士讲授公共卫生学课程，后于 1913 年开设卫生学馆。1951 年，全国高等学校院系调整，随医学院由上海迁至武汉。1953 年，正式招收卫生学专业本科生暨建立卫生系，是全国最早成立的 6 个卫生系之一。1986 年更名为同济医科大学公共卫生学院，2000 年 5 月高校合并，组建华中科技大学时，更名为华中科技大学同济医学院公共卫生学院。学院现有 6 个系，2 个研究所，1 个教学实验中心：流行病与卫生统计学系、劳动卫生与环境卫生学系、儿少卫生与妇幼保健学系、营养与食品卫生学系、卫生毒理学系、社会医学与卫生事业管理系，环境保护部武汉环境医学研究所、卫生部社会医学研究所，预防医学教学实验中心。其中劳动卫生与环境卫生学学科点为国家级重点学科，也是“211 工程”和“985 工程”重点建设学科；拥有“环境与健康教育部重点实验室”和“国家环境保护环境与健康重点实验室”。

中南大学公共卫生学院的前身，是 1975 年在湖南医学院成立的卫生系。成立之初，卫生系下设劳动卫生学、卫生统计学、流行病学、卫生化学和环境卫生学 5 个教研室，之后又相继增设了营养与食品卫生学、儿少卫生学、社会医学与卫生事业管理学、卫生毒理学及卫生经济学等教研室。1980 年成立了环境医学、流行病学、营养与食品卫生学和卫生统计学教研室。1988 年随着国家高等学校专业设置的调整，卫生系改名为预防医学系，同时组建了预防医学研究所。1995 年 6 月预防医学系更名为公共卫生学院。2000 年 4 月，中南大学组建后，更名为中南大学公共卫生学院。学院现有流行病与卫生统计学、劳动卫生与环境卫生学、社会医学与卫生事业管理学、营养与食品卫生学、卫生毒理学和儿少与妇幼保健学 6 个系，1 个预防医学实验中心和 1 个继续教育学部。拥有流行病与卫生统计学、生物统计学及社会医学与卫生事业管理学 3 个二级学科博士学位授权点，流行病与卫生统计学、劳动卫生与环境卫生学、社会医学与卫生事业管理、营养与食品卫生学、卫生毒理学、儿少与妇幼卫生学和生物统计学 7 个硕士学位授予权和 1 个公共卫生硕士（MPH）专业学位授权点。主要的研究方向有：流行病与卫生统计学系的医学综合评价方法及其应用、医用多因素方法、灾害流行病学、传染病流行病学、肿瘤流行病学、药物流行病学、分子流行病学及卫生保健流行病学；劳动卫生与环境卫生学系的职业性肝肾损害、环境因素与健康；社会医学与卫生事业管理学系的社会与行为流行病学、现代医院管理、医疗保险及医疗法规；营养与食品卫生学系的老年营养；卫生毒理学系的生物大分子氧化损害、化学致癌机理与预防、化学物安全性毒理学评价；儿少卫生与妇幼卫生学系的儿童心理发育的影响因素等。

中国医科大学于 1948 年建立卫生学系，1949 年 5 月建立公共卫生学院，是建国后成立的第一所公共卫生学院。学院现有劳动卫生与环境卫生学国家重点学科，公共卫生与预防医学一级学科博士、硕士授权点及社会医学硕士授权点，并招收公共卫生专业硕士（MPH），拥有公共卫生与预防医学博士后科研流动站，辽宁省砷生物学作用与砷中毒重点实验室；有 9 个教研室和 3 个研究室、公共卫生实验教学示范中心、氟砷研究中心、预防医学研究所、公共卫生人才培训中心和疾病预防与健康保健研究中心。学院研究方向主要有：地球化学性疾病，职业性肺疾病，金属及类金属中毒机理与防治，慢性病及传染病流行病学，环境辐射生物效应，妇幼营养与儿童生长发育以及卫生政策研究与健康促进等。

吉林大学公共卫生学院是融医学、管理学和法学学科为一体的重要教学科研基地。前身是原白求恩医科大学预防医学院，始建于 1958 年，在原第一军医大学防化防原子、流行病、军队卫生等教研室的基础上组建成工业卫生系，1984 年更名为环境医学系，1988 年更名为预防医学院，2000 年 6 月新吉林大学组建时改为现名。目前学院下设放射医学系、预防医学系、医药信息与卫生事业管理学系、医事法学 4 个学系（室）及 14 个教研室。拥有三个吉林省重点学科：放射医学、流行病与卫生统计学、卫生毒理学；两个省部级重点实验室：卫生部放射生物重点实验室和吉林省卫生毒理学重点实验室；两个中心：吉林大学卫生检测中心和吉林大学人类基因组医学研究中心；三个研究所：预防医学研究所、放射医学研究所、卫生毒理学研究所。现有放射医学、卫生毒理学、医学基因组学、社会医学与卫生事业管理 4 个博士学位授权点和基础医学（放射医学）、公共卫生与预防医学和公共管理（社会医学与卫生事业管理）3 个博士后科研流动站。是公共卫生与预防医学一级学科硕士授权点。有放射医学、卫生毒理学、流行病与卫生统计学、劳动卫生与环境卫生学、营养与食品卫生学、儿少卫生学与妇幼保健学、医学基因组学、社会医学与卫生事业管理 8 个二级学科硕士学位授权点以及 1 个公共卫生硕士（MPH）专业学位授权点。

山东大学公共卫生学院的前身是山东医学院卫生系。该院始建于 1952 年，之后在院系调整时调出。1977 年经教育部和卫生部批准重建。1996 年由系升为学院（山东医科大学公共卫生学院），2000 年原山东大学、山东医科大学、山东工业大学合并组成新的山东大学，学院即更名为山东大学公共卫生学院。该院有 8 个研究所，4 个教学实验室，5 个“中心”，其中流行病与卫生统计学为国家重点学科，卫生部卫生经济与政策研究中心为卫生部重点实验室，卫生毒理学为山东省重点实验室等。学院设有一级学科博士后流动站，公共卫生硕士专业学位授权点；流行病与卫生统计学、社会医学与卫生事业管理 2 个学科为博士、硕士学位培养学科；劳动卫生与环境卫生学、卫生毒理学、营养与食品卫生学、儿少卫生与妇幼保健学 4 个学科为硕士学位培养学科。学院设置预防医学五年制本科专业，包括预防医学、卫生检验、卫生事业管理 3 个专业方向。

南京大学环境健康研究所简称 NJU-IEH，建于 2006 年 10 月，挂靠南京大学环境学院，主要从事环境健康和生态安全方面的研究工作。在饮用水源环境健康、饮用水人体健康、水污染控制、有毒有机污染物降解、污染物环境行为及生物修复等研究领域，以及在同位素标记技术、分子生物学及生物组学检测技术方面取得了研究进展。

6.1.4 中国科学院系统

中国科学院生态环境研究中心始建于 1975 年，前身为经国务院批准成立的中国科学院环境化学研究所。经国家科委和中国科学院批准，1986 年与中国科学院生态学研究中心（筹）合并，改为现名。中心有环境科学、环境工程、生态学、环境经济与环境管理博士学位授予权，有环境科学、环境工程、生态学、环境经济与环境管理、分析化学、人口资源与环境经济学、有机化学硕士学位授予权，设有环境科学与工程、生物学博士后流动站，为中国科学院博士生重点培养基地。中心主要研究领域包括环境化学、环境工程学、环境生物学和系统生态学。研究内容涉及环境化学、环境工程、生态学、生物学、地学等学科的互相渗透。中心现设有 8 个研究室：环境化学与生态毒理学国家重点实验室、环境水质学国家重点实验室、城市与区域生态国家重点实验室、环境生物技术研究室、大气环境研究室、水污染控制技术研究室、土壤环境科学研究室以及环境纳米材料研究室。组建有“持久性有毒污染物形态、环境过程与毒理效应”、“环境微界面过程与污染控制”、“土地利用与生态过程”3 个国家基金委创新研究群体和 2 个“中国科学院创新研究团队”以及城市生态定位研究站。

中国科学院高能物理研究所是我国高能物理研究、先进加速器技术的研究开发、先进射线技术及射线应用的综合性研究基地。其前身是创建于 1950 年的中国科学院近代物理研究所，后改称物理所、原子能研究所。以基础研究和应用基础研究为主的多学科综合性研究所，主要学科方向是高能物理研究、先进加速器技术研究和先进射线技术及应用研究，并兼顾核分析技术及交叉学科研究；优势研究领域是高能物理、粒子天体物理、同步辐射及其应用、加速器物理及技术、核分析技术。建有北京正负电子对撞机国家实验室，4 个院级重点实验室：核分析技术重点实验室（北京分部）、粒子天体物理重点实验室、纳米生物效应与安全性重点实验室（与国家纳米中心联建）、核探测器与核电子学重点实验室（与中国科技大学联建）；下设实验物理研究中心、粒子天体物理研究中心、理论物理室、计算中心、加速器技术研究中心、多学科研究中心和研发中心 7 个研究单位。其中多学科中心设有环境安全健康研究中心，是多学科中心为推进交叉学科研究新成立的四个分中心之一，学科方向是依托核分析技术与同步辐射平台，建立金属组学等相关研究方法，开展典型污染物的环境行为、毒理效应及作用机制研究，发展消除或降低污染物毒性以及环境修复的新技术。环境安全健康中心目前的基础研究主要方向为金属组学和纳米材料的环境毒理。金属组学旨在研究生物体中金属元素的分布、化学种态、含量、结构特征和功能，是环境安全健康中心的传统优势学科。

6.1.5　其他研究机构

军事医学科学院卫生学环境医学研究所，是解放军卫生学环境医学的最高研究机构、指导中心和全军卫生学环境医学高级人才的培养基地，主要开展生物、环保、食品安全检测与评价、生物工程药物和心血管系统中药的研发等工作。目前主要研究领域包括劳动卫生学、环境卫生学、营养学与食品卫生、高原医学、寒区医学、应激医学和卫生检验学。设有国家生物医学分析中心环境与食品检验实验室、全军卫生监测中心，其中全军卫生监测中心的主要任务是开展水、食品、空气卫生检验、食物营养素分析和食品安全性毒理学评价。设有综合办公室、水质理化检验实验室、食品理化检验实验室、水与食品微生物检验实验室、食物营养素分析实验室、食品功能学评价实验室、卫生毒理实验室、仪器分析实验室、空气卫生检验室和卫生监督室。可承担卫生微生物分析，致癌致畸致突变物分析，环境质量监测，食品成分分析，食品卫生检验，水质检验及卫生监督等以及有关分析新技术的推广交流和人才培训。

中国毒理学会成立于 1993 年 12 月，是全国毒理学工作者自愿组成的非营利性学术团体。挂靠于中国人民解放军军事医学科学院，主要包括工业毒理、食品毒理、药物依赖性毒理、临床毒理、生化与分子毒理、饲料毒理、遗传毒理、免疫毒理、生殖毒理、环境与生态毒理、生物毒素毒理、分析毒理、兽医毒理、军事毒理、放射毒理、毒理学史、管理毒理、中毒与救治、药物毒理与安全性评价以及毒理研究质量保证专业委员会等 20 个专业委员会，业务范围主要是开展毒理学学术交流、业务培训、国际合作、咨询服务等。

第三军医大学军事预防医学院成立于 1978 年，原名为“卫生防疫系”，1992 年更名为“预防医学系”。2003 年经学校批准，更名为“军事预防医学院”。在学科建设方面，军事预防医学院已发展成为集军事医学和预防医学专业特色和学术优势为一体的军事预防医学的学科体系。军事预防医学被批准为国家重点学科、军队“2110”重点建设学科和总后优秀人才科研工作站，复合伤实验室被评为国家重点实验室和军队“重中之重”重点实验室，高功率微波生物效应与医学防护研究实验室被评为全军重点专业实验室和教育部重点实验室，卫生毒理学被评为国家重点（培育）学科，营养与食品卫生学实验室和环境卫生学实验室被评为重庆市重点实验室。“卫生毒理学”国家重点（培育）学科主要研究领域为：①环境致突变分子机制及致突变检测新方法研究；②肿瘤病因学及发生机制的研究；③持久性有机污染物对男性生殖障碍的影响及机制研究；④作业环境有害因素损伤及医学防护研究。

第四军医大学军事预防医学系（原称军事卫勤统计系）成立于 1992 年 11 月，1999 年根据全军第十四次院校工作会议精神改为现名。全系设有卫生勤务学、卫生统计学、军队劳动与环境卫生学、军事营养与食品卫生学、放射医学、军事卫生毒理学、军事和体育等 9 个教研室，拥有 3 个博士学位授权学科分别为卫生统计学、防原医学和流行病学，6 个硕士学位授权学科分别为卫生统计学、放射医学、流行病学、毒理学、劳动与环境卫生学和营养与食品卫生学。现有三总部1995年批准的全军"三重建设"重点建设学科1个（高技术武器损伤医学防护），全军重点实验室2个（流行病学重点实验室和新概念武器损伤医学防护重点实验室），国家计委1997年批准的"211工程"建设重点学科2个（流行病学和卫生统计学），陕西省教委1999年批准的陕西省重点建设学科3个（流行病学、卫生统计学和新概念武器损伤医学防护）。

6.2 国内已有的实验室概况

6.2.1 重点实验室

6.2.1.1 中国环境科学研究院"环境基准与风险评估国家重点实验室"

环境基准与风险评估国家重点实验室是科技部于2011年新批准建设的国家重点实验室之一，是我国环保领域的第一个国家重点实验室，实验室主管部门为环境保护部，依托单位为中国环境科学研究院。实验室瞄准"科学确定基准"的国家目标和国际科学前沿，重点开展环境质量特征与分区、环境基准和环境风险评估研究三方面的基础与应用基础研究，为我国环境质量标准制/修订、保护生态环境与人体健康的重大决策以及环境风险管理提供科技支撑。

6.2.1.2 中国科学院生态环境研究中心"环境化学与生态毒理学国家重点实验室"

环境化学与生态毒理学国家重点实验室于20世纪70年代率先在国内开展有毒化学污染物的相关研究和环境监测标准方法体系的建设工作，在环境分析方法与仪器设备研制、污染分布与演化趋势、污染物形态与环境化学行为以及生态毒理效应等方面完成了大量基础性的系统研究。实验室2004年通过国家重点实验室论证，2005年开始建设，2007年正式通过验收。实验室以持久性有毒化学污染物（PTS）的分析方法、环境化学行为及其生态毒理效应为主要研究方向。

6.2.1.3 中国科学院地球化学研究所"环境地球化学国家重点实验室"

环境地球化学国家重点实验室于1991年建立，依托单位为中国科学院地球化学研究所，研究领域主要是以地球化学理论和方法为主要手段，从地球环境的整体性和相互依存性出发，针对区域（特别是西南喀斯特地区）环境和全球变化问题，综合研究天然和人为过程释放的化学元素、同位素及化合物在地表各圈层（岩石/土壤圈-水圈-大气圈-生物圈）之间的迁移和循环规律及其对生态环境系统的影响，发展和完善环境地球化学理论，评估导致环境质量变化的自然和人为作用份额，为环境保护、人类健康和社会可持续发展服务。

主要研究内容：①地表环境地球化学过程与环境质量变化方向，主要研究地球表面各圈层之间的物质循环的生物地球化学过程及其生态环境效应，揭示物质生物地球化学循环与生态环境变化之间的关系；②环境和气候变化的地球化学记录方向，研究各种环境和气候变化的地球化学代用指标，揭示地球过去（尤其是全新世和过去2000年以来）的气候和环境变化及其与人类社会发展的关系；③地球化学环境与人体健康方向，研究有害物质的迁移、转化规律及其控制机理，揭示地球化学环境与人体健康的耦合关系。

6.2.1.4 北京大学"环境模拟与污染控制国家联合重点实验室"

北京大学环境模拟与污染控制国家联合重点实验室是环境模拟与污染控制国家联合重点实验室的四个分室之一，又称"大气环境模拟国家重点实验室"，依托原北京大学环境科学中心，1989年开始建设，1995年10月通过国家验收，正式挂牌为国家重点实验室。

北京大学环境模拟与污染控制国家重点联合实验室运用先进的科学技术，研究重大的环境问题，以基础研究和应用基础研究支持高新污染控制技术的发展，主要研究方向包括污染物在环境中的行为效应及生态与健康影响，环境污染控制的新理论新技术，解决重大环境问题的策略。

6.2.1.5 国家环境保护环境与健康重点实验室

国家环境保护环境与健康重点实验室（太原）于2002年11月14日经原国家环保总局批准建设，该实验室为从事公害病研究的科研事业单位，重点从事与公害病有关的技术与基础研究。该部级重点实验室由公害病防治研究室、水污染与健康研究室和空气污染与健康研究室联合组成，分别依托于国家环保局所属的太原环境医学研究所、武汉环境医学研究所以及北京环境医学研究所。主要开展环境污染对人群健康危害及其防治对策的研究，研究大气和水污染等对人群健康危害以及所导致的公害病，并制定相应的防治对策。

6.2.1.6 西安交通大学医学院"环境与疾病相关基因教育部重点实验室"

2003年10月24日，环境与疾病相关基因教育部重点实验室通过教育部验收，2004年2月13日被批准为教育部重点实验室。主要研究领域包括：环境与疾病发生的宏观规律，环境致病生理与病理学基础，环境相关疾病的分子生物学机理，环境相关疾病防治和新药开发等。

6.2.1.7 上海市环境与儿童健康重点实验室

上海市环境与儿童健康重点实验室是在上海第二医科大学儿童环境健康研究中心的基础上，于2004年年底由上海市科委立项建设的。实验室设立临床流行病学研究室、临床儿童心理研究室、临床睡眠研究室、动物行为测试研究室、儿童营养研究室、神经毒理研究室、生殖毒理研究室、神经分子生物学研究室、元素分析测试研究室和环境有机化学污染物分析室等。

研究领域涉及儿童铅中毒防治的基础与临床研究、不完全性睡眠剥夺对儿童生长发育影响的基础与临床研究、新生儿听力筛查方法学研究、汞对儿童生长发育影响的基础与临床研究、环境激素和农药残留对儿童生长发育影响的研究、室内环境污染对儿童生长发育影响的研究、丰富环境与早期脑发育研究、妊娠期压力对子代发育影响的研究、精细运动剥夺对儿童发育影响等理化及社会环境因素与儿童健康等多个领域的研究。

6.1.2.8 华中科技大学“环境与健康教育部重点实验室”

华中科技大学环境与健康教育部重点实验室在国家环境保护总局武汉环境医学研究所和华中科技大学劳动卫生与环境卫生国家重点学科的基础上，于2002年批准筹建，2003年通过教育部验收。

实验室以环境污染对人群健康危害的机制及其防治对策为主攻方向，开展多层次研究并形成5个相对稳定的研究方向：①环境化学毒物的毒理学研究；②环境与职业流行病学研究；③水污染对健康的危害与防治；④热与毒物耐受和易感的分子机制；⑤环境医学监测新技术。

6.1.2.9 环境与儿童健康教育部重点实验室

环境与儿童健康教育部重点实验室依托上海交通大学，教育部发布通知（教技函[2010]98号）批准实验室立项建设。实验室主要依托上海交大医学院附属新华医院建设，重点围绕理化环境因素对生命早期生长发育影响、社会环境因素对儿童发育行为问题影响、儿童意外伤害的预防和气候变化对儿童健康影响等四个方向开展研究。

6.1.2.10 浙江大学污染环境修复与生态健康教育部重点实验室

污染环境修复与生态健康教育部重点实验室是国家科技部于2003年12月批准立项，依托浙江大学建设的教育部重点实验室。实验室主要进行基础理论和应用基础理论研究，现有四个研究方向：①环境污染过程，包括有机污染（尤其持久性有机污染）环境生态过程、重金属污染环境生态过程、营养盐污染环境生态过程；②生态健康诊断与预警，包括污染土壤环境质量退化与农田生态系统健康诊断、污染水环境质量退化机理与水生态系统健康诊断、区域环境质量评价和生态健康风险预测预警的新技术体系；③特异生物资源与环境修复，包括重金属超积累/富集特异植物种质与污染环境植物修复、有机污染物高效降解特异微生物种质与污染环境植物-微生物联合修复、高效去除水体营养盐特异植物/微生物种质与水系氮、磷污染和富营养化生态修复；④污染控制与资源化，包括农村和农业面源污染的控制与农业及人畜禽废弃物资源化、工业废气污染控制与资源化和城市污染控制与垃圾污泥等固体废弃物资源化。

6.1.2.11 中国科学院城环所（厦门）城市环境与健康重点实验室

中国科学院城市环境与健康重点实验室成立于2009年11月。城市环境与健康重点实验室结合我国社会经济发展需求，围绕城市化的环境效应和城市环境可持续发展、以城市环境与健康效应为研究对象，整合城市生态学分析和生物地球化学过程的研究方法，通过生态学、地学、环境化学、环境生物学、毒理学和信息学等多学科交叉，重点开展城市生态格局及效应、城市环境质量演变过程与机制以及城市环境毒理与健康研究。

6.2.2 其他实验室

6.2.2.1 中国环境科学研究院环境污染与健康实验室

中国环境科学研究院环境污染与健康实验室成立于 2005 年，主要研究方向有：污染物对人体健康损害的基准和标准研究，环境污染物对人体健康影响的危险度评价，环境污染物健康损害机制研究，运用毒理学和分子生物学技术进行污染物致毒机制研究。

6.2.2.2 中匈环境科学与健康实验室

2006 年 10 月 21 日，“中匈环境科学与健康实验室”在中国地质大学环境学院揭牌。实验室围绕健康与环境的关系，通过整合中匈两国在地球科学、化学、环境科学与生命科学等学科领域的科技资源，从环境毒物的存在形式及不同存在形式对微生物的代谢过程的影响研究入手，探索重金属、有机污染物等有害物质对人类健康尤其是地方病的影响。

6.2.2.3 公共卫生与预防医学中心实验室之环境与健康评价实验室

公共卫生与预防医学中心实验室是由原华西医科大学公共卫生学院的卫生检验教研室、医学检验教研室、劳动卫生教研室、环境卫生教研室、营养与食品卫生教研室、卫生毒理教研室、卫生统计学教研室等为主的十余个教研室合并而成。该中心实验室包括 5 个综合实验室，即卫生理化实验室、卫生微生物实验室、卫生毒理实验室、环境与健康评价实验室和计算机教学模拟实验室。

6.2.2.4 沈阳医学院环境与人口健康实验室

环境与人口健康实验室是沈阳医学院依托病原生物学、营养与食品卫生学、卫生毒理学、劳动卫生与环境卫生学、分子生物学等几个重点学科，建立的环境与人口健康实验室，主要研究方向是探索环境因素对人群健康的影响机制，包括大气污染与呼吸道微生态研究、环境化学物雄性生殖发育毒性研究、营养与慢性病研究、DNA 修复基因与癌症发生风险研究和机体免疫调控机制研究。

6.2.2.5 中国环境保护总局华南环境科学研究所、中国科学院生态环境研究中心环境与健康联合实验室

2007 年 4 月 21 日，原国家环境保护总局华南环境科学研究所与中国科学院生态环境研究中心共建的环境与健康联合实验室在国家环境保护总局华南环境科学研究所正式挂牌。双方本着优势互补共同发展的原则，共建环境与健康联合实验室，共同致力于环境中毒害污染物的生态风险和人群健康风险等方面的研究。

6.3 国内实验室现有科研基础

目前我国在环境健康方面的科研基础总体而言比较薄弱。虽然原有卫生系统的环境卫

生和环境医学专业的科研基础为环境健康学科和科研能力的发展奠定了一定的基础，但是由于环境健康学科是随着社会的发展和进步而产生的一门新型的交叉学科，因此，环境健康学科较环境卫生学和环境医学等有更广泛的范畴。近年来，面对日益严重的环境健康问题，环境健康学科在实践需要中不断地发展，相关科研基础也在逐渐的建设之中。

现有的科研技术力量主要来自环保和卫生系统内的研究单位、中科院以及各大高校。北京大学、华西医科大学、华中科技大学、上海医科大学、山西医科大学、哈尔滨医科大学等的公共卫生学院都设有环境卫生系，在环境健康方面的人才培养、学科建设和科学研究方面发挥着重要的作用。

为了整合现有的人才资源，2007 年，原国家环保总局组建了“环境健康专家库”。中国环境科学学会于 2006 年成立了专门的环境与医学专业委员会。

相对于发达国家而言，我国现阶段环境健康技术力量薄弱，无论是实验条件还是科研力量及科研技术水平等都与发达国家有很大的差距，如果不加强这方面的能力建设，将难以应对未来环境健康方面的挑战。

第三篇

国内外环境与健康管理介绍

第7章　环境与健康管理模式

7.1　国内外环境与健康管理模式介绍

由于环境与健康问题的复杂性和广泛性，多数国家需要环保部门和卫生部门乃至更多部门进行协同管理和研究，但不同国家主要管理、研究机构设置有所不同。有些国家环境与健康管理与研究机构隶属于环保部门，有些国家则由卫生部门和环保部门共同管理。要认识一个国家环境与健康的管理、研究模式，就需要了解其管理、研究的机制、内容以及工作目标。

7.1.1　美国

1970年7月，美国国家环境保护局（US EPA）成立，其使命是保护人群健康、维护自然环境（包括空气、水和土壤），负责保障水、空气和土壤等日益增长的公共需求。30多年来，US EPA不但承担起减少环境危害、建立新环境标准的任务，而且在环境管理、研究、培训和评估等方面都处于世界领先地位，其制定的相关标准被汇编在美国联邦法规（CFR）的第40卷，作为强制性标准要求企业必须采用。

US EPA在其研究与发展中心下设两个与环境与健康相关的研究室：国家暴露研究室和国家健康与环境效应研究室。国家暴露研究室主要是开展人体对污染物暴露的研究项目；国家健康和环境效应研究室旨在揭示环境污染物对人体健康的损害机理，下设5个实验室，包括人体研究室、神经毒理学室、生殖毒理学室、实验毒理学室和环境致癌室，分别从基因、分子、细胞及组织水平等对环境污染物的致病机制进行研究。

美国卫生和公共服务部类似于中国的卫生部，其下属单位国家疾病预防与控制中心、国家健康研究所都设有专门的管理部门或者环境健康研究机构。美国卫生与公共服务部还设立了美国环境健康政策委员会，这些部门通过监督和调查，获取人体健康与环境相关的知识，制定用于预防疾病的国家公共健康计划和政策，研究环境污染导致疾病的预防和控制途径。总体来看，美国EPA和美国卫生和公共服务部在环境与健康管理及研究中有以下主要区别：

- EPA着眼于大范围环境污染对人体健康的影响，例如，生态环境恶化对人体健康的影响，而卫生和公共服务部侧重于具体污染物（如室内化合剂）对人体健康的影响。
- EPA偏重环境污染的风险评价和管理，而卫生和公共服务部侧重于相关疾病的预防和防治，以及对特定人群的健康保障。

- EPA 从事环境与健康研究的专家具有非常广泛专业背景，包括生物、化学、生态、环境、医学等，而卫生和公共服务部的专家更多来自医学领域。
- EPA 的研究内容多侧重于人体和生态系统暴露于污染物的评估，特别是进行暴露污染物的迁移转化以及对生物影响的暴露评价；而卫生和公共服务部则侧重于环境污染所致疾病病理的形成以及疾病的预防与控制。
- 卫生和公共服务部还负责针对不同的易感人群（如儿童、老人、妇女）和特殊群体（如军人）的环境健康效应进行信息采集、登记等工作，并进行有针对性的研究，采取切实可行的预防措施，以确保该人群的健康。

7.1.2 日本

日本负责环境与健康管理工作的机构是环境省环境保健部。保健部的主要任务是防止化学物导致环境污染而对环境和人体产生不良作用，保证受害人群得到迅速和公平的救助。主要工作包括进行污染物（特别是化学品）对人体健康影响的风险评估；进行环境保健调查研究；负责对污染疾病的损害赔偿。

日本厚生劳动省由原厚生省和劳动省合并而成，相当于我国的卫生部和劳动部。这就决定了日本的卫生部门兼有保健、劳保和福利的多重功能。主要负责保障全民健康，具体来说，主要进行对由生活习惯引起的疾病、传染病的管理，对老人、儿童的环境疾病进行预防、控制等。

7.1.3 欧盟

随着欧共体的建立，欧洲各国在环境与健康方面的政策和法规也日趋一致。尽管如此，各国之间还是存在着差异，部分国家的环境与健康管理和研究机构较为齐备、水平较高，个别国家则相对薄弱。本部分通过分析荷兰、德国两国在环境与健康的管理、研究方面的特点，了解欧洲在环境与健康领域的管理、研究现状。

7.1.3.1 荷兰

荷兰环保部门归属于城市住房规划环境部。主要职能是制定、颁布环保政策和环境卫生标准，同时监督法律法规的执行情况，确保居民生活环境持续健康发展。环保部门主要参考卫生部门研究机构的相关研究结果制定环保政策及法律法规，其决策的基础资料多由荷兰的卫生部门下属的公共健康和环境研究所提供，该部门不仅负责环境污染与健康的研究，还针对突出问题，研究解决对策。如在突发紧急情况下如何保证居民的健康，如何提高环境质量以及如何进行环境质量、人群健康状况长期监测和人体污染物暴露评价。这些研究结果比较分析后报告给政府部门，为政府部门提供决策依据。

7.1.3.2 德国

德国环保最高部门是联邦环境、自然保护和反应堆安全部，下设三个局：联邦环保局、联邦自然保护局和联邦辐射防护局。再次是州一级环保局，它又包括一些具体部门，如巴伐利亚州环保局下设 5 个部门，分为软件支持、信息传播等部门。巴伐利亚州环保局的任务是：①对环境进行检测和评估；②对环境标准制/修订做出决策；③通过行政手段落实环境指标，这需要包括基层行政单位、企业、环保宣传者支持；④与立法机构合作，落实欧盟相关规定；⑤不断培养专业人才并与之保持不断的合作；⑥州环保局要给基层部门提供专业指导，协调不同区域间的争端，指导当地环保者，传播环保意识。

德国的环境与健康研究是由亥姆霍兹联合会多部门合作进行的，在此领域工作的科学家们不仅互相合作，还与其他领域的专业人士进行合作，同时，特别强调德国国内、国际范围内的科研人员的合作。德国亥姆霍兹国家研究中心研究内容广泛，既涉及环境如何影响人类健康，又涉及各种大尺度的环境变化。

7.1.4　中国

我国的环境与健康事业开始于 20 世纪 50 年代。最初主要参照苏联模式，于 1953 年在 6 所大学成立了公共卫生学院（目前已发展到各省至少一所大学有公共卫生学院），在各省、地、县、铁路系统和厂矿企业成立了卫生防疫站。防疫站配有专职人员从事环境卫生监测和预防性卫生监督工作。

20 世纪 70 年代后期，随着环境污染问题的日益突出，各级政府相继成立了环境保护局，环境的检测和环境保护职能从主要依靠卫生防疫站转变为主要依靠环境保护局。目前，我国环境污染与健康管理研究部门机构见图 7-1。

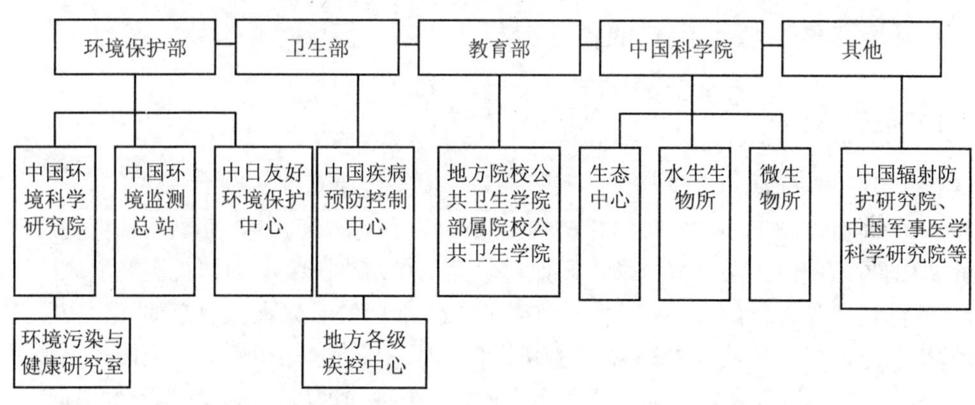

图 7-1　中国环境污染与健康管理研究部门机构图

多年来，卫生部的相关机构特别是中国疾病预防控制中心在我国的环境污染与健康管理、研究中发挥了重要的作用。中国疾病预防控制中心和省级疾病预防控制中心兼有管理和研究的双重职能，在环境污染与健康领域的主要职能是：

（1）为制定与环境卫生相关的法律、法规、标准、规范及依法行政提供科学依据和技术支持，并进行实施效果的评价；

（2）开展环境因素对人体健康影响和环境相关疾病的监测、研究，提出防治策略和控制措施，并对防治和控制方案进行实施效果评价。对突发环境污染事件造成健康危害进行调查，为环境卫生应急事件提供技术支持；

（3）收集并向社会提供相关的环境卫生信息、预防保健咨询，参与社区环境卫生健康促进工作。

目前，我国环境与健康工作主要着眼于：①环境污染与健康的现状调查；②结合环境保护部以污染物控制为中心工作的原则，筛选面大、量广、危害严重的污染物以及所致疾病作为重点调查研究和管理的对象（如地表水的污染、土壤中的重金属等对健康构成危害的环境现象）；③制定环境污染对健康损害的判定标准等。

多年来，中国环境科学研究院和中国环境监测总站针对我国突出的环境污染在环境毒理和风险评估方面展开了研究，并积累了一定的基础资料。2005 年，中国环境科学研究院成立了环境与健康研究部门，开始了环境与健康方面的科研工作。

综合环保部门和卫生部门的环境与健康的管理和研究，我国当前存在的主要问题是：①对全国环境与健康的现状不明、底数不清，国家专项经费支持不够，致使一些急需开展的工作难以实施；②缺少透明、公开的公益性环境与健康基础数据库；缺少特征环境污染物、生物材料的监测；缺少人体疾病的资料和死亡登记报告；③环境与健康协作机制的缺乏，导致环境专家和健康专家之间缺少交流沟通，不利于进行环境与健康的交叉与综合研究；④环境与健康的管理和研究滞后，与本领域日益增多的问题不相适应；⑤国际交流相对偏少，不利于借鉴其他国家的经验与教训。

7.2 国内外环境与健康管理模式的特征分析

7.2.1 环境与健康管理模式的特征分析

7.2.1.1 美国模式

美国的环境保护局和卫生与公共服务部是环境与健康管理实施的主要单位，但侧重点不同。环保局通过制定环境保护法律法规来规范环境与健康工作，在宏观管理和源头治理上是主要的执法部门。在研究领域，环保局研究重点始终围绕着如何提高环境风险评估的可靠性和降低风险评估的不确定性这一中心；卫生部门的研究重点放在如何预防和控制由环境污染引起的各种疾病和提高人体健康水平方面。在研究的范围上，美国在保障本国人民健康的同时，着眼于全球范围的环境污染疾病；美国的地域广阔，环境与健康问题复杂、涉及面广，这一客观现实需要环境部门和卫生部门通力协作、共同管理和研究。

该模式的优点是能够从环境与疾病两个方面进行深入、细致的管理和研究。环保部门能够依靠人体健康影响的风险评估来评估新污染源，同时依靠环境标准、法规、法律来管理污染企业，进而从源头上治理污染。卫生部门能够从预防和控制入手，加强相关疾病的预防，其不足之处是缺少强有力的协调机构和机制。

7.2.1.2 欧盟模式

欧洲各国由于环境污染问题相对较少，环境与健康问题的压力也相对较小。因此环保任务常常与其他职能相结合，由综合部门来管理。环境健康研究也主要集中在专门的研究机构，甚至直属于国家层次。研究的结果直接用于环保部门法律法规的制订，欧洲模式适用于国土面积小、污染轻的国家。

7.2.1.3 日本模式

日本的环境与健康管理及研究主要依靠日本环境省来实施完成。日本的环保部门在环境与健康领域的研究除了基础研究以外，集中在公害病的研究以及环境疾病的立法赔偿等方面，并着眼于本国内的环境与健康问题。日本在环境所致疾病的判定和立法赔偿方面已经形成了一套完整的体系，在该领域位居世界前列。日本模式有利于进行管理，并能集中力量解决问题，适用于环境问题并不十分复杂的国家。

7.2.2 中国环境与健康亟待改善的主要方面

多年来，我国环境与健康的管理与研究主要由卫生部门执行，随着环保事业的快速发展，环保部门加大了在该领域管理和研究的力度；目前我国环境与健康事业正在由依靠卫生部门为主转变为环保部门与卫生部门通力协作、共同负责的模式。

我国国土面积大，涉及的环境问题复杂，与美国有一定的相似性。从长远来看，应学习、借鉴美国模式。目前由于我国正处于社会、经济快速发展的初级阶段，污染类型呈现结构型、复合型、压缩型等特点，环境与健康问题仅靠环境和卫生部门的管理和研究是不够的，还需要科技、教育、农业、交通、建设、规划、新闻媒体等部门以及全社会的通力协作、信息公开和资源共享，才能实现环境安全、人群健康的目标。

就我国环境与健康的现状和具体情况而言，还应进行进一步的改革，以适应不断涌现的环境与健康问题：

（1）建立环境与健康相关工作开展的协调机构和协作机制

目前，环保部门主要侧重于污染物对人体健康影响的暴露评价、风险评估以及污染物治理。而卫生部侧重于环境疾病的预防、控制；必须建立环境与健康协调机构或协作机制，才能更好地合作解决出现的问题。

（2）构建国家级公益性环境与健康基础数据库

环境与健康的研究要求研究人员对我国当前环境与健康的两方面资料有充分的了解，然后才能采取相应的解决措施。构建国家级、跨部门公益性环境与健康专门基础数据库，使科研人员能够方便地获得所需的翔实资料，对于提高我国的环境与健康的科研水平大有裨益。此外，目前环境与健康的监测体系不完善，大量关乎环境与健康的指标没有被列入监测体系。优化环境与疾病的监测体系，完善环境与健康的数据库是本领域十分紧迫的任务。

（3）加大国家环境与健康科研基金支持力度

环境与健康工作属于公益性的范畴，各种基金尤其是国家财政应给予重点支持，设立环境与健康专项资金，以改善我国环境与健康的工作现状。

（4）进一步加强国际合作

环境与健康的工作具有涉及区域广、影响范围大的特点，很多环境与健康问题仅靠一个国家难以解决。国际上发达国家在环境与健康领域的科研和管理方面进行了长期的摸索，他们积累的丰富经验对我们具有很大的借鉴作用，因此必须加强国际合作，以推动环境与健康工作的发展。

第 8 章　国内外环境与健康相关法律法规体系

为更好地保护地球环境，许多国家通过环境法律的制定和修改，加强环境责任制及对环境污染影响人体健康行为的规范。

8.1　发达国家环境与健康相关法律法规体系

8.1.1　美国

8.1.1.1　美国的环境与健康相关的法律法规体系

美国的法律法规体系是在处理各种环境污染事件中逐渐完善成熟起来的。20 世纪 60 年代兴起的环境保护运动也有力地推动了美国的环境立法。国会通过《环境质量改进法》、《职业安全和健康法》、《清洁水法》、《清洁空气法》和《有毒物质控制法》等多项环境法律，使环境法律条款逐步得以全面规定并在实践中得以完善。美国《清洁空气法》规定的污染自我监测计划，《有毒物质控制法》（1976 年，TSCA）规定的有毒物质生产者生产前的通知计划（PMN），即有毒物质的生产者必须向联邦环保局提交包括有关信息的新产品生产通知，有毒物质的生产者、加工者和进口者必须报告特定化学品的有关信息、数据，这些规定都强调、突出了污染者的自觉守法意识和自主守法行为。

美国侵权行为法将各类侵权行为所致损害囊括其中，环境污染损害也不例外。有关环境污染损害之民事责任承担适用普通法关于侵权行为责任的规定。美国的特点在于：受害人给予个人利益损害提起的损害之诉讼适用普通法，但如果基于公共利益提起诉讼则可以适用《美国国家环境政策法》、《清洁空气法》及《清洁水法》等环境法规。

8.1.1.2　美国的环境与健康相关的法律法规体系的特点

美国的环境保护法律、标准等的制定都考虑了对人体健康的影响，很多科学研究项目是研究污染物或新化学品对生物和人体的影响或阈值，为出台新的标准或管理政策提供依据，出现的环境污染引起的健康损害问题主要是通过司法解决，此法律法规体系特点是：建立健全各种环境保护管理制度，依法行政或依法行政管理。

8.1.2 日本

8.1.2.1 日本的环境与健康相关的法律法规体系

日本是 20 世纪环境危害最严重的国家之一，经历了史无前例的公害健康的危害。因此，以 1970 年修改《公害对策基本法》为契机，日本逐步建立健全了防治公害和保护环境生态的法律法规体制、行政管理体制和科技研究开发体制，并以保护地球环境和建设循环社会为导向，制定了产业公害对策。其公害法尤其是公害救济法的理论、判例和立法堪称是世界上最为进步和完善的公害法，如公害的忍受限度论、无过失责任、因果关系推定、共同侵权行为责任、公害健康受害行政补偿制度、公害纠纷行政处理制度、被污染耕地的原状恢复、公害防止协定、公害防止计划、污染物总量控制以及公害防止管理制度等。此外，日本通过法律手段处理公害及环境问题是从公害受害人根据民法规定要求加害企业赔偿损失开始的，如足尾铜山矿毒事件等矿害、大阪制碱事件等工业公害以及信玄公旗挂松事件等道路公害。也就是说，日本公害法、环境法是以民事上的救济为起点而形成和发展起来的。

面对污染给公众造成人体伤害的巨大压力，日本关于环境损害赔偿的立法也颇具创造性。日本国会不仅规定环境污染的受害人可以根据《日本民法典》提起民事诉讼，还通过了《公害纠纷处理法》和《公害健康受害补偿法》，这两部立法专门对公害纠纷的处理程序以及如何对公害健康受害者予以补偿进行了规定，对于及时救济受害者和稳定社会秩序起到了良好的作用。

1972 年日本环境厅发布了《自然环境保护法》；1993 年颁发了《环境基本法》；2000 年发布了《推进形成循环型社会基本法》，该法共包括 7 个具体法律，即《废物管理和公共清洁法》、《促进资源有效利用法》、《容器和包装再循环法》、《家电再循环法》、《建筑工程材料再资源化法》、《食品再生利用循环法》和《促进绿色购买法》。几部法律既有各自的针对性，又相互关联、相互制约，构成了完整的法律体系。此法律体系可以起到遏制废弃物的大量产生、推动资源的再利用和防止随意投弃废弃物的效果。

2001 年日本环境厅升格为环境省。2003 年制定了《环境教育促进法》，不仅将环境教育纳入义务教育法，而且还通过建设环境教育馆、环保俱乐部，编制通俗环保教材以及成立环保民间组织等多种方式来提高全社会的环境意识。

8.1.2.2 日本的环境与健康相关的法律法规体系特点

日本有一系列与公害救济相关的法律，从法律上保证公民受到影响后得到补偿，并有专门的管理机构和工作经费保证，如国家设立了环境损害补偿基金，用于调查、监督、政策制定和赔偿等相关工作。此法律体系加强了对环境纠纷的处理，在处理环境民事损害赔偿纠纷时，对污染、破坏环境的行为实行无过失责任原则、因果关系推定原则、举证责任转移原则，并实行较长诉讼时效。此种法律体系具有很强的操作性。

8.1.3　欧盟

8.1.3.1　欧盟的环境与健康相关的法律法规体系

欧盟环境与健康战略的目标就是为了更深入全面地理解环境对于人体健康的影响，在此基础上识别由环境因素所导致的疾病负担，并针对这些新出现的挑战制定相应的对策建议。因此，这一战略的最终目标是：①减少欧盟内因环境因素导致的疾病负担；②识别并预防由环境因素引起的新的健康威胁；③加强欧盟在这一领域的政策制定能力。

欧盟的环境立法建立在健康标准、监控系统和健康威胁因素的控制基础上，其主要领域包括工业化学物品、多氯联苯、内分泌干扰物、农药、噪声和电磁辐射等。目前，欧盟在环境与健康领域的法规政策体系日趋完善。环境领域的法规政策，《污染物疾病控制》、《健康保护和监测》等与烟草控制、食物安全立法、健康影响评价、放射性物质控制等健康领域的法规政策相辅相成，为欧盟的环境与健康提供了较为完整的政策法律保障。尽管现行的法规政策对于保护人体健康已起到较为积极的影响，但欧盟仍倾向于继续研究新的法规政策，以适应和解决由单介质影响到复合介质，以及多介质增效影响所造成的认识不足，减少复合型污染导致的健康损害，从而更加有力地保护人体健康。

8.1.3.2　欧盟环境与健康相关法律法规体系的特点

欧盟的环境立法建立在健康标准、监控系统和健康威胁因素的控制基础上，其相关的法律法规相辅相成，构成了较完整的环境与健康法律法规体系。

8.2　发展中国家环境与健康相关法律法规体系

为了增强环境法的权威性和可操作性，许多发展中国家通过环境法律的制定和修改，加强了环境责任制及对污染破坏环境的行为和环境违法行为的惩罚。在对污染破坏环境的责任追究方面，一些国家的立法从过去只追究组织、单位的责任发展到同时追究政府官员、公司经理的个人责任，一些立法还对污染破坏环境的连带责任作了规定。印度的《环境保护法》（1986 年）规定：公司或私人协会如果违反了环境法，其主任、经理、秘书长、合伙人或其他有关成员将被追究责任，违反法律的政府部门的部长也将被追究个人责任。在印度尼西亚，对故意损坏环境的人可以处以 5 万美元的罚款和 10 年的监禁。在泰国，根据 1975 年的《国家环境质量保护和改善法》，对不能达到环境标准的行为处以一个月的监禁和 1 000 泰铢的罚款，而根据 1992 年修改的《国家环境质量保护和改善法》对相似违法行为则可以处以一年监禁和 10 万泰铢的罚款。

8.2.1　印度

8.2.1.1　印度的环境与健康法律法规体系

印度的环境与健康相关法律法规体系的制定刚刚起步，正在逐步完善。印度在 1976 年修改了宪法，增加了环境保护的相关条款，到 1986 年，颁布了环境保护基本法《环境保护法》，其中强调了对人体健康的保护，并加强了环境责任制及对污染破坏环境的行为和环境违法行为的惩罚；另外，在印度法院已受理直接基于宪法规定的环境权所提起的环境诉讼案件。然而，从资源环境立法的指导思想上看，印度还没有将资源加以利用以求持久发展的概念引入整个环境的法律体系，其整个环境和资源的法律体系还欠完善；如对环境污染事故的责任、赔偿、保险均无统一完善的法规，无法保证对环境污染事故做出迅速的法律反应；如 1984 年，位于博帕尔的美国联合碳化物公司的毒气泄漏事件造成 2 800 人死亡，4 万人受到严重影响，事故后遗留下来的法律问题至今没有得到完满地解决。从印度环境与健康立法的趋势看，印度对环境的立法权正逐渐向中央集中。

8.2.1.2　印度的环境与健康法律法规体系特点

印度的环境与健康相关的法律法规体系是在应对不断出现的环境污染致健康损害事件中慢慢发展起来的，其环境与健康立法权主要向中央集中，把环境与健康法律法规制定提高到很高的重视程度，有助于相关法律法规能够高效率、高标准的制定。

8.2.2　印度尼西亚

在印度尼西亚（印尼），目前还没有关于环境与健康的国家政策和相关的立法，仅在一些健康相关的法律和环境相关的法律方面能找到与环境健康相关的一些条款。1997 年，印尼颁布了《环境法》，规定“在经济持续发展的同时，要保护环境和自然资源”。2000 年的《烟草产品控制法》的第 38 款中提到了“控制烟草对人体健康的影响”。

目前，印尼有 19 个与控制环境污染与健康危险物有关的法律法规，在 1999 年国家立法的第 27 法案颁布了环境影响评价相关的政策，在 2001 年 8 月卫生部颁布第 876 号文件要求健康影响评价作为环境影响评价的一部分内容，以及 2001 年的《森林火灾的环境退化和环境污染》和 2002 年的《环境管理和环境监测方案》等，这些法律法规对保护印尼环境与人民健康是非常重要的。

自 1999 年起，环境和健康机构的责任也被分散到地方政府部门，他们的职责是进行政策的制定、数据的收集、技术人员的培训和管理等，国家仍然负责环境质量的监测。

8.2.3　泰国

泰国宪章中有针对保护人类健康而控制污染的具体规定，根据 1975 年的环境基本法《国家环境质量改善保护法》，泰国建立了发挥行政作用的国家环境委员会，致力于环境改善，并设置了环境影响审查的法律措施。80 年代后，泰国水及大气等环境污染逐渐严重，为应对这一情况，泰国政府制定了全面限制环境污染的新的法制，实施了《国家环境质量提高保护法》、《工厂法》、《新公共卫生法》、《保护城市清洁秩序法》和《危险物质限制法》等环境相关法律。其中在《国家环境质量提高保护法》的设定下，实施了重组和强化国家环境委员会、保证居民参与的权利、援助非政府环境组织、设立环境基金、采用污染者负担原则、设置为限制公害及保护环境 6 个项目，增加了环境质量标准、加强惩罚条例等，并设立了科学技术环境部。1992 年，泰国制定了《危险物质限制法》，同时还制定了抑制环境中的有害物质、污染物质及废物的相关法律，对工业废物造成的水质污染等实施了相应的限制措施，尽管如此，泰国限制和管理所有有害废物的综合性法制仍不健全。泰国还参与了一些国际规程和议案，如参与了 1995 年的气候变化框架规章、2011 年的有关 POPs 斯德哥尔摩条约以及 2004 年的烟草控制条约等。

8.3 转型国家——俄罗斯环境与健康相关法律法规体系

8.3.1 俄罗斯环境与健康法律法规体系

独立后的俄罗斯加强了环境与健康的立法工作。《俄罗斯联邦宪法》第 42 条规定：“每个人都有享受良好的环境，获得关于环境状况信息的权利，享有因生态破坏损害其健康或财产而要求获得赔偿的权利。”俄罗斯还制定和颁布了大量保护环境的专门性联邦法律，主要有：《俄罗斯联邦环境保护法》、《联邦居民卫生防疫安全法》、《联邦居民健康保护立法纲要》、《联邦大气保护法》、《联邦地下资源法》、《联邦森林立法纲要》、《联邦特殊保护的自然区域法》、《联邦居民辐射安全法》、《联邦水法典》、《联邦生态鉴定法》、《联邦原子能利用法》、《联邦遗传工程活动国家调整法》、《联邦森林法典》、《联邦生产废弃物和消费废弃物法》和《联邦关于安全使用杀虫剂和农用化学制品法》等。

俄联邦总统和政府也分别以联邦总统命令、指令和联邦政府决定、指示的形式颁布了许多保护环境的规范性法律文件。如《俄罗斯联邦关于保护环境和保障可持续发展国家战略基本条例》、《俄罗斯联邦可持续发展的基本构想》、《关于建立统一的国家生态监测系统的决定》和《国家生态鉴定条例》等。

俄罗斯在其生态法领域，规定和确认了“环境保护优先性”原则，其基本内涵是指在环境管理活动中应把环境保护放在优先位置予以考虑，在社会的生态利益与其他利益冲突时，优先考虑生态利益，在维护生态平衡的同时，必须保障经济的可持续发展，因此要求国家的环境管理必须兼顾社会利益和经济利益。

8.3.2 俄罗斯的环境与健康法律法规体系特点

俄罗斯实行“环境保护优先性”原则，环境法不仅赋予每个公民拥有有利于健康的良好自然环境的权利，而且确定了保护自然环境的经济机制，确定了自然环境质量标准和国家生态鉴定的规则，对企业、设施和其他项目的设计、建设、改造和投产提出生态要求等，这些政策都是值得我国借鉴的。

8.4 中国环境与健康相关法律法规体系

8.4.1 中国的环境与健康相关的法律法规

中国是一个人口大国，一旦发生污染事故，所造成的损害必然远远严重于人口相对较少的发达国家，这就决定了我国对环境污染事故必须高度警惕，对环境问题要格外重视。党的十一届三中全会之后，国家较早制定的《环境保护法（试行）》和在 20 世纪 80 年代中期所颁布的环境立法中均没有涉及环境民事责任。1986 年通过的《民法通则》最早对环境污染民事责任进行了规定，如第 124 条：“违反国家保护环境防止污染的规定，污染环境造成他人损害的，应当依法承担民事责任。”该通则确立了我国环境损害民事责任制度。此后，有关的环境立法，包括《环境保护法》、《大气污染防治法》、《水污染防治法》、《固体废物污染环境防治法》、《环境噪声污染防治法》和《海洋环境保护法》等，均对环境污染损害民事责任制度进行了规定。可见，当前我国有关环境污染损害立法是采取民事基本立法与环境部门立法并存的立法模式，与多数国家的做法基本相同。

8.4.2 中国环境与健康相关的法律法规存在问题

尽管我国《民法通则》和大量环境立法都对环境污染损害赔偿民事责任作了规定，但是，因环境污染提起的民事案件或者久拖不决、或者屡诉屡败的状况，不仅严重损害公民的身体健康和财产安全，而且极大地挫伤了人们参与环境保护的热情和积极性，从根本上不利于环境保护事业的健康发展。形成这种困境的原因是多方面的，归纳起来主要有：

第一，立法规定的矛盾和冲突。我国有关环境损害民事赔偿责任的规定分布于不同的法律中。关于赔偿是否以违法性为条件，以及归责原则的规定并不一致。多数人认为，我国《民法通则》规定了环境损害赔偿的无过错责任，但是，研究其规定并非如此。按照“违法性包括过错”的理论，《民法通则》强调“违反国家保护环境防止污染的规定”，实质上是规定了行为人承担环境损害赔偿民事责任以“过错”为要件。而其他单行法均规定“造成环境污染危害的，有责任排除危害，并对直接受到损害的单位或者个人赔偿损失”。显然这里强调的是行为的危害性，而不论行为人的行为是否违反法律的规定。这意味着，依照《环境保护法》追究行为人的民事赔偿责任是不考虑主观因素的。由于《民法通则》与《环境保护法》的规定不一致，给人们思想上带来一定程度的混乱，导致在实践中人们为到底应该给环境标准、排污标准和质量标准什么样的地位而争论不休。但从严格意义上来看，这也不是问题的根本所在，因为按照新法优于旧法，特别法优于普通法的原则，法官理应选择适用《环境保护法》的规定，但是，在没有法律专业素养的受害人面前，法官在某些外在因素的影响下，就可能故意钻法律规定不一致的“空子”，使用《民法通则》，从而不利于对受害人的救济。

第二，有关立法的程序性规定不明确。环境损害赔偿必须解决的问题是举证责任的分担、因果关系的认定以及有利于受害人的诉讼形式和程序。然而，我国相关立法规定要么欠详细、明确，要么干脆没有规定。首先，我国《民事诉讼法》对环境损害赔偿中当事人如何分担举证责任没有特别规定。虽然按照最高人民法院《关于适用〈中华人民共和国民事诉讼法〉若干问题的意见》第74条的规定：“对于因环境污染引起的损害赔偿诉讼中，对原告提出的侵权事实，被告否认的，由被告负责举证。”但这个规定仍存在原则性强的问题，缺少针对性，原告提出的侵权事实应当包括什么，被告承担多大范围的举证责任均没有涉及。因此，导致法官适用法律随意性较大；其次，《民事诉讼法》以及最高法院的司法解释均对在环境损害赔偿民事案件中如何认定因果关系，及对各国普遍采用的环境损害民事赔偿案件的集团诉讼形式没有任何规定，增大了救济成功的难度。

第三，忽视利用行政手段处理环境损害民事赔偿案件的重要性。我国现行的各项环境立法均规定赔偿纠纷可以由环境保护行政主管部门调解处理，当事人也可以直接向人民法院起诉，这个规定已经遭到环境法学界许多学者的批评。因为从环境损害赔偿的具体情况和困难来看，由主管环境保护的行政部门来处理环境纠纷的确具有许多优点，给当事人带来方便，也有利于社会秩序的稳定。但是将行政处理作为一个可有可无的程序，会严重影响环境保护部门解决环境纠纷的积极性，造成环境污染纠纷案件久拖不决，社会矛盾激化。纵观日本公害纠纷处理程序中行政部门的作用，我国现行规定的确存在较大的问题。

8.5 国际环境与健康法律法规体系共同点

通过对国际环境与健康相关法律体系的综合分析，发现它们大都存在以下一些共同点：①环境保护已成为许多国家宪法的重要内容。各国将环境保护写入宪法，使得具体的环境立法有了宪法依据；②许多国家制定和颁布了环境保护基本法，对环境和人体健康保护进行全面综合的法律调整。环境保护基本法是一个国家环境保护方面牵头的法律，它通常规定了一个国家的基本环境政策、原则和制度，其作用是能够对环境保护法律关系进行全面综合的调整。目前，一些国家还在陆续制定和颁布这种综合性的环境保护基本法；③各国制定和颁布了大量的单行环境法律、法规和规章。随着各国对环境管理的不断强化，环境和健康立法越来越全面具体，因而便颁布了大量的各方面的单行环境与健康相关的法律和法规，其主要特点是条文具体、标准严格和威慑力强；④依据经济发展的需要和环境污染的主要矛盾及其变化情况，适时地制定和调整、完善相应的环境保护法规和环境标准。环境和健康相关立法的健全和完善，为各国环境保护起到了促进和保证作用，使环境得到较大改善。

8.6 国际环境与健康相关法律法规体系对我国的启示

环境与健康工作涉及许多学科和许多部门，复杂性和不确定性是环境与健康问题的最大特点。现行的环保管理标准、政策、法规大多缺乏与健康问题的衔接。另外，相对于环境污染防治工作，我国的环境与健康工作起步较晚，现行的环境制度中尚未明确环境健康工作的要求，环境健康相关的标准、法律、法规和管理制度也比较缺乏。一些重要的环境领域尚处在无法可依的状况，比如，有毒化学品污染防治、环境污染损害赔偿、放射性污染防治以及生物技术安全等重要领域，目前大多停留在行政法规或规章的层次上，缺乏相关的法律。

对于我国环境与健康相关法律法规体系的完善，国外相关法律法规体系有不少可借鉴之处。日本一系列与公害救济相关的法律，保证了公民受到影响后得到补偿，而我国目前尚无一部相关环境污染赔偿的法律，日本的相关公害赔偿法律值得我国借鉴；美国的环境保护法律、标准等的制定都考虑了对人体健康的影响，这也是我国在制定环境与健康相关法律法规方面应该借鉴之处；欧盟主要是通过欧洲委员会制定一系列的行动计划，号召各成员国加强在环境与健康领域的研究与合作，最大限度地减少环境污染导致的人体健康损害，我国环境与健康相关法律法规的制定应借鉴欧盟的措施，将环境与健康法律法规逐步纳入依法治理的法制管理，以减少环境污染所致的健康损害。

8.7 我国环境与健康相关法律法规体系的发展方向

在深入研究环境污染对健康损害的基础上，尽快完善环境污染健康风险的标准、法规体系和定量评估健康风险经济损失的方法，建立环境污染健康损害的补偿机制和法律框架，确实保障人民的身体健康和经济利益。

8.7.1 健全环境与健康立法体系

与保护人类健康的目标相比，中国环境与健康保护的政策法规体系远不能满足实际的需要，很多方面存在着法律的空白，现有的法律法规也有一些和环境与健康新状况不相适应。目前应按照可持续发展的要求进行环境与健康保护的立法，完善政策体系。借鉴欧盟的成功经验，结合我国的实际情况，制定诸如农药法令、公众健康计划、环境与健康影响评价、健康环境补偿和公众参与等政策法规。随着突发性环境与健康事件的不断发生，我国在环境与健康政策法规体系中已经有所建树，但本着“预防为主、防控结合”的原则，从污染物源头控制和疾病感染途径上解决环境污染对健康的影响，需要更前端、更全面的政策法规体系支持。

从立法原则来看，应当把中外证明是行之有效的各项基本法律原则，包括可持续发展原则，预防污染原则，污染者负担原则，经济效率原则，水、大气、固体废物等污染的综合控制原则，有效控制跨界污染原则，公众参与原则和环境与经济综合决策原则等，纳入各项环境法中。

从立法体系来看，应当努力建立由环境基本法、单项实体法、程序法等构成的完整法律体系；加强与国际环境条约和标准相配套的国内立法，促使国内法与国际法的衔接。

从法律制度来看，应当建立健全各项环境保护基本法律制度，包括总量控制、许可证、排污费、环境影响评价、环境审计等，力求使之成为更加完备、更加透明、更加公正的法律制度，并把污染综合控制和全过程控制作为这些制度的一个基本目标。

建立环境与健康赔偿机制和相关标准体系。组织建立环境污染导致健康损害赔偿程序、赔偿办法等环境管理规章制度，明确技术认定、方法学指南等。组织建立不同类型、不同污染物导致的环境健康损害的认定标准、程序及补偿制度，使重大环境事故处理处置有法可依、有章可循。力争在一些地方进行试点，在经过多年实践的基础上逐步完善标准体系。开展环境污染对人体健康损害的风险评估，并逐步列入环境影响评价管理制度中。开展现有环境质量标准和重污染行业排放标准对健康的影响评估。推动并协助环境健康相关的条例、法规、法律的拟定，如环境健康评估法、环境损害健康补偿法以及环境纠纷处理条例等。国家设立环境损害补偿基金，用于调查、监督、政策制定和赔偿等相关工作。

8.7.2 积极利用市场经济手段

随着市场经济的发展，在环境保护中积极利用市场经济手段，不仅有助于明确单位和个人的环境责任，也能有效地减少环境保护行政管理的财务和技术负担。一些环境和经济专家在研究了发展中国家的情况后，认为从其经济、技术和行政管理能力而言，难以有效实施西方的一些建立在复杂的环境监测和行政监督基础上的命令控制制度，特别是面对众多的中小企业，常常无法要求其连续准确地监测排污量，遵守复杂的环境标准、申报、许可等制度。采用在原料购进或产品销售环节征收污染税，并根据治理情况酌情退税的办法，操作简易，管理费用也低。

8.7.3 加强政府在环境领域的公共服务和管理

为公众和企业提供包括污水处理、废物和垃圾的收集与处理服务，保证水体、空气、生活环境的清洁优美，保证生态环境的安全等，是任何现代国家公共服务的基本职能。我们的政府要提供这种服务，同时也要采取经济措施鼓励私人和企业提供这种服务。首先，要加强建设必要的公共基础设施，按照现代化城镇的标准和要求，规划建设污水处理、集中供热、垃圾处理等各种环境基础设施。其次，要切实抓好各种公共服务方面的配套法规和管理制度建设。应当认识到，没有良好的法规和管理制度，没有高素质的管理和技术人员，各种环境基础设施就发挥不出应有的效用。

8.7.4 鼓励公众参与环境保护

一方面，公众作为生产者和消费者，他们的行为直接影响到环境。如果公众能够认识到环境保护的重要性，并自觉采取有利于环境保护的行动，就可以大大减轻环境的压力。另一方面，公众环境保护意识越强，将更有可能运用法律武器保护自己的环境权益，污染者由于可能面临环境损害赔偿的巨大风险，将不得不从污染预防上多下工夫。

因此，今后应当努力提高公众的环境保护意识，在有关的环境立法中，对公众的健康权、知情权、参与权以及监督权等做出比较具体和明确的规定，推动公众参与到环境决策论证和环境监督管理中去。

参考文献

[1] Gupta A K，Kakoli Karar，Anjali Srivastava，et al. Chemical mass balance source apportionment of PM_{10} and TSP in residential and industrial sites of an urban region of Kolkata，India.Journal Hazardous Materials，2007，142：279-287.

[2] ACGIH. Documentation of threshold limit values. 6th Ed，American Conference of Gove mental Industrial Hygienists Inc，Cincinnati，OH，1991.

[3] Acharya S，Mehta K，Krishnan S，et al. A subtoxic interactive toxicity study of ethanol and chromium in male Wistar rats. Alcohol，2001，23（2）：99-108.

[4] Air Quality in Selected Urban Areas 1973-1974. WHO/Global Environ Monitoring Syst Report 30，1976（65）.

[5] Alavantic D，Sunjevaric I，Cerovic G，et al. In vivo genotoxicity of nitrates and nitrites in germ cells of male mice. II. Unscheduled DNA synthesis and sperm abnormality after treatment of spermatids. Mutat Res，1988，204（4）：697-701.

[6] Alveblom A-K，Rylander L，Johnell O，et al. Incidence of hospitalised osteoporotic fractures in cohorts with high dietary intake of persistent organochlorine compounds. Int Arch Occup Environ Health，2003，76：246-248.

[7] Amanda CD，Jr.，Clifton P，Bradley TJ. Direct determination of cadmium in urine by tungsten-coil inductively coupled plasma atomic emission spectrometry using palladium as a permanent modifier. Talanta，2007，71（3）：1144-1149.

[8] Anawar HM，Akai J，Mostofa KM，et al. Arsenic poisoning in groundwater：Health risk and geochemical sources in Bangladesh. Environ Int，2002，27（7）：597-604.

[9] Anthemidis AN，Zachariadis GA，Stratis JA. Determination of arsenic（III）and total inorganic arsenic in water samples using an on-line sequential insertion system and hydride generation atomic absorption spectrometry. Anal Chimi Acta，2005，547（2）：237-242.

[10] Aparecida PA，Lorena CP，Solange C，et al. Determination of manganese by flame atomic absorption spectrometry after its adsorption onto naphthalene modified with 1-（2-pyridylazo）-2-naphthol（PAN）. Talanta，2007，71（3）：1252-1256.

[11] Arancibia JA，Rullo A，Olivieri AC，et al. Fast spectrophotometric determination of fluoride in ground waters by flow injection using partial least-squares calibration. Anal Chim Acta，2004，512（1）：157-163.

[12] Arbuckle TE，Sever LE. Pesticide exposures and fetal death：a review of the epidemiologic literature. Crit Rev Toxicol，1998，28：229-270.

[13] Aristidis N，Salome-Juliette V. Determination of chromium（VI）and lead in water samples by on-line

sorption preconcentration coupled with flame atomic absorption spectrometry using a PCTFE-beads packed column. Talanta，2007，71（4）：1728-1733.

[14] Arosio B，Santambrogio D，Gagliano N，et al. Glutathione pretreatment lessens the acute liver injury induced by carbon tetrachloride. Pharmacol Toxicol，1997，81（4）：164-168.

[15] Asawasinsopon R，Prapamontol T，Prakobvitayakit O，et al.The association between organoclorine and thyroid hormone Ievels in cord serum：a study from northern Thailandl.Environ Int，2006，32（4）：554-559.

[16] Asensio VC，Oshima H，Falanga PB. Plasmodium berghei：Is Nitric Oxide Involved in the Pathogenesis of Mouse Cerebral Malaria. Exp Parasitol，1993，77（1）：111-117.

[17] Baibergenova A，Kudyakov R，Zdeb M，et al. Low birth weight and residential to PCB-contaminated waste sites. Environ Health Perspect，2003，111：1352-1357.

[18] Ballester F，Tenias JM，Perez-Hoyos S. Air pollution and emergency hospital admissions for cardiovascular diseases in Valencia. Spain J Epidemiol Community Health，2001，55：57-65.

[19] Barnes PJ. Neurogenic inflammation in the airways.Respir Physiol，2001，125：145-154.

[20] Baytak S，Türker AR. Determination of lead and nickel in environmental samples by flame atomic absorption spectrometry after column solid-phase extraction on Ambersorb-572 with EDTA. J Hazard Mater，2006，129（1-3）：130-136.

[21] Beard J，Marshall S，Jong K，et al. 1，1，1-Trichloro-2，2-*bis*（*p*-chlorophenylethane（DDT）and reduced bone mineral density. Arch Environ Health 2000，55：177-180.

[22] Beguma B A，Kimb E，Biswas S K，et al. Investigation of sources of atmospheric at urban and semi-urban areas in Bangladesh.Atmospheric Environment，2004，38（8）：3025-3038.

[23] Beiraghi S，Rosen S，Beck F. The effect of stannous and sodium fluoride on coronal caries，root caries and bone loss in rice rats. Arch Oral Biol，1990，35（1）：79-80.

[24] Bettina C，Stefan H，Dietrich DR. Cyanobaterial toxins：remove during drinking water treatment，and human risk assessment. Environ Health Perspect，2000，108（Suppl）：113-120.

[25] Bilos C，Colombo J C，Skorupka C N，et al. Sources，distribution and variability of airborne trace metals in La Plata City area.Argentinal. Environmental pollution，2001，111（3）：149-158.

[26] Blifford L H，Meeker G O. A factor analysis model of large scale pollution. Atmospheric Environment，1967，1（1）：147-158.

[27] Booker SM.NTP taps disinfection by-products for study.Environ Health Perspect，2000，108：64-66.

[28] Bortoleto GG，Cadore S. Determination of total inorganic arsenic in water using on-line pre-concentration and hydride-generation atomic absorption spectrometry. Talanta，2005，67（1）：169-174.

[29] Bower JS，Broughton GFJ，Stedman JR，et al. A winter NO_2 smog episode in the U.K.Atmos Environ，1994，28（3）：461-475.

[30] Bralic M，Muhvic-Urek M，Stemberga V，et al. Cell death and cell proliferation in mouse submandibular gland during early post-irradiation phase. Acta Med Okayama，2005，59：153-159.

[31] Braunstein HM，Copenhaver ED，Pfuderer HA. Environmental Interactions：Sulfur Dioxide. ORNL Report Ornl/Eis-95，1977，2（8）：6-105.

[32] Brown DM，Stone V，Findlay P，et al. Increased inflammation and intracellular calcium caused by ultrafine carbon black is independent of transition metals or other soluble components.Occup Environ Med，2000，

57（10）：685-691.

[33] Brown DP. Mortality of workers exposed to polychlorinated biphenyls an update. Arch Environ Health，1987，42：333-339.

[34] Bruckner JV，Jiang WD，Brown JM，et al. The influence of ingestion of environmentally encountered levels of a commercial polychlorinated biphenyl mixture（Aroclor 1254）on drug metabolism in the rat. J Pharmacol Exp Ther，1977，202：22-31.

[35] Buck GM，Vena JE，Schisterman EF，et al. Parental consumption of contaminated sport fish from Lake Ontario and predicted fecund ability. Epidemiology，2000，11：388-393.

[36] Bunderson M，Brooks DM，Walker DL，et al. Arsenic exposure exacerbates atherosclerotic plaque formation and increases nitrotyrosine and leukotriene biosynthesis. Toxicol Appl Pharmacol，2004，201（1）：32-39.

[37] Bustamante J，Nutt L，Orrenius S，et al. Arsenic stimulates release of cytochromec from isolated mitochondria via induction of mitochondrial permeability transition. Toxicol Appl Pharmacol，2005，207（2 Suppl）：110-116.

[38] Bustos RR，Goldstein S.Including blood lead levels of all immigrant children when evaluating for ADHD.J Atten Disord，2008，11（4）：425-426.

[39] Bylander JE，Li SL，Sens MA，et al. Exposure of human proximal tubule cells to cytotoxic levels of $CdCl_2$ induces the additional expression of metallothionein 1A mRNA. Toxicol Lett，1995，76（3）：209-217.

[40] Calabrese E，Sacco C，Moore G，et al. Sulfite oxidase deficiency：A high risk factor in SO_2，sulfite，and bisulfite toxicity. Med Hypotheses，1981，7（2）：133-145.

[41] Calle EE，Frumkin H，Henley SJ，et al. Organochlorines and breast cancer risk. CA Cancer J Clin，2002，52：301-309.

[42] Cameron GR，Karunaratne WAE.Carbon tetrachloride cirrhosis in liver regeneration. J Pathol Bacterial，1986，42（1）：1-5.

[43] Campillo N，Penalver R，Hernández-Córdoba M.Solid-phase microextraction combined with gas chromatography and atomic emission detection for the determination of cyclopentadienylmanganese tricarbonyl and（methylcyclopentadi enyl）manganese tricarbonyl in soils and seawaters.J Chromatogr A，2007，1173（1-2）：139-145.

[44] Cantor KP，Silberman W. Mortality among aerial pesticide applicators and flight instructors：follow-up from 1965-1988. Am J Ind Med，1999，36：239-247.

[45] Carlsen E，Giwercman A，Keiding N，et al. Evidence for decreasing quality of semen during past 50 years. Br Med J，1992，305：609-612.

[46] Carter JW. Effects of dietary PCBs（Aroclor 1254）on serum levels of lipoprotein cholesterol in Fischer rats. Bull Environ Contam Toxicol，1985，34：427-431.

[47] Carter JW. Hypercholesterolemia induced by dietary PCBs（Aroclor 1254）in Fischer rats. Bull Environ Contam Toxicol，1984，33：78-83.

[48] Castren K，Ranki A，Welsh JA，et al. Infrequent p53 mutations in arsenic-related skin lesions. Oncol Res，1998，10：475- 482.

[49] Chen C，Hurd C，Vorojeikina D，et al. Transcriptional activation of the human estrogen receptor by DDT

isomers and metabolites in yeast and MCF-7 cells. Biochem Pharmacol，1997，53：1161-1172.

[50] Chen J，Xie P，Guo L，et al. Tissue distributions and seasonal dynamics of the hepatotoxic microcystins—LR and—RR in a freshwater snail（Bellamya aerμginosa）from a large shallow，eutrophic lake of the subtropical China．Environ Pollut，2005，134（3）：423-430.

[51] Chen J，Xie P．Tissue distrIbutions and seasonal dynamics of the hepatotoxic microcystins-I Rand -RR in two freshwater shrimps，palaemon modestus and macrobrachium nipponensis，from a large shallow，eutrophic lake of the subtropical China．Toxicon，2005，45（5）：615-625.

[52] Chen Z，Stamler JS. Bioactivation of Nitroglycerin by the Mitochondrial Aldehyde Dehydrogenase. Trends Cardiovasc Med，2006，16（8）：259-265.

[53] Chiaradia M，Chenhall B E，Depers A M，et al. Identification of historical lead source in roof dusts and recent lake sediments from an industrialized area：indications from lead isotopes. The Science of the Total Environment，1997，20（5）：107-128.

[54] Chlorodibenzo-p-dioxin（TCDD）induced thymic atrophy in the wistar rat. Toxicol Appl Pharmacol，1994，128：97-104.

[55] Chowdhuri DK，Narayan R，Saxena DK. Effect of lead and chromium on nucleic acid and protein synthesis during sperm-zona binding in mice. Toxicol In Vitro，2001，15（6）：605-613.

[56] Coenraads PJ，Brouwer A，Olie K，et al. Chloracne. Some recent issues. Dermatol Clin，1994，12：569-576.

[57] Colosio C，Tiramani M，Maroni M. Neurobehavioral effects of pesticides：state of the art. Neurotoxicology，2003，24：577-591.

[58] Concha G，Vogler G，Lezcano D，et al. Exposure to Inorganic Arsenic Metabolites during Early Human Development. Toxicol Sci，1998，44（2）：185-190.

[59] Damgaard I N，Skakkebaek N E，Toppari J，et al.Persistent Pesticides in human breast milk and cry Ptorellidism.Environ Health Perspect，2006，114（7）：1133-1138.

[60] Daniel V，Huber W，Bauer K，et al. Associations of dichlorodiphenyltrichloroethane（DDT）4.4 and dichlorodiphenyldichloroethylene（DDE）4.4 blood levels with plasma IL-4. Arch Environ Health，2002，57：541-547.

[61] Date M，Matsuzaki K，Matsushita M，et al. Differential regulation of activin A for hepatocyte growth and fibronectin synthesis in rat liver injury. J Hepatol，2000，32（2）：251-260.

[62] De Heer C，Verlaan AP，Penninks AH，et al.Time course of 2,3,7,8-tetrachlorodibenzo-p-dioxin（TCDD）-induced thymic atrophy in the Wistar rat.Toxicol Appl Pharmacol，1994，128（1）：97-104.

[63] De Stefani E，Kogevinas M，Boffetta P，et al. Occupation and the risk of lung cancer in Uruguay. Scand J Work，Environ & Health，1996，22：346-352.

[64] Derfoul A，Lin FJ，Awumey EM，et al. Estrogenic endocrine disruptive components interfere with calcium handling and differentiation of human trophoblast cells. J Cell Biochem，2003，89：755-770.

[65] Dewailly，Bruneaua S，Ayottea P.Health status at birth of inuit newborn Prenatally exposed to organochlorines.Chemosphere，1993，27（1-3）：359-366.

[66] Dich J，Wiklund K. Prostate cancer in pesticide applicators in Swedish agriculture. Prostate，1998，34：100-112.

[67] Dickinson TK，Devenyi AG，Connor JR. Distribution of injected iron 59 and manganese 54 in

hypotransferrinemic mice. J Lab Clin Med，1996，128（3）：270-278.

[68] Domagalski J. Occurrence and transport of total mercury and methyl mercury in the Sacramento River Basin，California. J Geochem Explor，1998，64（1-3）：277-291.

[69] Dong JT，Luo XM. Effects of arsenic on DNA damage and repair in human fetal lung fibroblasts. Mutat Res，1994，315（1）：11-15.

[70] Dyatlov VA，Lawrence DA. Lawrence. Neonatal Lead Exposure Potentiates Sickness Behavior Induced by Listeria monocytogenes Infection of Mice. Brain Behav Immun，2002，16（4）：477-492.

[71] Elbetieha A，Bataineh H，Darmani H，Al-Hamood MH. Effects of long-term exposure to manganese chloride on fertility of male and female mice. Toxicol Lett，2001，119（3）：193-201.

[72] Eller KI，Lehotay SJ. Evalution of hydrimatrix and magnesium sulfate drying agents for SFE of multiple pesticides in produce. Analyst，1997，122（5）：429.

[73] Ellermann-Eriksen S，Christensen MM，Mogensen SC. Effect of mercuric chloride on macrophage-mediated resistance mechanisms against infection with herpes simplex virus type 2. Toxicology，1994，93（2-3）：269-287.

[74] Eriksson P，Talts U. Neonatal exposure to neurotoxic pesticides increases adult susceptibility：a review of current findings. Neurotoxicology，2000，21：37-47.

[75] Eugen Kim，Philip K Hopke，Eric S Edgert. Improving source identification of Atlant aerosol using temperature resolved carbon fract ions in positive matrix fact orization. Atmospheric Environment，2004，38（20）：3349-3362.

[76] Falck FJ，Ricci AJ，Wolff MS，et al. Pesticides and polychlorinated biphenyl residues in human breast lipids and their relation to breast cancer. Arch Environ Health，1992，47：143-146.

[77] Fernández-Argüelles MT，Cañabate B，Costa-Fernández JM，et al. Flow injection determination of nitrite by fluorescence quenching. Talanta，2004，62（5）：991-995.

[78] Fletcher N，Hanberg A，Hakansson H. Hepatic vitamin A depletion is a sensitive marker of 2，3，7，8-tetrachlorodibenzo-p-dioxin（TCDD）exposure in four rodent species. Toxicol Sci，2001，62：166-175.

[79] Flodin U，Frederiksson M，Persson B，et al. Chronic lymphatic leukaemia and engine exhausts，fresh wood，and DDT：a case-referent study. Br J Ind Med，1988，45：33 -38.

[80] Fournier C，Taucher-Scholz G. Radiation induced cell cycle arrest：an overview of specific effects following high-LET exposure. Radiother Oncol，2004，73（Suppl 2）：S119-S122.

[81] Frances M，Van D. Marine algae toxins：origins，health elfects and their increased occurence.Environ Heahh Perspect，2000，108（Suppl 1）：133-141.

[82] Franklin P，Runnion T，Farrar D，et al. Comparison of peak and average nitrogen dioxide concentrations inside homes. Atmos Environ，2006，40（38）：7449-7454.

[83] Friesen C，Lubatschofski A，Kotzerke J，et al. Beta-irradiation used for systemic radioimmuotherapy induces apoptosis and activates apoptosis pathways in leukaemia cells. Eur J Nucl Med Mol Imaging，2003，30：1251-1261.

[84] Fujimaki H，Ishido M，Nohara K. Induction of apoptosis in mouse thymocytes by cadmium. Toxicol Lett，2000，115（2）：99-105.

[85] Galil MS，Mahadevaiah，Kumar MS，et al. A simple and rapid spectrophotometric method for the

determination of nitrite by its decolorizing effect on peroxovanadate complex. Spectrochim Acta A Mol Biomol Spectrosc，2007，67（1）：76-82.

[86] Gallitelli M，Ungaro N，Addante LM，et al. Respiratory illness as a reaction to tropieal algal blooms occurring in a temperate climate.JAMA，2005，293：2599-2600.

[87] Gao F，Zhang L，Wang L，et al. Ultrasensitive and selective determination of trace amounts of nitriteion with a novel fluorescence probe mono[6-N(2-carboxy- phenyl)]-β-cyclodextrin. Anal Chim Acta，2005，533（1）：25-29.

[88] Gao Zhexuan，Zeng Ming，Wang Xiang-pu，et al. Low molecular-weight chromium-binding substance in hepatic and nephric tissues of chromium-exposed rats. Bull of HUNAN MEDUAIN，1999，21（3）：222-224.

[89] Garabrant DH，Held J，Langholz B，et al. DDT and related compounds and risk of pancreatic cancer. J Natl Cancer Inst，1992，84：764-771.

[90] García Salgado S，Quijano Nieto MA，Bonilla Simón MM. Determination of soluble toxic arsenic species in alga samples by microwave-assisted extraction and high performance liquid chromatography-hydride generation-inductively coupled plasma-atomic emission spectrometry. J Chromatogr A，2006，1129（1）：54-60.

[91] Gary N，Sharon NY，Jane QK，et al. An association between fine particles and asthma emergency department visits for children in Seattle.Environ Health perspective，1999，107（6）：489-493.

[92] Ghosh D，Das Sarkar S，Maiti R，et al. Testicular toxicity in sodium fluoride treated rats：association with oxidative stress. Reprod Toxicol，2002，16（4）：385-390.

[93] Giaden B C，Shkiryak-Nyzhnyk Z A，Chyslovska N，et al.Persistent organoehlorine compounds and birth weight.Ann EPidemiol，2003，13（3）：151-157.

[94] Gibb H J，Lee P S，Pinsky PF. Lung cancer among workers in chromium chemical production. Am J Ind Med，2000，38（2）：115-126.

[95] Gladen BC，Shkiryak-Nyzhnyk ZA，Chyslovska N，et al. Persistent organochlorine compounds and birth weight. Ann Epidemiol，2003，13：151-157.

[96] Glynn AW，Michaelsson K，Lind PM，et al. Organochlorines and bone mineral density in Swedish men from the general population. Osteoporos Int，2000，11：1036-1042.

[97] Gomez E T，Sanfeliu T，Jordan M M，et al. Geochemical characteristics of particulate matter in the atmosphere surrounding a ceramic industrialized area. Environmental Geology，2004，45（5）：536-543.

[98] Gomez I，Marshall T，Tsai P，et al. Number of boys born to men exposed to polychlorinated biphenyls. Lancet，2002，360：143-144.

[99] Gómez-Ariza J L，Lorenzo F，García-Barrera T. Simultaneous determination of mercury and arsenic species in natural freshwater by liquid chromatography with on-line UV irradiation，generation of hydrides and cold vapor and tandem atomic fluorescence detection. J Chromatogr A，2004，1056（1-2）：139-144.

[100] Gordon T，Reibman J. Cardiovascular toxicity of inhaled ambient particulate matter.Toxicol Sci，2000，56：2-4.

[101] Gray LE，Ostby J，Furr J，et al. Effects of environmental antiandrogens on reproductive development in experimental animals. Hum Reprod Updat，2001，7：248-264.

[102] Grobler SR，Kotzé TJ. Alkali-soluble and insoluble fluoride in erupted and unerupted sound enamel of human third molars in vivo. Arch Oral Biol，1990，35（10）：795-800.

[103] Gulland A. Air pollution responsible for 600 000 premature deaths worldwide. BMJ，2002，325：1380.

[104] Guo-Liang Shi，Fang Zeng，Xiang Li，et al.Estimated contributions and uncertainties of PC/MLR-CMB results：Source apportionment for synthetic and ambient datasets.Atmospheric Environment，2011，45：2811-2819.

[105] Gutierrez Escobar AJ，Gómez-Marin JE. Toxoplasma gondii：Identification of a putative nitric oxide synthase motif DNA sequence. Exp Parasitol，2005，111（4）：211-218.

[106] Hagmar L，Bjork J，Sjodin A，et al. Plasma levels of persistent organohalogens and hormone levels in adult male humans. Arch Environ Health，2001，56：138-143.

[107] Hakanson L. A simple model to predict the duration of the mercury problem in Sweden. Ecol Model，1996，93（1-3）：251-262.

[108] Hallgren R，Svensson K，Jchansson E，et al. Elevated granulocyte strontium in inflammatory arthritides is related to the inflammatory activity. J Lab Clin Med，1984，104（6）：893.

[109] Hanley TR Jr，Calhoun LL，Kociba RJ，et al. The effects of inhalation exposure to sulfuryl fluoride on fetal development in rats and rabbits. Fundam Appl Toxicol，1989，13（1）：79-86.

[110] Hanlim Lee，Seung S Park，Kyung W，et al. Source identification of $PM_{2.5}$ particles measured in Gwangju，Korea. Atmospheric Research，2008，88：199-211.

[111] Hardell E，Eriksson M，Lindstrom G，et al. Case-control study on concentrations of organohalogen compounds and titers of antibodies to EpsteinBarr virus antigens in the etiology of non-Hodgkin lymphoma. Leuk Lymphoma，2001，42：619-629.

[112] Hardell L，van Bavel B，Lindstrom G，et al. Higher concentrations of specific polychlorinated biphenyl congeners in adipose tissue from non Hodgkin's lymphoma patients compared with controls without a malignant disease. Int J Oncology，1996，9：603-608.

[113] Harrison R M，Smith D J T，Plo C A，et al. Comparative receptor modelling study of airborne particulate pollutants in Birminghan，Coimbra and Lahore.Atmospheric Environment，1997，31（20）：3309-3321.

[114] Hauser R，Chen Z，Pothier L，et al. The relationship between human semen parameters and environmental exposure to polychlorinated biphenyls and p，pV-DDE. Environ Health Perspect，2003，111：1505-1511.

[115] Hellerbrand C，Stefanovic B，Giordano F. The role of TGFbeta1 in initiating hepatic stellate cell activation in vivo. J Hepatol，1999，30（1）：77 - 87.

[116] Hendon LA，Carlson EA，Manning S，et al. Molecular and developmental effects of exposure to pyrene in the early life-stages of Cyprinodon variegates.

[117] Heo Y，Lee WT，Lawrence DA. In Vivo the Environmental Pollutants Lead and Mercury Induce Oligoclonal T Cell Responses Skewed toward Type-2 Reactivities. Cell Immunol，1997，179（2）：185-195.

[118] Hess P. Critical review of the analysis of Non-and Mono-Ortho-Chlorobiphenyls.J Chromatography A，1995，703：417-465.

[119] Holmes E，Bonner FW，Nicholson JK. Comparative biochemical effects of low doses of mercury II chloride in the F344 rat and the multimammate mouse（Mastomys natalensis）. Comp Biochem Physiol C Pharmacol Toxicol Endocrinol，1996，114（1）：7-15.

[120] Hosie S，Loff S，Witt K，et al. Is there a correlation between organochlorine compounds and undescended testes？ Eur J Pediatr Surg，2000，10（5）：304-309.

[121] Hu Y，Su L，Snow ET. Arsenic toxicity is enzyme specific and its affects on ligation are not caused by the direct inhibition of DNA repair enzymes. Mutat Res，1998，408（3）：203-218.

[122] Huang S，Nakagaki H，Okumura H，et al. Fluoride profiles in dental calculus from Japanese，Chinese and British residents. Arch Oral Biol，1997，42（10-11）：665-671.

[123] Hultman P，Johansson U，Dagnaes-Hansen F. Murine mercury-induced autoimmunity：The role of T-helper cells. J Autoimmun，1995，8（6）：809-823.

[124] Hutton M，Symon C. The quantities of cadmium，lead，mercury and arsenic entering the U.K. environment from human activities. Sci Total Environ，1986，57：129-150.

[125] Hwang A，Muschel RJ. Radiation and the G2 phase of the cell cycle. Radiat Res，1998，150（5 Suppl）：S52-S59.

[126] Hwang DY，Chae KR，Kim CK，et al. Differential effect of 7，12-dimethylbenz[a]anthracene on human and mouse CYP1B1 from livers of castrated transgenic mice. Int J Toxicol，2007，26（1）：71-80.

[127] IARC. IARC monographs on the evaluation of the carcinogenic risk of chemicals to humans.Suppl 7，International Agency for Research on Cancer，Lyons France，1987.

[128] Iavicoli I，Carelli G，Stanek E J III，et al. Low doses of dietary lead are associated with a profound reduction in the time to the onset of puberty in female mice. Repro Toxic，2006，22（4）：586-590.

[129] Iijima K，Otake T，Yoshinaga J，et al. Cadmium，lead，and selenium in cord blood and thyroid hormone status of newborns.Biol Trace Elem Res，2007，119（1）：10-18.

[130] Inge MW，Jeroen D. Increased levels of markers of microbial expo sure in homes with indo r storage of organic household waste. Appl Environ Miero，2000，66（2）：627-631.

[131] Iscan M，Coban T，Cok I，et al. The organochlorine pesticide residues and antioxidant enzyme activities in human breast tumors：is there any association？ Breast Cancer Res Treat，2002，72：173-182.

[132] Ishitobi H，Watanabe C. Effects of low-dose perinatal cadmium exposure on tissue zinc and copper concentrations in neonatal mice and on the reproductive development of female offspring. Toxicol Lett，2005，159（1）：38-46.

[133] Isom GE，Burrows GE，Way JL. Effect of oxygen on the antagonism of cyanide intoxication-cytochrome oxidase，in vivo. Toxicol Appl Pharmacol，1982，65（2）：250-256.

[134] Jacobson JL，Jacobson SW. Association of prenatal exposure to an environmental contaminant with intellectual function in childhood. J Toxicol Clin Toxicol，2002，40：467-475.

[135] Jacobson JL，Jacobson SW. Breast-feeding and gender as moderators of teratogenic effects on cognitive development. Neurotoxicol Teratol，2002，24：349-358.

[136] Jan J，Vrbic V. Polychlorinated biphenyls cause developmental enamel defects in children. Caries Res，2000，34：469-473.

[137] Jimenez LA，Thomson J，Brown D，et al. PM_{10} particles activate NF[kappa] B in alveolar epithelial cells. Toxicol Applied Pharm.

[138] Johnson Mathew，Jay Gandhi，Joe Hedrick.离子色谱/质谱联用分析水和食品中的高氯酸盐. 环境化学，2004，23（4）：469-474.

[139] K F Ho，J J Cao，S C Lee，et al. Source apportionment of $PM_{2.5}$ in urban area of Hong Kong.Journal of Hazardous Materials B，2006，138：73-85.

[140] Kaido T，Yamaoka S，Tanaka J，et al. Continuous HGF supply from HGF-expressing fibroblasts transplanted into spleen prevents CCl_4-induced acute liver injury in rats. Biochem Biophys Res Commun，1996，218（1）：1-5.

[141] Kannan B.Chromatographic techniques in accurate analysis of chlorobiphenyls. J Chromatography，1993，642：425-434.

[142] Karmaus W，Huang S，Cameron L，et al. Parental concentration of dichlorodiphenyl dichloroethene and polychlorinated biphenyls in Michigan fish eaters and sex ratio in offspring. Occup Environ Med，2002，44：8-13.

[143] Kedderis GL，Elmore AR，Crecelius EA，et al. Yager and Thomas L. Goldsworthy. Kinetics of arsenic methylation by freshly isolated B6C3F1 mouse hepatocytes. Chem Biol Interact，2006，161（2）：139-145.

[144] Kedderis LB，Diliberto JJ，Birnbaum LS. Disposition and excretion of intravenous 2，3，7，8-tetrabromodibenzo-p-dioxin（TBDD）in rats. Toxicol Appl harmacol，1991，108（3）：397-406.

[145] Kelce W，Stone C，Laws S，et al. Persistent DDT metabolite，p，pV-DDE is a potent and rogen receptor antagonist. Nature，1995，375（6532）：581-585.

[146] Kelley SK，Nilsson CB，Green MH，et al. Mobilization of vitamin A stores in rats after administration of 2，3，7，8-tetrachlorodibenzo-p-dioxin：a kinetic analysis. Toxicol Sci，2000，55：478-484.

[147] Kelly CT，Vera MF，Karina Z，et al. Oxidative stress damage in the liver of fish and rats receiving an intraperitoneal injection of hexavalent chromium as evaluated by chemiluminescence. Environ Toxic Pharm，2004，17（3）：149-157.

[148] Kerger BD，Paustenbach DJ，Corbett GE，et al. Absorption and Elimination of Trivalent and Hexavalent Chromium in Humans Following Ingestion of a Bolus Dose in Drinking Water. Toxicol Appl Pharmacol，1996，141（1）：145-158.

[149] Kerstin L Kenty，Noreen D Poor，Keith G Kronmiller，et al. Application of CALINE4 to roadside NO/NO_2 transformations. Atmos Environ，2007，41（20）：4270-4280.

[150] Khan AT，Atkinson A，Graham TC，et al. Effects of inorganic mercury on reproductive performance of mice. Food Chem Toxicol，2004，42（4）：571-577.

[151] Khim J S，Villeneuve D L，Kannan K，et al.Instrumental and bioanalytical measures of persistent organochlorines in blue mussel（Mytilus edulis）from korean coastal waters. Arch Environ Contam Toxical，2000，39：360-368.

[152] Kim D，Lawrence DA. Immunotoxic Effects of Inorganic Lead on Host Resistance of Mice with Different Circling Behavior Preferences. Brain Behav Immun，2000，14（4）：305-317.

[153] Kleeman M J，Gass G R. Source contributions to the size and composition distribution of urban particulate air pollution.Atmospheric Environment，1998，132（16）：2803-2816.

[154] Komura J，Sakamoto M. Effects of manganese forms on biogenic amines in the brain and behavioral alterations in the mouse：Long-term oral administration of several manganese compounds. Environ Res，1992，57（1）：34-44.

[155] Kongtip P，Thongsuk W，Yoosook W，et al. Health effects of metropolitan traffic-related air pollutants on

street vendors，Atmos Environ，2006，40（37）：7138-7145.

[156] Koopman-Esseboom C，Morse DC，Weisglas-Kuperus N，et al. Effects of dioxins and polychlorinated biphenyls on thyroid hormone status of pregnant women and their infants. Pediatr Res，1994，36：468-473.

[157] Korrick SA，Chen C，Damokosh AI，et al. Association of DDT with spontaneous abortion：a case-control study. Ann Epidemiol，2001，11：491-496.

[158] Kowolenko M，Tracy L，Lawrence D. Early effects of lead on bone marrow cell responsiveness in mice challenged with Listeria monocytogenes. Fundam Appl Toxicol，1991，17（1）：75-82.

[159] Kreuter J.Influence of the surface properties on nanoparticle- mediated transport of drugs to the brain. J Nanosci Nanotechnol，2004，4（5）：484-488.

[160] Krieger N，Wolff MS，Hiatt RA，et al. Breast cancer and serum organochlorines：a prospective study among white，black，and Asian women. J Natl Cancer Inst，1994，86：589-599.

[161] Kucukatay V，Agar A，Yargicoglu P，et al. Changes in somatosensory evoked potentials，lipid peroxidation，and antioxidant enzymes in expenrimental diabetes，effect of sulfur dioxide. J Biol Chem，1995，267：11455-11461.

[162] Kushik J，Chandrabhan D.Global surveillance of DDT and DDE levels in human tissues.International J of Occupational Medicine and Environmental Health，2003，16（1）：7-20.

[163] Lechón Y，Cabal H，Gómez M，et al. Environmental externalities caused by SO_2 and ozone pollution in the metropolitan area of Madrid，Environmental Science & Policy，2002，5（5）：385-395.

[164] Levy L S，Martin P A，Bidstrup P L. Investigation of the potential carcinogenicity of a range of chromiun containing materials on rat lung. Br J Ind Med，1986，43（4）：243-256.

[165] Li H，Chen Q，Li S，et al. Effect of Cr（Ⅵ）Exposure on Sperm Quality：Human and Animal Studies. Ann Occup Hyg，2001，45（7）：505-511.

[166] Li L，Rossoni G，Sparatore A，Lee LC，et al. Anti-inflammatory and gastrointestinal effects of a novel diclofenac derivative. Free Radic Biol Med，2007，42（5）：706-719.

[167] Litterst CL，Farber TM，Baker AM，et al. Effect of polychlorinated biphenyls on hepatic microsomal enzymes in the rat. Toxicol Appl Pharmacol，1972，23（1）：112-122.

[168] Liu KJ，Jiang J，Swartz HM，et al. Low-Frequency EPR Detection of Chromium（Ⅴ）Formation by Chromium（Ⅵ）Reduction in Whole Live Mice. Arch Biochem Biophys，1994，313（2）：248-252.

[169] Longnecker MP，Klebanoff MA，Zhou H，et al. Association between maternal serum concentration of the DDT metabolite DDE and preterm and small-for-gestational-age babies at birth. Lancet，2001，358：110-114.

[170] Longneeker M P，Klebanoff M A，Zhou H，et al.Association between maternal Serum concentration of the DDT metabolite DDE and Preterm and small-for-gestational-age babiesat birth.Laneet，2001，358（9276）：110-114.

[171] Loomis D，Browning SR，Schenck AP，et al. Cancer mortality among electric utility workers exposed to polychlorinated biphenyls. Occup Environ Med，1997，54（10）：720-728.

[172] Lopez-Carrillo L，Blair A，Lopez-Cervantes M，et al. Dichlorodiphenyltrichloroethane serum levels and breast cancer risk：a case-control study from Mexico. Cancer Res，1997，57：3728-3732.

[173] Lu C，Lin JM，Huie CW，Yamada M. Chemiluminescence study of carbonate and peroxynitrous acid and

its application to the direct determination of nitrite based on solid surface enhancement. Anal Chim Acta，2004，510（1）：29-34.

[174] Lué M，Edwin A，Hernández C，et al. Determination of manganese in brain samples by slurry sampling graphite furnace atomic absorption spectrometry. Talanta，2003，59（5）：897-904.

[175] Lutz PM，Wilson TJ，Ireland J，et al. Elevated immunoglobulin E（IgE）levels in children with exposure to environmental lead. Toxicology，1999，34（1）：63-78.

[176] Maeng SH，Chung HW，Yu IJ，et al. Changes of 8-OH-dG levels in DNA and its base excision repair activity in rat lungs after inhalation exposure to hexavalent chromium. Mutat Res，2003，539（1-2）：109-116.

[177] Maervoet J，Vermeir G，Covaci A，et al. Association of thyroid hormone concentrations with levels of organochlorine compounds in cord blood of neonates.Environ Health Perspect，2007，115（12）：1780-1786.

[178] Maija-Riitta H，Marjo R. Nitric oxide and proinflammatory cytokines in nasal lavage fluid associated with symptoms and exposure to moldy building microbes. AM J Respir Crit Ca Med，1999，160：1943-1946.

[179] Manoli E，Voutsa D，Samara C. Chemical characterization and source identification/apportionment of fine and coarse air particles in Thessaloniki. Greece. Atmospheric Environment，2002，36（4）：949-961.

[180] Marra F，DeFranco R，Grappone C，et al. Expression of monocyte chemotactic protein-1 precedes monocyte recruitment in a rat model of acute liver injury，and is modulated by vitamin E. J Investig Med，1999，47（1）：66-75.

[181] Martin SA Jr，Harlow SD，Sowers MF，et al. DDT metabolite and androgens in African-American farmers. Epidemiology，2002，13：454-458.

[182] Mass MJ，Wang L. Arsenic alters cytosine methylation patterns of the promoter of the tumor suppressor gene p53 in human lung cells：a model for a mechanism of carcinogenesis. Mutat Res，1997，386（3）：263-277.

[183] Masuda Y. The Yusho Rice Oil Poisoning Incident. In：A. Schecter，ed.Dioxins and Health. New York：Plenum Press，1994：633-659.

[184] Matsui M，Nishigori C，Toyokuni S，et al. The role of oxidative DNA damage in human arsenic carcinogenesis：detection of 8-hydroxy-2′-deoxyguanosine in arsenic-related Bowen's disease. J Invest Dermatol，1999，113：26- 31.

[185] Matsumoto J，Imagawa K，Imai H，et al. Nocturnal sink of NO_x via NO_3 and N_2O_5 in the outflow from a source area in Japan. Atmos Environ，2006，40（33）：6294-6302.

[186] Matsunaga H，Kanno C，Yamada H，et al. Fluorometric determination of fluorideion by reagent tablets containing 3-hydroxy-2′-sulfoflavone and zirconium（Ⅳ）ethylenediamine tetraacetate. Talanta，2006，68（3）：1000-1004.

[187] Mauras Y，Ang K S，S mon P，et al. Increase in blood Plasma hvel of boron and s1rentium in hemodjalyzed Patients. Clin Chem Acta，1986，156（3）：315.

[188] Mazokopakis EE，Trontzos CA，Karefilakis CM，et al.Lead exposure and nuclear medicine.Hell J Nucl Med，2007，10（3）：187-188.

[189] Mclean E，Mclean AEM，Sutton PM.Instant cirrhosis：An improved method for producing cirrhosis in rats by simultaneous administration of carbon tetrachloride and phenobarbiton.Br J Exp Pathol，1996，50（3）：

502-510.

[190] Mehra M, Choi BH. Distribution of mercury in subcellular fractions of brain, liver, and kidney after repeated oral administration of 203Hg-labeled methylmercuric chloride in mice. Exp Mol Pathol, 1981, 35（3）：435-447.

[191] Michael JD, Francesca D, Jonathan MS, et al. Estimating particulate matter-mortality dose-response curves and threshold levels. an analysis of daily timeseries for the 20 largest US cities. Am J Epidemiol, 2000, 152（5）：397-406.

[192] Minoru Y, Akira Y, Akira Y. Distribution and retention of mercury in metallothionein-null mice after exposure to mercury vapor. Toxicology, 1999, 139（1-2）：129-136.

[193] Miyake Y, Yamashita N, Rostkowski P, et al. Determination of trace levels of total fluorine in water using combustion ion chromatography for fluorine：A mass balance approach to determine individual perfluorinated chemicals in water. J Chromatogr A, 2007, 1143（1-2）：98-104.

[194] Molt OC, Lejeune B, Prognon P, et al. GC -MS determination of organochlorine pesticides in five medicinal plant. J Environ Anal Chem, 1994, 54（1）：81.

[195] Morariu VV, Ionescu MS, Frangopol M, et al. The uptake of manganeseions and the apparent thermal transition of the erythrocyte membranes. Biochim Biophys Acta, 1986, 860（1）：155-158.

[196] Moysich KB, Menezes RJ, Baker JA, et al. Environmental exposure to polychlorinated biphenyls and breast cancer risk. Rev Environ Health, 2002, 17：263-277.

[197] Mozaffari MS, Patel C, Ballas C, et al. Effects of chronic chromium picolinate treatment in uninephrectomized rat. Metabolism, 2005, 54（9）：1243-1249.

[198] Mukherjee A, Giri AK, Talukder G, et al. Sister chromatid exchanges and micronuclei formations induced by sorbic acid and sorbic acid-nitrite in vivo in mice. Toxicol Lett, 1988, 42（1）：47-53.

[199] Mulen KD, Mropi MD, Mocollough AJ. Problems with animal models of chronic liver disease：suggestions for improvement in standardization. Hepatology, 1989, 9（3）：500-503.

[200] Müller KP, Rodrigues CR, Núez SC, et al. Effects of low power red laser on induced-dental caries in rats. Arch Oral Biol, 2007, 52（7）：648-654.

[201] Murthy RC, Junaid M, Saxena DK. Ovarian dysfunction in mice following chromium（Ⅵ）exposure. Toxicol Lett, 1996, 89（2）：147-154.

[202] Nagayama J, Iida T, Hirakawa H, et al. Effects of lactational exposure to chlorinated dioxins and related chemicals on thyroid function in Japanese babies. Organohalogen Compounds, 1997, 33：446-450.

[203] Nakadaira H, Nishi S. Effects of low-dose cadmium exposure on biological examinations. Sci Total Environ, 2003, 308（1-3）：49-62.

[204] Nakamura T, Akiyoshi H, Shiota G, et al. Hepatoprotective action of adenovirus-transferred HNF-3gamma gene in acute liver injury caused by CCl_4. FEBS Lett, 1999, 459（1）：1-4.

[205] National Institute For Environmental Studies.Nies 30th Anniversary, 2004-2005.

[206] Needleman H. Lead poisoning.Annu Rev Med, 2004, 55：209-222.

[207] Neighbour PA, Huberman HS, Kress Y. Human large granular lymphocytes and natural killing ultrastructual studies of strontium induced degranulation. Eur J Immunol, 1982, 12（7）：588.

[208] Neighbour PA, Huberman HS. Sr^{2+} induced inhibition of human natural killer（NK）cell mediated

cytotoxicity. Eur J Immunol，1982，128（3）：1236.

[209] Nelson GM，Ahlborn GJ，Delker DA，et al. Folate deficiency enhances arsenic effects on expression of genes involved in epidermal differentiation in transgenic K6/ODC mouse skin.Toxicology，2007，241（3）：134-145.

[210] Neubauer K，Eichhorst ST，Wilfling T，et al. Sinusoidal intercellular adhesion molecule-1 up-regulation precedes the accumulation of leukocyte function antigen-1-positive cells and tissue necrosis in a model of carbontetrachloride-induced acute rat liver injury. Lab Inves，1998，78（2）：185 - 194.

[211] Newsome WH，Andrews P，Conacher HBS，et al. Totalorganochlorine content of fish fiom the Great Lakes. J AOAC International，1993，76（4）：703-708.

[212] Nicholson WJ，Landrigan PJ. Human Health Effects of Polychlorinated Biphenyls. In：A. Schecter，ed. Dioxins and Health. New York：Plenum Press，1994：487-524.

[213] Nielsen JB，Andersen O. A comparison of the lactational and transplacental deposition of mercury in offspring from methylmercury-exposed mice. Effect of seleno-L-methionine. Toxicol Lett，1995，76（2）：165-171.

[214] Nielsen JB，Andersen O. The toxicokinetics of mercury in mice offspring after maternal exposure to methylmercury - effect of selenomethionine. Toxicology，1992，74（2-3）：233-241.

[215] Niggli E． Strentium iuduced creep currents associated with tonic contraction in cardiac myocy tes isolated from guinea pigs. J Pkystol，1988，414：649.

[216] Nilsen T，Vatten L. A prospective study of lifestyle factors and the risk of pancreatic cancer in Nord-Trondelag，Norway. Cancer Causes Control，2000，11：645-652.

[217] Nishida K，Ohta Y，Ishiguro I. Gamma-glutamylcysteinylethyl ester attenuates progression of carbon tetrachloride-induced acute liver injury in mice. Toxicology，1998，126（1）：55-63.

[218] Nishida K，Ohta Y，Kongo M，et al. Response of endogenous reduced glutathione through hepatic glutathione redox cycle to enhancement of hepatic lipid peroxidation with the development of acute liver injury in mice intoxicated with carbon tetrachloride. Res Commun Mol Pathol Pharmacol，1996，93（2）：198 - 218.

[219] O'Brien TJ，Ceryak S，Patierno SR. Complexities of chromium carcinogenesis：role of cellular response，repair and recovery mechanisms. Mutat Res，2003，533（1-2）：3-36.

[220] Oberdorster G，Shar P Z，Atudorei V，et al. Translocation of inhaled ultrafine particles to the brain. Inhal Toxicol，2004，16（6/7）：437-445.

[221] Oberdorster G，Sharp Z，Atudorei V，et al.Extrapulmonary translocati on of ultrafine carbon particles foll owingwhole2 body in-halation exposure of rats. J Toxicol Environ Health，2002，65（20）：1531-1543.

[222] Ohrvik H，Yoshioka M，Oskarsson A，et al. Cadmium-induced disturbances in lactating mammary glands of mice. Toxicol Lett，2006，164（3）：207-213.

[223] Ohta Y，Nishida K，Sasaki E，et al. Attenuation of disrupted hepatic active oxygen metabolism with the recovery of acute liver injury in rats intoxicated with carbon tetrachloride. Res Commun Mol Pathol Pharmacol，1997，95（2）：191 - 207.

[224] O'neal AJ，Chandler E，Dew HH.Oil Space Heating Pollutes the Air More Than the Local Fossil Fueled Electric Company.Mater Soc，1984，8（1）：55-69.

[225] Ophaug RH，Jenkins GN，Singer L，et al. Acid diffusion analysis of different forms of fluoride in human dental plaque. Arch Oral Biol，1987，32（7）：459-461.

[226] Ortiz-Pérez D，Rodríguez-Martínez M，Martínez F，et al. Fluoride-induced disruption of reproductive hormones in men. Environ Res，2003，93（1）：20-30.

[227] Osius N，Karmaus W，Kruse H，et al. Exposure to polychlorinated biphenyls and levels of thyroid hormones in children. Environ Health Perspect，1999，107（10）：843-849.

[228] Paatero P，Tapper U，et al. Positive matrix factorization：a nonnegative factor model with optimal utilization of error estimate of data values. Environmetrics，1994，5（2）：111-126.

[229] Paixao T，Cardoso JL，Bertotti M. Determination of nitrate in mineral water and sausage samples by using a renewable in situ copper modified electrode. Talanta，2007，71（1）：186-191.

[230] Pan IJ，Daniels JL，Herring AH，et al. Lactational exposure to polychlorinated biphenyls，dichlorodiphenyltrichloroethane，and dichlorodiphenyldichloroethylene and infant growth：an analysis of the Pregnancy，Infection，and Nutrition Babies Study. Paediatric and Perinatal Epidemiology，2010，24：262-271.

[231] Panesar NS，Chan KW. Decreased Steroid Hormone Synthesis from Inorganic Nitrite and Nitrate：Studies in Vitro and in Vivo. Toxicol Appl Pharmacol，2000，169（3）：222-230.

[232] Peden-Adams MM，Liu J，Knutson S，et al. Alterations in immune function and CYP450 activity in adult male deer mice（Peromyscus maniculatus）following exposure to benzo[a]pyrene，pyrene，or chrysene.J Toxicol Environ Health A，2007，70（21）：1783-1791.

[233] Perry HM Jr，Perry EF. Possible relationships between the physical environment and human hypertension：Cadmium and hard water. Prev Med，1974，3（3）：344-352.

[234] Peters A，Doring A，Wichmann HE，et al. Increased plasma viscosity during an air pollution episode. A link to mortality Lancet，1997，349（9065）：1582-1587.

[235] Pinzani M，Milani S，Grappone C，et al. Expression of platelet-derived growth factor in a model of acute liver injury. Hepatology，1994，19（3）：701 - 770.

[236] Pope CA，Burnett RT，Thun MJ，et al. Lung cancer，cardiopulmonary mortality，and long-term exposure to fine particulate air pollution. JAMA，2002，287（9）：1132-1141.

[237] Pope CA，Dockery DW，Kanner RE，et al. Oxygen saturation，pulse rate，and particulate air pollutiona daily time-series panel study. Am J Respir Crit Carc Med ，1999，159（2）：365-372.

[238] Price TD，Swick RW，Chase EP. Bone chemistry and prehistoric cliet，strontium studies of laboratory rats. Am I Phys Antbxopol，1986，70（8）：365.

[239] Proctcr E，Chatamra. High yield micronodular cirrhosis in the rat. Gastroenterology，1982，83（5）：1183-1190.

[240] Puja Khare，B P Baruah，et al. Elemental characterization and source identification of $PM_{2.5}$ using multivariate analysis at the suburban site of North-East India. Atmospheric Research，2010，98（1）：148-162.

[241] Purdue MP，Hoppin JA，Blair A，et al.Occupational exposure to organochlorine insecticides and cancer incidence in the Agricultural Health Study.Int J Cancer，2007，120（3）：642-649.

[242] Qina Y，Oduyemi K. Atmospheric aerosol source identification and estimates of source contributions to air

pollution in Dundee. UK. Atmospheric Environment，2003，37（6）：1799-1809.

[243] Ramsden A R，Shiraoka M. Transfer of a single particle for combined ESEM and TEM analyses. Atmos Environ，1982，16（21）：949-961.

[244] Ratnasoorlya W D，Balasuriya R. Effects on reproduction in male rats following short-term ex-posure to hexavalent chromium. Med Sci Res，1992，20（3）：111.

[245] Relyea JF，et al. Scientific Basts for Nuclear Waste Management，Ed. by Gregory J. MoCarthy，Plenum Press，New York and London，1979：379.

[246] Regunathan A，Glesne DA，Wilson AK，et al. Microarray analysis of changes in bone cell gene expression early after cadmium gavage in mice. Toxicol Appl Pharmacol，2003，191（3）：272-293.

[247] Ribas-Fito N，Cardo E，Sala M，et al. Breastfeeding，exposure to organoehlorine compounds，and neurodevelopment in infants.Pediatries，2003，111（5Pt1）：e580-e585.

[248] Ribeiro F，Neto MM，Rocha MM，et al. Voltammetric studies on the electrochemical determination of methylmercury in chloride medium at carbon microelectrodes. Anal Chim Acta，2006，579（2）：227-234.

[249] Ridker PM，Cushman M，Stampher MJ，et al. Plasma concentration of reactive protein and risk of developing peripheral vascular disease.Circulation，1998，97：425-428.

[250] Rignell-Hydbom A，Rylander L，Hagmar L. Exposure to persistent organochlorine pollutants and type 2 diabetes mellitus.Hum Exp Toxicol，2007，26（5）：447-452.

[251] Rivero-Rodriguez L，Borja-Aburto VH，Santos-Burgoa C，et al.Exposure Assessment for workers applying DDT to control malaria in Veracruz，Mexico.Environ Health Perspect，1997，105：98-101.

[252] Robbins RA，Barnes PJ，Springall DR，et al. Expression of Inducible Nitric Oxide in Human Lung Epithelial Cells. Biochem Biophys Res Commun，1994，203（1）：209-218.

[253] Robert GD，Lynch AW，Relyea JF，et al. Proc of the task 4th Contractor Information Meeting，Waste Isolation Safety Assessment Program. PNL-SA-6957，1977：309.

[254] Rogan WJ，Gladen BC，Mckinney JD，et al. Neonatal effects of transplacental exposure to PCBs and DDE. Pediatr，1986，109（2）：335-341.

[255] Rothman N，Cantor KP，Blair A，et al. A nested case-control study of non-Hodgkin lymphoma and serum organochlorine residues. Lance，1997，350（9073）：240-244.

[256] Roulet M，Lucotte M，Canuel R，et al. Increase in mercury contamination recorded in lacustrine sediments following deforestation in the central Amazon. Chem Geol，2000，165（3-4）：243-266.

[257] Rune GM，de Souza P，Krowke R，et al. Morphological and histochemical effects of 2,3,7,8-tetrachlorodibenzo-p-dioxin（TCDD）on marmoset（Callithrix jacchus）testes. Arch Androl，1991，26（3）：143-154.

[258] Rune GM，de Souza P，Krowke R，et al. Morphological and histochemical pattern of response in rat testes after administration of 2,3,7,8-tetra-chlorodibenzo-p -dioxin（TCDD）. Histol Histopathol，1991，6（4）：459-467.

[259] Sagiv S K，Tolbert P E，Altshul L M，et al. Organochlorine exposures during Pregnaney and infant size at birth.Epidemiology，2007，18（1）：120-129.

[260] Sagiv SK，Tolbert PE，Altshul LM，et al. Organochlorine exposures during pregnancy and infant size at birth. Epidem Tology，2007，18：120-129.

[261] Saijoh K，Fukunaga T，Katsuyama H，et al. Effects of Methylmercury on Protein Kinase A and Protein Kinase C in the Mouse Brain. Environ Res，1993，63（2）：264-273.

[262] Salaün P，Planer-Friedrich B，Constant MG. Inorganic arsenic speciation in water and seawater by anodic stripping voltammetry with a gold microelectrode. Anal Chim Acta，2007，585（2，7）：312-322.

[263] Santos-Burgoa C，Rios C，Mercado LA，et al. Exposure to Manganese：Health Effects on the General Population，a Pilot Study in Central Mexico. Environ Res，2001，85（2）：90-104.

[264] Sarih M，Souvannavong V，Adam A. Nitric Oxide Synthase Induces Macrophage Death by Apoptosis. Biochem Biophys Res Commun，1993，191（2）：503-508.

[265] Saxena DK，Murthy RC，Lal B，et al. Effect of hexavalent chromium on testicular maturation in the rat. Reprod Toxicol，1990，4（3）：223-228.

[266] Saxena M，Siddiqui M，Bhargava A，et al. Role of chlorinated hydrocarbon pesticides in abortions and premature labour. Toxicology，1980，17（3）：323-331.

[267] Schell LM. Polychlorinated biphenyls and thyroid function in adolescents of the Mohawk Nation at Akwesasne. In：Gilli G，ed. Human Growth from Conception to Maturity. London：Smith-Gordon，2002，289-296.

[268] Schwartz J，Dockery DW，Neas LM. Is daily mortality associated specifically with fine particles. J Air Waste Manage Assoc，1996，46（10）：927-939.

[269] Schwartz J. Air pollution and blood markers of cardiovascular risk. Environ Health perspect，2001，109（suppl 3）：405-409.

[270] Settimi L，Masina A，Andrion A，et al. Prostate cancer and exposure to pesticides in agricultural settings. Int J Cancer，2003，104（4）：458-461.

[271] Sharpe R，Skakkebaek N. Are oestrogens involved in falling sperm counts and disorders of the male reproductive tract. Lancet，1993，341：1392-1395.

[272] Sherlock S.Progress report，heptic reaction to drugs.Cut，1999，20（4）：634-642.

[273] Shinichi Okamoto，Masayuki Hayashi，Masaomi Nakajima，et al. A factor analysis-multiple regression model for source apportionment of suspended particulate matter.Atmospheric Environment，1990，24（8）：2089-2097.

[274] Shiping Zhang，James F Rusling.Dechlorination of Polychlorinated Biphenyls on Soils and Clay by Electrolysis in Bicontinuous Microemulsion.Environmental Science and Technology，1995，29（5）：1195-1199.

[275] Shrivastava HY，Ravikumar T，Shanmugasundaram N，et al. Cytotoxicity studies of chromium（Ⅲ）complexes on human dermal fibroblasts. Free Radic Biol Med，2005，38（1）：58-69.

[276] Siddiqui M K，Srivastava S，Srivastava S P，et al. Persistent chlorinated Pesticides and intra-uterine foetal growth retardation：a Possible association.Int Arch Occup Environ Health，2003，76（1）：75-80.

[277] Siddiqui MK，Nigam U，Srivastava S，et al. Association of maternal blood pressure and hemoglobin level with organochlorines in human milk. Hum Exp Toxicol，2002，21（1）：1-6.

[278] Siddiqui MK，Srivastava S，Srivastava SP，et al. Persistent chlorinated pesticides and intra-uterine foetal growth retardation：a possible association. Int Arch Occup Environ Health，2003，76（1）：75-80.

[279] Simonetti A，Gariepy C，Carignan J.Tracing sources of atmospheric pollutantion in western Canada using

the Pb isotopic composition and heavy metal abundances of epiphytic lichens.Atmospheric Environment，2003，37（20）：2853-2865.

[280] Singh M. Effect of fluoride on tissue manganese levels in the mouse. Sci Total Environ，1982，22（3）：285-288.

[281] Snedeker SM. Pesticides and breast cancer risk：a review of DDT，DDE，and dieldrin. Environ Health Perspect，2001，109（suppl 1）：35-47.

[282] Soderberg LS，Barnett JB. Exposure to inhaled isobutyl nitrite reduces T cell blastogenesis and antibody responsiveness. Fundam Appl Toxicol，1991，17（4）：821-824.

[283] Soderberg LS，Roy A，Flick JT，et al. Nitrite inhalants spontaneously liberate nitric oxide，which is not responsible for the immunotoxicity in C57BL/6 mice. Int J Immunopharmacol，2000，22（2）：151-157.

[284] Solis-Heredia MJ，Quintanilla-Vega B，Sierra-Santoyo A，et al. Chromium increases pancreatic metallothionein in the rat. Toxicology，2000，142（2）：111-117.

[285] Sorensen EM，Bhattacharyya MH. Intravenous administration mode for lead inclusion development in mouse tissues. Toxicol Lett，1988，41（1）：31-38.

[286] Spiegelstein O，Gould A，Wlodarczyk B，et al. Developmental consequences of in utero sodium arsenate exposure in mice with folate transport deficiencies. Toxicol Appl Pharmacol，2005，203（1）：18-26.

[287] Spurny KR. Analytical Chemistry of Aerosols. Levis Pub，1998：145-171.

[288] Steinberg KK，Freni-Titulaer LW，Rogers TN，et al. Effects of polychlorinated biphenyls and lipemia on serum analytes. J Toxicol Environ Health，1986，19（3）：369-381.

[289] Sturgeon SR，Brock JW，Potischman N，et al. Serum concentrations of organochlorine compounds and endometrial cancer risk（United States）. Cancer Causes Control，1998，9（4）：417-424.

[290] Sun L，Hu J，Zhao Z，et al. Influence of exposure to environmental lead on serum immunoglobulin in preschool children. Environ Res，2003，92（2）：124-128.

[291] Sundeep SS，Charlotta N，Anders B，et al. Acute exposure to diesel exhaust increase IL-8 and GRO-α production in healthy human airways. Am J Respir Crit Care Med，2000，161（2）：550-557.

[292] Suzuki H，Wada O，Inoue K，et al. Role of brain lysosomes in the development of manganese toxicity in mice. Toxicol Appl Pharmacol，1983，71（3）：422-429.

[293] Suzuki H，Wada O. Role of liver lysosomes in uptake and biliary excretion of manganese in mice. Environ Res，1981，26（2）：521-528.

[294] Svensson BG，Hallberg T，Nilsson A，et al. Parameters of immunological competence in subjects with high consumption of fish contaminated with persistent organochlorine compounds. Int Arch Occup Environ Health，1994，65（6）：351-358.

[295] Teyssier F，Bay JO，Dionet C，et al.Cell cycle regulation after exposure to ionizing radiation. Bull Cancer，1999，86（4）：345-357.

[296] Thabano JR，Abong'o D，Sawula GM. Determination of nitrate by suppressed ion chromatography after copperised-cadmium column reduction. J Chromatogr A，2004，1045（1-2）：153-159.

[297] Thuvander A，Sundberg J，Oskarsson A. Immunomodulating effects after perinatal exposure to methylmercury in mice. Toxicology，1996，114（2）：163-175.

[298] Til HP，Feron VJ，De Groot AP. The toxicity of sulphite. I. Long-term feeding and multigeneration studies

in rats. Food and Cosmetics Toxicology，1972，10（3）：291-310.

[299] Torres-Sanchez L，Rothenberg S J，Sehnaas L，et al. In utero *p,p'*-DDE and infant neurodevelopment：a perinatal cohort in Mexico.Environ Health Perspect，2007，115（3）：435-439.

[300] Tryphonas H. Immunotoxicity of PCBs（Aroclors）in relation to Great Lakes. Environ Health Perspect，1995，103（suppl 9）：35-46.

[301] U. S. Food and Drug Administration，Division of Field Science，ORA，Center for Food Safety and Applied Nutrition. LaboratoryInformation Bulletin. No. 4084 Dioxins.

[302] U.S. Department of Health and Human Services. ATSDR. Toxicological Profile for Polychlorinated Biphenyls（PCBs），2000.

[303] Ulrich Quass，Michael Fermann，Günter Br（o）ker.The European Dioxin Air Emission Inventory Project-Final Results.Chemosphere，2004（54）：1319-1327.

[304] Valentino L，Torregrossa M V，Saliba L J. Health effects of mercury ingested through consumption of seafood. Water Sci Technol，1995，32（9-10）：41-47.

[305] Valentino M，Santarelli L，Pieragostini E，et al. In vitro inhibition of thymulin production in mercury-exposed thymus of young mice. Sci Total Environ，2001，270（1-3）：109-112.

[306] van Roosbroeck S，Wichmann J，Janssen NA，et al. Long-term personal exposure to traffic-related air pollution among school children，a validation study. Sci Total Environ，2006，368（2-3）：565-573.

[307] Varshney SRK，Varshney CK. Response of peroxidase to low levels of SO_2. Environmental and Experimental Botany，1985，25（2）：107-114.

[308] Viana M，Minguillon M C，Queol X，et al. Inter-comparison of receptor models models for PM source apportionment：case study in an industrial area. Atmospheric Environment，2008，42（16）：3820-3832.

[309] Vincendeau P，Daulouède S，Veyret B，et al. Nitric oxide-mediated cytostatic activity on Trypanosoma brucei gambiense and Trypanosoma brucei brucei. Exp Parasitol，1992，75（3）：353-360.

[310] Vladimir T，Valery R，Lorenzo T. Dichloro-diphenyltrichloroethane（DDT）：ubiquity，persistence，and risks. Research Review，2002，110（2）：125-129.

[311] Vreugdenhil JI，Vreugdenhil，Froukje M，et al. Effects of perinatal exposure to PCBs and Dioxins on behavior play in Dutch children at school age. Environ Health Perspect，2002，110：A593-598.

[312] Waalkes MP. Cadmium carcinogenesis in review. J Inorg Biochem，2000 Apr，79（1-4）：241-244.

[313] Wang B，FengWY，Wang TC，et al. Acute toxicity of nano and micro scale zinc powder in healthy adultmice. Toxicol Lett，2006，161（2）：115-123.

[314] wcsph.scu.edu.cn/bkly/ssdoc/中心实验室简介，2006.10.31.

[315] Weiderpass E，Adami HO，Baron JA，et al. Organochlorines and endometrial cancer risk. Cancer Epidemiol Biomark Prev，2000，9（5）：487-493.

[316] Weisburger JH，Raineri R. Assessment of human exposure and response to N-nitroso compounds：A new view on the etiology of digestive tract cancers. Toxicol Appl Pharmacol，1975，31（3）：369-374.

[317] Weisskopf M G，Anderson H A，Hanrahan L P，et al. Maternal exposure to Great Lakes sport-caught fish and dichlorodiphenyl dichloroethylene，but not Polyehlorinated biphenyls，is associated with reduced birth weight.Environ Res，2005，97（2）：149-162.

[318] Whitby KT. The physical characteristics of sulfur aerosols. Atmos Environ，1978，12（1-3）：135-139.

[319] Whittaker P，San RH，Clarke JJ，et al. Mutagenicity of chromium picolinate and its components in Salmonella typhimurium and L5178Y mouse lymphoma cells. Food Chem Toxicol，2005，43（11）：1619-1625.

[320] WHO Regional Office for Europe. Air quality guidelines-second edition，2000：4.

[321] WHO.Environmental Health Criteria83（DDT and it Derivatives-Environmental Aspects）. Geneva：WHO，1989：14-15.

[322] Wichmann HE，Spix C，Tuch T，et al. Daily mortality and fine and ultrafine particles in Erfurt，Germany. Part Ⅰ：Role of particle number and particle mass. Res Rep Health Eff Inst，2000，98：5-86.

[323] William PW，Matthew JC，Daniel LC. Cardiac arrhythmia induction after exposure to residual oil fly ash particles in a rodent model of pulmonary hypertension.Toxicological Sciences，1998，41（2）：209-216.

[324] Winneke G，Walkowiak J，Lilienthal H. PCB-induced neurodevelopmental toxicity in human infants and its potential mediation endocrine dyfunction. Toxicology，2002，181-182：161 - 165.

[325] Wise SS，Holmes AL，Ketterer ME，et al. Chromium is the proximate clastogenic species for lead chromate-induced clastogenicity in human bronchial cells. Mutat Res，2004，560（1）：79-89.

[326] Wolff M S，EngeI S，Berkowitz G，et al. Prenatal Pesticide and PCB exposures and birth outcomes. Pediatr Res，2007，61（2）：243-250.

[327] Wolff MS，Toniolo PG，Lee EW，et al. Blood levels of organochlorine residues and risk of breast cancer. J Natl Cancer Inst，1993，85（8）：648-652.

[328] Wolff MS，Toniolo PG. Environmental organochlorine exposure as a potential etiologic factor in breast cancer. Environ Health Perspect，1995，103（suppl 7）：141-145.

[329] Wu CH，Maurer C，Yi W，et al. W ater pollution and human health in China.Environ Heahh Perspect，1999，107（4）：251-256.

[330] Xiao G，Parsons JF，Tesh K，et al. Conformational changes in the crystal structure of rat glutathione transferase M1-1 with global substitution of 3-fluorotyrosine for tyrosine. J Mol Biol，1998，281（2）：323-339.

[331] Xiao SM，Chen JR，Shen YQ.Determination of lead in water samples by graphite furnace atomic absorption spectrometry after cloud point extraction with dithizone.广谱学与广谱分析，2006，26（5）：955-958.

[332] Yamada Y，Fausto N. Deficient liver regeneration after carbon tetrachloride injury in mice lacking type 1 but not type 2 tumor necrosis factor receptor. Am J Pathol，1998，152（6）：1577 - 1589.

[333] Yamazaki H，Litman A，Margolis HC. Effect of fluoride on artificial caries lesion progression and repair in human enamel：Regulation of mineral deposition and dissolution under in vivo-like conditions. Arch Oral Biol，2007，52（2）：110-120.

[334] Yu D. A pharmacokinetic modeling of inorganic arsenic：A short-term oral exposure model for humans. Chemosphere，1999，39（15）：2737-2747.

[335] Yu ML，Guo YL，Hsu CC，et al. Increased mortality from chronic liver disease and cirrhosis 13 years after the Taiwan “yucheng”（“oil disease”）incident. Am J Ind Med，1997，31（2）：172-175.

[336] YU Xiao-xing．PENG bao-cheng．Accumulative toxicity and effect on marmwcell miceonucles rate and sperm for marion of cards．Journal of Hebei medical university，1997，18（3）：139-141.

[337] Zidenberg-Cherr S，Keen CL. Influence of dietary manganese and vitamin e on adriamycin toxicity in mice. Toxicol Lett，1986，30（1）：79-87.

[338] Zikri A，Julian FT.Slurry sampling for determination of lead in marine plankton by electrothermal atomic absorption spectrometry. Micro Journ，2007，86（2）：227-234.

[339] 安琼，董元华，王辉，等. 南京地区土壤中有机氯农药残留及其分布特征.环境科学学报，2005，25（4）：470-474.

[340] 安藤仁，井上康明，佐藤静雄.分析化学，1998，47：31.

[341] 安永清，何承熙，黄菊蓉，等. 青海省高砷水源地区砷中毒流行病学调查分析. 中国地方病学杂志，2003，22（z1）：88.

[342] 巴月，李志远，程学敏，等. 高本底放射性饮水对小鼠细胞遗传学指标的影响. 河南预防医学杂志，2003，14（1）：1-3.

[343] 白丽娜，张利成，王灵秀. 包头市稀土生产带来的放射性环境问题及防治措施.辐射防护通讯，2001，21（3）：40-42.

[344] 柏芳青，金仲品. 铬与人体健康和疾病. 微量元素与健康研究，2002，19（4）：77-77.

[345] 毕新慧，徐晓白. 多氯联苯的环境行为. 化学进展，2000，12（2）：152-160.

[346] 蔡亚平，贺性鹏，李东阳，等. 交通警察工作岗位环境污染物及健康状况调查. 中国职业医学，2003，5：16-18.

[347] 蔡原，刘秋芳，张颖花，等. 慢性染铅对大鼠脑海马齿状回长时程增强的抑制作用及其机理探讨. 中国公共卫生，2000，16（3）：230-232.

[348] 曹杰山. 水和废水中亚硝酸盐氮的现场快速分析方法研究. 中国环境监测，2006，22（4）：22-23.

[349] 曹敬丽，许家昂，邓大平. 江河水系放射性污染研究状况. 中国辐射卫生，2005，14（4）：317-318.

[350] 曹颖，赵文洪. 大气二氧化硫两种分析方法对测定结果的影响.环境监测管理与技术，1996，8（5）：37-38.

[351] 陈秉衡，洪传洁，等. 上海市城市大气二氧化硫污染对健康影响的定量评价.环境与健康杂志，2002，19（1）：11-13.

[352] 陈大方，王黎华，刘君卓.二氧化氮对大鼠肺脂质过氧化、抗氧化酶及花生四烯酸代谢的影响.环境与健康杂志，1997，1：6-9.

[353] 陈迪军，阎修花，李春光，等. 塔山水库蓝藻爆发的成因及控制. 环境监测管理与技术，2001，13（1）：27-28.

[354] 陈刚，俞顺章，卫国荣，等. 肝癌高发地区不同饮用水类型藻毒素含量的调查. 中华预防医学杂志，1996，30（1）：6-9.

[355] 陈好春，裴辉光，张宵宇，等. 杭州大气铅主要污染源的铅同位素示踪.矿物岩石地球学通报，1998，17（3）：146-149.

[356] 陈建军，张乃明，秦丽，等. 昆明地区土壤重金属与农药残留分析.农村生态环境，2004，20（4）：1-5.

[357] 陈金枝，韩铁，张勤，等. 水样中亚硝酸盐的高效液相色谱测定法. 环境与健康杂志，2002，19（3）：256-257.

[358] 陈军，陈学敏，杨克敌，等. 氟对大鼠脑细胞 DNA 的损伤及诱导凋亡的作用. 中华预防医学杂志，2002，36（4）：222-224.

[359] 陈坤，赵玉婉，马新源，等. 浙江省嘉善县人群结直肠癌发病与有机氯污染的关系.中华流行病学杂

志，2004，25（6）：479-483.
[360] 陈兰化，刘春. 水中痕量亚硝酸盐荧光猝灭法测定. 中国公共卫生，2006，22（1）：126-127.
[361] 陈琳，翟云波，杨芳，等. 长沙市夏季大气颗粒物中重金属的形态及其源解析.环境工程学报，2010，14（9）：2083-2087.
[362] 陈玲，李积胜，许韫，等. 慢性染汞大鼠皮质胆囊收缩素神经元的变化. 微量元素与健康研究，2006，23（1）：1-3.
[363] 陈龙，高伟，周娟. 亚急性镉暴露大鼠血液免疫细胞和介质变化. 中国公共卫生，2006，22（1）：78-79.
[364] 陈明华，陈静森，李德. 上海市大气颗粒物高浓度区污染物的源解析.上海环境科学，1997，16（10）：15- 17.
[365] 陈琼宇，李洪，赵一波. 六价铬对大鼠的致畸作用研究. 中华预防医学杂志，2000，34（01）：63-64.
[366] 陈天虎，冯军会，张宇，等. 合肥市大气颗粒物组成及其环境指示意义. 岩石矿物学杂志，2001，20（4）：425-428.
[367] 陈天虎，徐惠芳.大气降尘 TEM 观察及其环境矿物学意义. 岩石矿物学杂志，2003，22（4）：425-428.
[368] 陈添，华蕾，金蕾，等.北京市大气 PM_{10} 源解析研究.中国环境监测，2006，22（6）：59-63.
[369] 陈文华，王丽萍，潘洪志，等. 铅中毒大鼠抗氧化酶活性的改变及核酸的干预效应. 中国临床康复，2005，9（43）：78-79.
[370] 陈旭，崔锡训，任玉兰，等. 鞍山市 SO_2 源排放污染贡献分析. 干旱环境监测，2006，20（1）：19-23.
[371] 陈勇，程明，夏启松，等. 四氯化碳损伤小鼠肝脏基因表达谱的变化.药学学报，2005，40（10）：898-902.
[372] 程金平，王文华，贾金平. 氯化甲基汞对大鼠脑 c-fos 和 c-jun 基因表达的影响. 环境科学，2003，24（1）：52-56.
[373] 程政，王敏，王强，等. 饮用水含氟浓度不同的两地区儿童腮腺唾液蛋白的对比分析. 中国地方病学杂志，2002，21（4）：273-275.
[374] 崔城洛，尹正日，孙东植，等. 慢性六价铬中毒对大白鼠免疫系统的影响. 延边医学院学报，1983，6（1）：25-26.
[375] 崔留欣，范清堂，巴月，等. 环境中铬污染对人体免疫功能的影响. 河南医科大学学报，1990，25（3）：262-266.
[376] 崔留欣，姜春霞，王锡林，等. 氟致雄性大鼠生殖功能损害的实验研究. 中国地方病学杂志，2003，22（3）：195-197.
[377] 戴国钧，张志瑜，钱聪，等. 骨质改变在饮不同水氟人群中的分布规律. 中国地方病学杂志，2004，23（02）：166-169.
[378] 稻森悠平，丁国际，吕锡武. 有毒蓝藻及藻毒素生物降解的初步研究. 中国环境科学，1999，19（2）：11-12.
[379] 邓芙蓉，郭新彪. 无机砷对人皮肤成纤维细胞缝隙连接通讯的影响. 中华预防医学杂志，2001，35（1）：51- 54.
[380] 丁超然，张锦昌. 窑尾废气中 NO_x 的测定. 水泥，1984，11：24-32.
[381] 丁浩敏，刘俊玲，夏涛，等. 饮水氟浓度与儿童肝损害的剂量-效应关系. 环境与健康杂志，2005，22（4）：243-245.
[382] 丁剑，彭瑞玲，岳伟，等. 北京某城区居室内空气污染现状及其影响因素. 环境与健康杂志，2004，6：361-363.

[383] 丁振华，王文华，瞿丽雅，等. 贵州万山汞矿区汞的环境污染及对生态系统的影响，2004，25（2）：111-114.

[384] 董金泉，杨绍晋. 华北清洁地区气溶胶特征及其来源研究. 环境化学，1998，17（1）：38-44.

[385] 董淑阁. 用鱼养水生物控制饮用水源蓝藻爆发. 污染防治技术，2004，17（1）：105-106.

[386] 董艳虹，白晶，崔琴子，等. 沈阳市工业区儿童体内汞含量调查及分析. 中国儿童保健杂志，2002，10（4）：279-280.

[387] 董玉瑛，冯霄. 持久性有机污染物分析和处理技术研究进展. 环境污染治理技术与设备，2003，4（6）：49-55.

[388] 杜淑旭，杜军保，唐朝枢. 内源性二氧化硫及其衍生物的生理作用研究进展. 北京大学学报（医学版），2006，38（3）：331-334.

[389] 杜小明. 盐酸萘乙二胺分光光度法测定氮氧化物含量的讨论. 川化，2006，3：39-40.

[390] 樊敏. 厦门市放射性污染源现状调查分析. 中国环境监测，2006，22（3）：23-24.

[391] 范春，刘占琴，包玉屏，等. 室内空气中氮氧化物污染水平及其影响因素的探讨.中国公共卫生，1999，5：440-441.

[392] 方步武，靳珠华，林秀珍. 测定血中亚硝酸盐的荧光分光光度法. 中国应用生理学杂志 ，2005，21（2）：235-239.

[393] 丰江帆，滕学伟，张宏，等. 基于 GIS 的太湖蓝藻预警系统研究. 环境科学与技术，2006，29（9）：60-61.

[394] 冯斌，白林凯. 山西省主要地市饮用水总α、总β放射性水平. 中华放射医学与防护杂志，1999，19（6）：439-440.

[395] 冯海艳，杨忠芳，陈岳龙，等. 水稻及其根际土壤中六六六、滴滴涕残留量探析. 中国生态农业学报，2006，14（3）：145-147.

[396] 冯银厂，白志鹏，朱坦，等. 大气颗粒物二重源解析技术原理与应用.环境科学，2002，23（增）：106-108.

[397] 符刚，张信江，杜辉，等. P16 和视网膜母细胞瘤蛋白在高砷煤引起的砷中毒患者皮损中的表达.中华皮肤科杂志，2002，35（6）：462-463.

[398] 付斌. 多组分气体污染物被动式监测方法的研究. 卫生研究，2002，31（5）：390-393.

[399] 傅文宇，徐立红. 微囊藻毒素致毒机理的研究进展.浙江大学学报（医学版），2006，35（3）：342-346.

[400] 高凡，贾建业，王好，等. 广州市农业土壤中六六六（HCH）的残留特征.环境科学与技术，2006，29（11）：10-11，14.

[401] 高红萍，张玉娥，张翼翔. 砷与氟及砷氟联合作用对小鼠肝脏的氧化性损伤. 中国地方病学杂志，2006，25（1）：108.

[402] 高红霞，高云霞，等，空气污染对儿童部分免疫及肺通气功能的多因素分析.环境与健康杂志，2002，19（3）：204-206.

[403] 高建国，王三祥，程晓天. 氟对大鼠脑髓鞘碱性蛋白及髓鞘磷脂质损伤的研究. 中国地方病学杂志，2003，22（1）：28-30.

[404] 高军，徐希平，陈育德，等. 北京市东、西城区空气污染与居民死亡情况的分析.中华预防医学杂志，1993，27：340-343.

[405] 高睿. 亚慢性镉中毒对公鸡生殖毒理及硒拮抗效应的研究. 东北农业大学硕士论文，2002.

[406] 高双，李昕，孙贵范. 水砷浓度快速检测法的研究. 中国地方病学杂志，2003，22（z1）：499-500.

[407] 高彦辉，付松波，孙辉，等. 亚慢性氟中毒影响大鼠骨转换的动态分析. 中国地方病学杂志，2005，24（3）：288-290.

[408] 高宇，颜崇淮，吴胜虎，等. 甲基汞暴露对仔鼠学习记忆能力的影响. 中国行为医学科学，2005，14（4）：295-297.

[409] 铬酸盐生产工人生殖结局调查协作组. 铬酸盐对生产工人生殖结局影响的研究. 中华劳动卫生职业病杂志，1996，14（1）：22.

[410] 耿存珍，李明伦，杨永亮，等. 青岛地区土壤中 OCPs 和 PCBs 污染现状研究. 青岛大学学报（工程技术版），2006，21（2）：42-48.

[411] 耿福明，薛联青，陆桂华，等. 饮用水源水质健康危害的风险度评价. 水利学报，2006，37（10）：1242-1245.

[412] 耿书生. 洛阳饮水型氟中毒流行概况及防治方法. 中国地方病防治杂志，2001，16（1）：45-46.

[413] 龚钟明，王学军，李本纲，等. 天津地区土壤中 DDT 的残留分布研究.环境科学学报，2003，23（4）：447-451.

[414] 顾润南. 水和废水中微量四氯化碳、二氯乙烷等挥发性有机氯化物的分析-顶端空间气相色谱法. 中国纺织大学学报，1994，20（4）：136-142.

[415] 郭常义，苏瑾，等. 疾病预防控制机构环境卫生工作的思考. 环境与健康杂志，2004，21（1）：19-21.

[416] 郭印诚，滕树龙. 北京市大气污染总量控制和降低机制研究——绿色奥运的空气质量. 能源研究通讯，2004（4）：18-24.

[417] 郭勇勇. 电子垃圾拆解区重金属及多环芳烃宫内暴露对胎儿生长发育的影响. 汕头大学硕士学位论文，2010.

[418] 韩宝平，朱雪强，孙晓菲，等. 某岩溶水源地四氯化碳污染途径研究. 中国矿业大学学报，2006，35（1）：61-65.

[419] 韩见龙，铁晓威，沈海涛. 二噁英类似物及其检测技术进展. 浙江预防医学，2005，17（11）：55-56.

[420] 韩建英，李笑梅. 含铬工业废水对地下水及饮用水致突变性的影响. 环境与健康杂志 ，2004，21（2）：99-100.

[421] 郝红伟，陈以方，吴敏生，等. 低功率高频超声抑制蓝藻生长的研究. 生物物理学报，2003，19（1）：101-104.

[422] 郝吉明，王丽涛，李林，等. 北京市能源相关大气污染源的贡献率和调控对策分析. 中国科学（D 辑），2005，35（A01）：115-122.

[423] 何孟常，万红艳. 环境中锑的分布、存在形态及毒性和生物有效性. 化学进展，2004，16（1）：131-135.

[424] 何萍芬，岳小欣，刘平波，等. 郑州市大气污染物分析及其与呼吸道感染疾病的相关性综合性研究. 中国临床康复，2006，10（36）：1-3.

[425] 何蓉，张学星，施莹，等. 绿化树种叶片中硫元素的含量特征. 云南环境科学，2006，25（2）：6-9.

[426] 何武军. 人乳中 DDT 水平的全球趋势. 中国卫生监督杂志，2000，7（4）：159-162.

[427] 和彦苓，张艾华. 顶空气相色谱法测定饮用水中氯仿及四氯化碳. 中国公共卫生，1992，8（12）：551-552.

[428] 河南省六六六、DDT 残留量调查协作组.河南省食品及水中六六六、DDT 残留量调查报告.卫生防疫，1978（1）：23-28.

[429] 贺克斌，余学春，陆永祺，等. 城市大气污染物来源特征. 城市环境与城市生态，2003，16（6）：269-271.

[430] 贺凌飞，陈建刚. 氟中毒对大鼠口腔黏膜细胞和肝细胞 DNA 损伤的影响. 中国地方病防治杂志，2003，18（5）：272.

[431] 贺凌飞，黄闽，王阅春，等. 高氟对大鼠口腔黏膜细胞增殖周期和 DNA 合成的影响. 中国地方病防治杂志，2004，19（3）：129-131.

[432] 贺新红，张德兴，陈伟强，等. 大鼠生后锰接触对黑质多巴胺能神经元发育的毒性影响. 卫生研究，2004，33（6）：666-667.

[433] 洪峰，金泰廙，卢国栋，等. 镉、砷接触工人肾功能损伤观察. 中国地方病学杂志，2003，22（z1）：489-493.

[434] 洪峰，金泰廙，卢国栋. 镉、砷对大鼠肾脏功能联合作用的实验研究. 环境与职业医学，2003，20（3）：159-163.

[435] 洪峰，金泰廙，卢国栋. 砷镉联合染毒大鼠肾毒性剂量效应分析. 中国地方病学杂志 ，2005，24（6）：609-613.

[436] 胡废轩，徐秀芝，童咏仪，等. 沈阳市大气微生物的研究. 微生物学通报，1994，21（6）：353-356.

[437] 胡前胜，任铁玲，傅洪军，等. 铅对神经细胞黏附分子表达的影响. 毒理学杂志，2005，19（3）：238-238.

[438] 胡伟，魏复盛，等. 两步回归法研究空气污染与儿童呼吸病症率的关系. 中国环境科学，2001，21（6）：485-489.

[439] 胡晓磐，周建华，时夕金. 水环境镉对鲫鱼淋巴细胞 DNA 合成的影响. 实用预防医学，2004，11（6）：1106-1107.

[440] 胡宇，肖碧玉. 冬季取暖及燃煤对农村不同类型住宅室内空气质量影响的研究. 现代预防医学，1995，22（3）：180-181.

[441] 黄厚今，刘起展，董国宾，等. 慢性氟、砷染毒对小鼠肾皮质氧化应激的损害. 卫生毒理学杂志，2003，17（3）：136-138.

[442] 黄辉军，刘红年，蒋维楣. 南京市主城区大气颗粒物来源探讨. 气象科学，2007，27（2）：162- 167.

[443] 黄励，胡衡生，陈学斌. 南宁市道路空气污染对交通警察呼吸系统的影响. 环境与健康杂志，2005，22（4）：274-276.

[444] 吉荣娣，应波，王汉章，等. 中国地方性砷中毒分布调查（总报告）. 卫生研究，2003，32（6）：519-540.

[445] 贾山，任铁玲，张绪超，等. 镉对小鼠淋巴细胞增殖功能、IL-2 影响与 cAMP 的关系. 现代预防医学，2004，31（4）：487-489，492.

[446] 江琴，朱静媛，姜春霞，等. 氟对大鼠睾丸生殖细胞增殖细胞核抗原表达的影响. 中国地方病学杂志，2005，24（5）：520-522.

[447] 江祖成，胡斌. 高效液相色谱/氢化物发生/原子荧光快速检测尿砷形态. 分析科学学报，2000，16（02）：89-96.

[448] 姜春霞，范清堂，程学敏，等. 染氟大鼠生精细胞凋亡和血清雌二醇水平的关系. 卫生研究，2005，34（1）：32-32.

[449] 姜唯声，曾小军，陈红根，等. 鄱阳湖区人群土源性线虫感染与土壤污染状况调查. 中国血吸虫病防治杂志，2006，18（6）：449-452.

[450] 金龙金，方周溪，楼哲丰，等. 镉对小鼠精子和生精细胞超微结构及生精细胞 bcl-2、bax 基因表达的影响. 细胞生物学杂志，2006，28（3）：477-480.

[451] 金念祖，王心如. 铬化合物的毒性及其生物学监测指标研究进展. 工业卫生及职业病，1999，25（6）：

382-384.
[452] 金泰廙，雷立健，常秀丽. 镉接触健康效应危险度评价. 中华劳动卫生职业病杂志，2006，24（1）：1-2.
[453] 金永高，李继革，符展明，等. 水中三氯甲烷和四氯化碳顶空气相色谱法测定. 中国卫生检验杂志，2005，15（10）：1212-1213.
[454] 金永民，解宇，等. 利用二重源解析技术解析抚顺市大气颗粒物的来源. 环境科学与管理，2006（8）：88-89.
[455] 京谷智裕，岩附正明. 大气环境学会志，2000，35：286.
[456] 井力彬，秦怡，徐肇诩，等. 本溪市大气污染与死亡率的关系. 中国公共卫生，1999，15（3）：211-212.
[457] 阚海东，陈秉衡，贾健. 上海市大气污染与居民每日死亡关系的病例交叉研究. 中华流行病学杂志，2003，24（10）：863-867.
[458] 康瑞娟，秦静芬，汪晶，等. 砷对蓝藻光合作用和细胞生长的影响. 水生生物学报，2005，29（2）：119-121.
[459] 考庆君，吴坤，李红卫，等. 三价铬和六价铬对小鼠骨髓细胞微核率和精子畸变影响的比较. 癌变·畸变·突变，2004，16（3）：151-154.
[460] 考庆君，吴坤. 铬的生物学作用及毒性研究进展. 中国公共卫生，2004，20（11）：1398-1400.
[461] 孔繁翔，高光. 大型浅水富营养化湖泊中蓝藻水华形成机理的思考. 生态学报，2005，25（3）：589-595.
[462] 堀口博. 公害与毒物、危险品. 安家驹，译. 北京：化学工业出版社，1981.
[463] 劳宝法，纪泓，冯芸，等. HPLC 法测定水中氟等七种阴离子. 中国卫生检验杂志，2000，10（3）：312-314.
[464] 李冰，孙贵范，皮静波，等. 改水 1 年对饮水型砷暴露人群 DNA 氧化损伤的影响观察. 中国地方病学杂志，2003，22（z1）：453-454.
[465] 李春英，赵刚，邱炳源，等. 单细胞凝胶电泳技术在甲基汞对小鼠胸腺淋巴细胞 DNA 损伤中的应用. 卫生毒理学杂志，2002，16（1）：8-10.
[466] 李纯，岑况，王雪. 北京市主要公园土壤中铅含量及污染评价. 环境科学与技术，2006，29（10）：64-66.
[467] 李丁，李勤，安静，等. 六价铬对小鼠诱变作用与脂质过氧化关系. 环境与健康杂志，2001，18（6）：362-363.
[468] 李丁，姚红岩，王淑华，等. 六价铬与骨髓细胞遗传毒性关系探讨. 中国公共卫生，2002，10（18）：108-109.
[469] 李东霞，王迎林，王泽民，等. 砷角化皮损中 P53 蛋白、Bcl-2 蛋白及 PCNA 的表达. 内蒙古医学院学报，2001，23（4）：220- 222.
[470] 李攻科，何小青，熊国华，等. 用微波消解气相色谱法测定鱼肉中的有机氯农药. 分析测试学报，1999，18（4）：5.
[471] 李桂荣，张雷，杨晶，等. 可溶性铬盐职业接触者 DNA 链断裂的研究. 中华预防医学杂志，2006，40（6）：395-399.
[472] 李桂影，李洞. 铬中毒的临床反应和实验研究. 国外医学医学地理分册，2002，23（1）：33-35.
[473] 李国才，宋立荣. 紫外线辐射对蓝藻细胞活性的影响. 微生物学杂志，2002，22（4）：32-33.
[474] 李国君，褚金花，吴秋菊，等. 锰对小鼠骨髓细胞微核率的影响. 卫生研究，2001，30（3）：137-138.

[475] 李国君，邓一夫，褚金花. 氯化甲基汞对大鼠大脑即早基因表达的影响. 卫生毒理学杂志，2000，14（4）：196-199.

[476] 李煌元，吴思英. 镉的雌性性腺生殖毒性研究现状. 中国公共卫生，2002，18（3）：379-381.

[477] 李积胜. 生精细胞凋亡的基因调控. 武警医学院学报，1999，8（4）：220 -224.

[478] 李济平. 蓝藻毒素健康危害研究进展. 中国公共卫生，2000，16（7）：647-648.

[479] 李佳圆，李卉，陶苹，等. 有机氯农药非职业暴露与乳腺癌患病风险的病例——对照研究. 卫生研究，2006，35（4）：391-394.

[480] 李健，刘苹. 甲基汞对亲仔两代大鼠的神经行为毒性效应. 环境与健康杂志，2001，18（6）：339-342.

[481] 李晋芬，王长辉，孙惠乐. 太原市空气污染与儿童医院日门诊量的相关性研究. 环境与职业医学，2003，20（4）：264-268.

[482] 李静，叶琳，陈强，等. 松花江汞污染治理后儿童生长发育及智力调查. 中国公共卫生，2006，22（3）：342-343.

[483] 李军，王三祥，王正辉，等. 山西省饮水型氟中毒重病区县病情现状调查. 中国地方病学杂志，2006，25（5）：541-542.

[484] 李林，郝吉明，胡京南. 北京市能源利用对空气质量的影响分析和预测. 中国环境科学，2005，25（6）：746-750.

[485] 李玲，陈彬. 顶空气相色谱法测定饮用纯净水中三氯甲烷和四氯化碳. 江苏食品与发酵，2005，4：27-29.

[486] 李凭建，洪峰. 石墨炉原子吸收光谱法检测尿中砷. 中华预防医学杂志，2003，37（3）：48-50.

[487] 李少旦，彭卫芳. 某市电镀行业作业工人体内铬水平调查分析. 光谱实验室，2011，28（5）：2651-2654.

[488] 李霜，韩关根，徐盈，等. 南方某地产妇和婴儿体内多氯联苯蓄积水平的调查. 中国工业医学杂志，2006，19（3）：136-138.

[489] 李天来. 对一处饮用天然矿泉水中天然放射性水平异常的初步调查. 中华放射医学与防护杂志，1998，18（6）：34.

[490] 李小鹰. 心血管疾病分子生物学. 北京：人民军医出版社，2000：220-226.

[491] 李学明，余淑懿，关迺源，等. 水源水中四氯化碳最高容许浓度的研究. 卫生研究，1990，19（2）：15-18.

[492] 李艳红. 被动扩散监测技术的应用. 环境保护科学，2001，27（6）：34-35.

[493] 李燕，霍霞，郑良楷，等. 电子垃圾拆解区新生儿脐带血铬水平. 癌变•畸变•突变，2007，19（5）：409-411.

[494] 李迎玲，王洪，邓健，等. 邯郸市自来水中氯仿、四氯化碳、滴滴涕、六六六及苯并[a]芘的动态调查. 邯郸医学高等专科学校学报，1996，9（4）：345-346.

[495] 李永波，管蓉，李红光. 3 种毛细管色谱柱在水中氯仿和四氯化碳测定中的应用. 环境与健康杂志，2007，24（1）：49-51.

[496] 李永华，王五一，杨林生，等. 湘西多金属矿区汞铅污染土壤的环境质量. 环境科学，2005，26（5）：187-191.

[497] 丽莎，张文岚，薄立华，等. 过量氟对大鼠肝细胞内钙水平和肝细胞凋亡的影响. 中国地方病防治杂志，2003，18（5）：257-259.

[498] 笠原三纪. 大气环境学会志，2002，37（2）：96-107.

[499] 连兵，赵晓颖. 兰州市小儿血铅水平与环境铅污染关系调查. 中国环境监测，2003，19（4）：19-22.
[500] 连灵君，吴晨，徐进，等. 铅染毒导致小鼠 DNA 损伤与氧化损伤. 环境科学学报，2006，26（1）：137-141.
[501] 连民，刘颖，俞顺章，等. 饮水中 MC 对人群健康的影响的横断面研究. 中华流行病学杂志，2000，21（6）：437-440.
[502] 联合国环境规划署和世界卫生组织合编. 环境卫生基准（9）DDT 及其衍生物. 北京：中国环境科学出版社，1987：1-15.
[503] 梁春穗，邓峰，黄伟雄，等. 广东省食物中化学污染物的网点监测与动态分析. 中国食品卫生杂志，2003，15（5）：395-401.
[504] 梁廷和，李志坚，梁秀芳，等. 六价铬污染环境对居民健康危害的调查研究. 环境与健康杂志，1986，3（2）：34.
[505] 林广云，陈红英，郑文晖. 广州市水喉水中亚硝酸盐的调查. 中国卫生检验杂志，2000，10（4）：474.
[506] 林兴，徐为民，王世栋. 工作场所空气中锑的分光光度法测定. 海峡预防医学杂志，2005，11（1）：39.
[507] 林勇，孙军，吕波. 大气中多环芳烃的研究现状. 济南职业学院学报，2006，53（2）：39-42，57.
[508] 林玉锁，龚瑞忠，朱忠林. 农药与生态环境保护. 北京：化学工业出版社，2000：13-33.
[509] 林智，王川健，陈玉珅，等. 海南省生活饮用水中放射性水平调查研究. 中国辐射卫生，2001，10（3）：149-150.
[510] 刘春华，陈玉惠，吴锡南，等. 昆明西郊铅、镉、砷污染对儿童健康影响的研究. 预防医学情报杂志，1998，14（1）：1-3.
[511] 刘翠华，依艳丽，张大庚，等. 葫芦岛锌厂周围土壤镉污染现状研究. 土壤通报，2003，34(4)：326-329.
[512] 刘国胜，陈晓君，贾广喜. CB-Zr 荧光分光光度法测定水中微量氟的初步探讨. 预防医学论坛，2006，12（6）：695-696.
[513] 刘海东. 六价铬对大鼠睾丸支持细胞 ABP、Tf 和 INHmRNA 转录及蛋白表达的影响. 郑州大学硕士论文，2011.
[514] 刘宏志，陈惠京，王绪卿. 1992 年中国总膳食研究——农药残留. 卫生研究，1995，24（6）：356-360.
[515] 刘鸿志，王谦. 欧洲环境与健康发展战略对我国的启示. 毒理学杂志，2005，9（1）：3-4.
[516] 刘华莲. 铬污染环境中的人群外周血淋巴细胞微核的观察. 环境与健康杂志，1988，5（6）：13-16.
[517] 刘华明. 浅谈发展、环境与健康. 安徽卫生职业技术学院学报，2003，2（4）：87-88.
[518] 刘建安，刘德华. 太原市城区 521 名幼儿血铅水平及其影响因素调查. 中国公共卫生，2000，16（4）：357-358.
[519] 刘炯，李贵民，刘万洋，等. 辽宁省地方性砷中毒分布调查分析. 中国地方病学杂志，2003，22（6）：528-529.
[520] 刘俊玲，夏涛，余要勇，等. 饮水氟含量与儿童肾损害的暴露-效应关系. 卫生研究，2005，34（3）：287-288.
[521] 刘俊凌，郭振欣. 铅污染与儿童健康相关因素及防治进展. 微量元素与健康研究，2004，21(3)：33-34.
[522] 刘力，李晋芬. 太原市大气污染致公众健康危害评价. 环境与职业医学，2003，20（3）：207-209.
[523] 刘丽萍，张勐，张妮娜. 原子荧光法测定生活饮用水及其水源水中的镉. 中国卫生检验杂志，2006，16（8）：941-942.

[524] 刘连新，朱安龙，陈炜，等. 三氧化二砷对原发性肝癌的作用及其机理研究. 中华外科杂志，2005，43（1）：33-36.
[525] 刘明和. 有机氯在我国的污染现状及监控对策. 内蒙古环境保护，2003，15（1）：35-38.
[526] 刘苹，李健，纳冬荃，等. 妊娠期甲基汞暴露对亲仔两代大鼠脑组织神经递质的影响. 中国学术期刊文摘，2001，7（1）：97-99.
[527] 刘起展，黄厚今，董国宾，等. 氟、砷中毒小鼠肝亚细胞器脂质过氧化损害. 中国公共卫生，2003，19（9）：1050-1051.
[528] 刘起展，黄厚今，董国宾，等. 慢性氟、砷及联合中毒对小鼠大脑脂质过氧化功能的影响. 中国地方病学杂志，2003，22（3）：198-200.
[529] 刘世杰. 贯彻预防为主促进人民健康. 中华预防医学杂志，1999，2（2）：5-6.
[530] 刘守庆，石增宝，张玉启，等. 临沂市某农药厂环境污染对新生儿出生缺陷的流行病学调查. 预防医学文献信息，2002，8（3）：273-274.
[531] 刘伟，杨辉，廖伟棠，等. 电子垃圾拆解区儿童血铬水平与行为问题关系的研究. 汕头大学医学院学报，2011，24（1）：26-29.
[532] 刘伟成，李明云. 镉毒性毒理学研究进展. 广东微量元素科学，2005，12（12）：1-5.
[533] 刘咸德，封跃鹏. 青岛市大气颗粒物来源的定量解析——化学质量平衡方法. 环境科学研究，1998，11（5）：51- 54.
[534] 刘晓梅，石龙，金明华，等. 铅和镉对雄性小鼠生殖细胞 DNA 损伤的研究. 中国公共卫生，2004，20（3）：311-312.
[535] 刘肖. 离子色谱法测定铬. 环境化学，2005，24（6）：741-743.
[536] 刘雪锦，史黎薇. 被动式个体采样器在环境监测中的应用. 中国环境监测，1996（1）：28-29.
[537] 刘毅，毛玉明，李健，等. 甲基汞对大鼠的行为致畸效应研究. 卫生毒理学杂志，2001，15(4)：193-196.
[538] 刘勇. 环境与健康-欧洲国家的合作关系可以视为典范. 英国医学杂志中文版，2001，4（2）：66-67.
[539] 刘勇建，牟世芬. 离子色谱在饮用水消毒副产物及高氯酸盐分析中的应用. 环境污染治理技术与设备，2004，5（3）：1-8.
[540] 刘早玲，贾汉，巴杭，等. 氟对大鼠肝肾磷脂脂肪酸组成的影响及维生素 C 拮抗作用的研究. 中国地方病防治杂志，2006，21（2）：6-8.
[541] 刘占旗，高增林，罗福堂. 环境镉污染暴露人群尿 NAG 和尿 Cd-MT 的变化. 中国公共卫生，2000，16（2）：130-131.
[542] 刘尊永. 室内微小环境污染与健康. 国外医学卫生学分册，1996，23（6）：321- 325.
[543] 龙泽云，刘吉星. 某金矿环境中锑污染对人群健康影响的调查. 中国公共卫生.
[544] 卢国栋，金泰廙，洪峰，等. 饮水中镉接触致大鼠前列腺损伤和锌的保护作用. 卫生毒理学杂志，2004，18（3）：154-156.
[545] 卢玲，张龙连，李国君，等. 锰暴露致人体外周铁代谢的失衡. 中华劳动卫生职业病杂志，2006，24（1）：31-34.
[546] 卢振明，刘忠杰，张丽虹，等. 吉林省地方性砷中毒调查研究. 卫生研究，2003，32（3）：45-46.
[547] 鲁丹，陈海青. 火焰原子吸收法测定水中总铬的影响因素探讨. 中国公共卫生，2004，20(4)：417-418.
[548] 鹿守敢，秦峰，裴宗平，等. 基于 FA/MR 分析方法的徐州市大气颗粒物 PAHs 源解析. 徐州工程学院学报（自然科学版），2010，25（1）：80-84.

[549] 吕爱华，杨瑞强，江桂斌，等. 乌鲁木齐市水磨河底泥及污灌区土壤中有机氯农药的分布. 环境化学，2006，25（4）：508-510.

[550] 罗建峰，曲东. 青海海北化工厂铬渣堆积场土壤铬污染状况研究. 西北农业学报，2006，15（6）：244-247.

[551] 罗曦芸. 氮氧化物对文物的危害和变化规律. 文物保护与考古科学，2002，S1：228-238.

[552] 马洪州，熊宪英，张彩兰，等. 天津市环境空气中氮氧化物分布状况. 天津建设科技，2002，3：22-23.

[553] 马梅，王子健. 官厅水库和永定河沉积物中多氯联苯和有机氯农药的污染. 环境化学，2001，20（3）：238-243.

[554] 马蔚. 一种新的水中亚硝酸盐点滴检验法. 环境与健康杂志，2006，23（3）：261-263.

[555] 马杏宝，蔡黎，傅英华，等. 上海市郊人群土源性线虫感染与蔬菜、土壤虫卵污染情况调查. 上海预防医学，2002，14（2）：54-56.

[556] 马永忠，万玲，王文海，等. 北京市生活饮用水中总放射性的测量. 中华放射医学与防护杂志，2003，23（6）：465-467.

[557] 孟淑燕，李惠萍，李霞，等. 三氧化二砷对大鼠肺纤维化模型的干预作用及其机制的探讨. 国际呼吸杂志 ，2006，26（11）：801-805.

[558] 孟伟，于云江，郭庶. 国内外环境与健康的管理与研究. 环境与健康杂志，2007，24（1）：4-7.

[559] 孟紫强，耿红，白伟，等. SO_2 吸入对小鼠组织谷胱甘肽氧化还原系统的影响. 应用与环境生物学报，2003，9（2）：163-166.

[560] 孟紫强，刘玉香. 二氧化硫吸入对小鼠脑、心、肾、睾丸超微结构的影响. 环境科学学报，2006，26（1）：130-136.

[561] 孟紫强，阮爱东，等. SO_2 吸入对小鼠骨髓细胞微核的诱发效应. 环境与健康杂志，2002，19（4）：298-299.

[562] 孟紫强，阮爱东，等. 二氧化硫对小鼠骨髓细胞微核的诱发及沙棘油的防护作用. 山西大学学报：自然科学版，2002，25（2）：168-172.

[563] 孟紫强，桑楠，等. 二氧化硫体内衍生物诱发中国仓鼠肺细胞微核的效应.环境与健康杂志，2001，18（1）：7-10.

[564] 孟紫强，张波. 二氧化硫吸入诱发小鼠骨髓细胞染色体畸变的效应. 中华预防医学杂志，2002，36（4）：229-231.

[565] 孟紫强. 氧化应激效应与 SO_2 全身性毒作用研究. 中国公共卫生，2003，19（12）：1422-1424.

[566] 缪国忠. 一起急性亚硝酸盐中毒的调查分析. 职业与健康，2006，22（22）：24-25.

[567] 莫民帅，钟才高，谢锦尧，等. 三价铬与六价铬化合物对 L-02 肝细胞毒性的比较. 实用预防医学，2005，12（1）：41-44.

[568] 莫志亚，郭英杰，李晓惠. 氟中毒人群及大鼠体内微量元素测定分析. 中国地方病防治杂志，2006，21（1）：44-45.

[569] 牟凤英. 长期接触低浓度二氧化硫对工人健康的影响. 预防医学，2005，11（3）：298-299.

[570] 聂湘平，张凤君，蓝崇钰.多氯联苯（PCB1254）对斑马鱼（Brachydaniorerio）毒性及其组织结构的影响.生态科学，2004，23（2）：106-109.

[571] 宁文吉，张桂芳，董桂贤，等. 饮用水中镉的达旦黄-吐温 80 分光光度测定法. 环境与健康杂志，2006，23（3）：267-268.

[572] 潘卉，宋立荣，刘永定，等. 水华蓝藻产毒特性的PCR检测法. 水生生物学报，2001，25（2）：159-166.

[573] 裴秀丛，徐兆发. 镉对大鼠肾小管上皮细胞E-cadherin影响. 中国公共卫生，2006，22（2）：160-162.

[574] 彭清涛，张光友，王力. 某部驻京单位饮用水中三氯甲烷和四氯化碳浓度调查分析. 现代科学仪器，2006，5：88-89.

[575] 钱春花，唐伟，刘超，等. 多氯联苯对甲状腺细胞功能影响的研究. 南京医科大学学报，2006，26（6）：396-399.

[576] 钱海雷，金泰廙. 氟、砷对骨的联合毒性. 环境与职业医学，2004，21（3）：169-171.

[577] 钱晓薇. 三氧化二砷（As_2O_3）对雄性小鼠的遗传毒性的研究. 细胞生物学杂志，2003，25（3）：179-181.

[578] 乔玉峰，蒋云生. 铅的免疫毒性研究新进展. 国外医学（医学地理分册），2005，26（4）：162-164.

[579] 乔玉峰，蒋云生，庞东梓. 染铅大鼠肾脏纤维化相关基因的表达. 中华劳动卫生职业病杂志，2006，24（3）：139-142.

[580] 秦宏冉. 异常高氡温泉对周围居民健康影响的研究. 中国疾病预防控制中心，2011.

[581] 青海省卫生防疫站. 六价铬污染环境及对人体健康影响调查报告. 环境与健康杂志，1984，1（1）：22-24.

[582] 丘耀文，周俊良，K. Maakaoui，等. 大亚湾海域多氯联苯及有机氯农药研究. 海洋环境科学，2002，21（1）：46-51.

[583] 曲晓明，姜树秋. 沈阳市普通人群铅镉污染水平的动态调查. 中国公共卫生，2000，16（9）：798-798.

[584] 任慧敏，王金达，张学林，等. 沈阳市儿童环境铅暴露评价. 环境科学学报，2005，25（9）：1236-1241.

[585] 任先云，周振荣，张阁有，等. 富砷饮水对居民免疫功能的影响. 中国地方病防治杂志，2000，15（6）：357.

[586] 荣素英，王茜，李君，等. 唐山震后有机氯农药暴露与乳腺癌关系的病例对照研究. 环境与健康杂志，2010，27（2）：131-134.

[587] 桑楠，孟紫强. 二氧化硫衍生物对大鼠海马神经元外向钾电流特性的影响. 中国临床康复，2004，8（16）：3207-3209.

[588] 邵邻相，叶海亚. 急性静脉镉染毒对小鼠血液成分的影响. 卫生毒理学杂志，2004，18（4）：285-286.

[589] 邵敏，李金龙，唐孝炎. AMS方法在大气气溶胶来源研究中的应用. 环境学报，1996，16（2）：130-140.

[590] 申荣艳，骆永明，章钢娅，等. 长江三角洲地区城市污泥中多氯联苯和有机氯农药含量与组分研究. 土壤，2006，38（5）：539-546.

[591] 沈大勇，张士强，黄德. 室内生活炉灶所致空气污染对人体生化指标的影响. 职业与健康，2004，20（11）：1-2.

[592] 沈少林，王京京. 北京市朝阳区局部地区环境空气质量调查. 环境与健康杂志，2005，22（4）：282-284.

[593] 沈维干，陈彦，李朝军，等. 三氯化铬对小鼠卵母细胞成熟和体外受精的影响. 中国药理与毒理学杂志，2000，14（5）：379-382.

[594] 沈晓明，高宇. 甲基汞对儿童神经行为发育影响的研究进展. 国外医学（儿科学分册），2002，29（3）：156-158.

[595] 沈永洲，徐雪良，沈高飞，等. 海宁市区大气污染与肺癌发病率关系的研究. 中国肿瘤，2002，11（9）：511-512.

[596] 盛丽娜，李文最，林华影，等. 福州市城镇居民饮水中天然放射性水平分析与评价. 中国卫生检验杂志，2002，12（2）：226-226.

[597] 施玮，宋伟民，宋凌浩，等．常见气传真菌对动物肺损伤的实验研究．中国公共卫生学报，1999，18（2）：83-85.

[598] 石杰，龚雪云，朱永琴．氢化物发生-原子荧光法测定丹参、川芎中的铅．光谱实验室，2003，38（6）：923-924.

[599] 史黎薇．铬化合物对健康影响的研究进展．卫生研究，2003，32（4）：410-412.

[600] 史黎薇．铬化合物对健康影响的研究进展．卫生研究，2003，32（4）：410-412.

[601] 史双昕，黄业茹．我国水环境中有机氯杀虫剂类 POPs 的研究进展．癌变·畸变·突变，2007，19（3）：194-197.

[602] 司瑶冰，宫春宁，郑有飞．呼和浩特市大气污染与天气气候的关系．气象科技，2005，33（2）：173-177.

[603] 宋波，高定，陈同斌，等．北京市菜地土壤和蔬菜铬含量及其健康风险评估．环境科学学报，2006，26（10）：1707-1715.

[604] 宋凌浩，宋伟民．上海市大气微生物污染对儿童呼吸系统健康影响的研究．环境与健康杂志，2005，5（17）：135-138.

[605] 宋旭红，凌冰，刘继文，等．氟砷染毒对大鼠子代心脏氧化性损伤的研究．中国学术期刊文摘，2000，6（1）：108-109.

[606] 宋宇，唐孝炎，方晨，等．北京是大气细粒子的来源分析．环境科学，2002，23（6）：11-16.

[607] 苏范华．现代有机质谱技术及应用．北京：中国人民公安大学出版社，1999：269-273.

[608] 苏静，程金平，王文华．兰州市土壤汞污染的现状及成因分析．能源与环境，2006，1：69-72.

[609] 苏丽琴，金银龙．现场流行病学研究对慢性砷中毒判定的意义．卫生研究，2005，34（5）：634-636.

[610] 孙殿军．应进一步加强我国地方性砷中毒现场流行病学研究．中国地方病学杂志，2006，25（1）：1-2.

[611] 孙贵范．深入研究慢性砷中毒的分子作用机制．中国地方病学杂志，2004，23（1）：1-2.

[612] 孙惠乐，刘燕，梁晓梅．空气污染对日门诊量的影响．环境与健康杂志，2003，20（5）：289-291.

[613] 孙晶晶，汪彤，王媛．天然气燃烧对厨房空气质量的影响．安全，2006，3：20-22.

[614] 孙树秋，姜树林，姚洪菊，等．砷致昆明种小鼠基因组 DNA 损伤的量效关系．中国地方病学杂志，2003，22（6）：498-500.

[615] 孙炜，李晶，徐兆发，等．汞致急性肾损伤量效关系的探讨．中国公共卫生，2004，20（1）：89-90.

[616] 孙鲜策，孙贵范，王璐，等．砷致大鼠淋巴细胞毒性及硒的拮抗作用．中国地方病学杂志，2003，22（3）：448-449.

[617] 孙晓明．健康与环境：人类未来的共同——全球健康理事会第 30 届年会综述．南京人口管理干部学院学报，2003，19（3）：37-38.

[618] 谭汉云．低本底测量系统测定水中的放射性．中国辐射卫生，2005，14（1）：45-46.

[619] 唐次来，张增强，薛文博，等．快速测定水样中的硝酸盐和亚硝酸盐．分析化学，2006，34（10）：1514.

[620] 唐洪磊，郭英，孟祥周，等．广东省沿海城市居民膳食结构及食物污染状况的调研——对持久性卤代烃和重金属的人体暴露水平评价．农业环境科学学报，2009，28（2）：329-336.

[621] 唐莉嘉，高舸，廖骏．火焰原子吸收法测定生活饮用水中锰的不确定度分析．现代预防医学，2006，33（9）：1617-1619.

[622] 陶贤继，魏华．多氯联苯（PCB1254）对异育银鲫血清和离体卵巢分泌睾酮和雌二醇的影响．水产学报，2006，30（5）：586-590.

[623] 滕启宏，高庆满. 氟对男性血清睾酮水平影响的调查. 中国公共卫生，2000，16（2）：192.
[624] 田文华，彭希哲，梁鸿. 城市空气污染造成儿童健康经济损失的研究. 中国卫生经济，2002，10：16-17.
[625] 童久富，朱高飞，应爱玉，等. 大气铅污染对幼儿健康影响的调查. 环境与健康杂志，2001，18（4）：224.
[626] 涂彧，俞荣生，张海江，等. 苏州市区各种水体中总放射性水平检测及评价. 工业卫生与职业病，2005，31（5）：301-304.
[627] 王 诤，付学起. 饮用水中的高氯酸盐. 净水技术，2001，20（4）：3-5.
[628] 王安群，欧阳文，周敏. 离子色谱法测定大气中的氮氧化物. 实验技术与管理，2008，25（4）：44-47.
[629] 王灿星，易林，林建忠. 杭州市区大气中 PM_{10} 的污染特征及其源解析. 仪器仪表学报，2003，24（4）增刊：535-536.
[630] 王朝兴. 环境卫生回顾及展望. 环境与健康杂志，2004，21（1）：27-28.
[631] 王红梅，王琪.电子废弃物处理处置风险与管理概论. 北京：中国环境出版社，2010.
[632] 王鸿飞. 环境镉污染及镉对环境暴露人群影响的研究. 广东微量元素科学，2002，9（7）：24-26.
[633] 王慧文，林刚，潘秀丹，等. 沈阳市大气悬浮颗粒物与心血管疾病死亡率. 环境与健康杂志，2003，30：13-15.
[634] 王慧文，潘秀丹，等. 沈阳市空气二氧化碳污染对心血管疾病死亡率的影响. 环境与健康杂志，2002，19（1）：50-52.
[635] 王慧阳，孟紫强，常凤滨. 二氧化硫体内衍生物对雄性小鼠精子的毒性效应. 应用与环境生物学报，2006，12（3）：363-366.
[636] 王坚. 卫星遥感技术用于水体热污染监测的方法研究. 中国西部科技，2005，9：50-51.
[637] 王金南，陈罕立. 中国大城市：阻击氮氧化物污染迫在眉睫.环境经济，2004，7：36-40.
[638] 王晋生，姚娇娟，董淑爱，等. 六价铬污染井水对居民健康影响的调查研究. 山西医药杂志，1988，17（3）：154-155.
[639] 王娟，杨蓉西，周云龙，等. 白皮松针叶中几种元素的测定及对北京大气污染状况的评价. 环境科学研究，2004，17（2）：6-9.
[640] 王来，姚素梅，王强. 镉对线粒体结构和功能损伤机制的研究进展. 环境与职业医学，2006，23（1）：73-75.
[641] 王丽，贾光，王翔，等. 饮水中低浓度甲基汞对小鼠仔代生长发育及神经行为的影响. 环境与职业医学，2006，23（3）：224-227.
[642] 王丽，贾光，闫蕾，等. 母鼠低剂量甲基汞染毒致亲、仔代肝脏的氧化损伤. 环境与职业医学，2005，22（6）：495-497.
[643] 王连生，Martens D.，许士奋，等. 长江南京段水、悬浮物及沉积物中多氯有毒有机污染物. 中国环境科学，2000，20（3）：193-197.
[644] 王茂起，王竹天，冉陆，等. 2000—2001 年中国食品污染物监测研究. 卫生研究，2003，32（4）：322-326.
[645] 王娜，程炯佳，金焰，等. 人工纳米材料的生物效应及其对生态环境的影响. 生态毒理学报，2007，2（3）：252-263.
[646] 王取南，孙美芳，魏凌珍，等. 铬致大鼠肾损害与脂质过氧化的实验研究. 安徽医科大学学报，2000，35（2）：114-115.
[647] 王瑞斌，王明霞，安华. 我国环境空气质量标准与国外相应标准的比较. 环境科学研究，1997，6：

35-39.

[648] 王三祥，王正辉，程晓天，等. 砷氟中毒地区儿童智力水平及生长发育调查与评价. 中国地方病学杂志，2005，24（2）：179-182.

[649] 王世斌，姜勇，梁文举. 沈阳西郊污灌区农田土壤镉污染特征研究. 建筑大学学报（自然科学版），2006，22（3）：450-453.

[650] 王世忠，李继刚，高志，等. 海水藻类和悬浮物浓度测量仪应用研究. 海洋技术，2001，20（1）：99-105.

[651] 王文涛，马振东，赵宾，等. 武汉市葛店地区汞污染及其分布特征. 环境化学，2005，24（4）：444-448.

[652] 王翔，贾光，王生，等. 纳米材料与健康效应关系的研究进展. 国外医学：卫生学分册，2005，32（1）：1-6.

[653] 王小萍，姚檀栋，丛志远，等. 珠穆朗玛峰地区土壤和植被中多环芳烃的含量及海拔梯度分布. 科学通报，2006，51（21）：2517-2525.

[654] 王晓峰，傅文宇，朱欣，等. 六价铬对大鼠肝细胞体外的毒作用. 癌变·畸变·突变，2005，17（6）：343-345.

[655] 王晓峰，楼建林，邢鸣鸾，等. 六价铬致小鼠 DNA 损伤及肝肾氧化应激的实验研究. 环境科学学报，2006，26（11）：1860-1864.

[656] 王心如，邱清，徐锡坤，等. 铬铁生产工人的职业危害调查与早期生物学监测. 卫生研究，1996，25（6）：321-324.

[657] 王心如，徐锡坤，王守林，等. 急性铬化物暴露肾毒效应的生化评价. 中国公共卫生学报，1996，15（6）：336.

[658] 王心宇，张金良，李艳红，等. 被动式个体采样器在监测空气中 NO_2 和 SO_2 浓度中的应用. 环境与健康杂志，2005，22（1）：41-43.

[659] 王新兰. 热污染的危害及管理建议. 环境保护科学，2006，32（6）：69-71.

[660] 王秀林，徐志鑫，何惠宇，等. 地方性氟中毒病区改水对中小学生龋患影响. 中国地方病学杂志，2000，19（5）：365-366.

[661] 王旭，黄国锦，石正丽，等. 蓝藻病毒（噬藻体）的研究进展. 中国病毒学，1999，14（2）：100-105.

[662] 王亚军. 热污染及其防治. 安全与环境学报，2004，4（3）：2-3.

[663] 王严. “二噁英”与人体健康. 中国卫生工程学，2003，2（4）：246-250.

[664] 王艳，王金达，张学林，等. 沈阳市城乡结合部土壤铅的空间分异特征分析. 中国科学院研究生院学报，2004，21（1）：45-49.

[665] 王允滋，王春华，肖棣，等. 制革厂含铬废水污染对居民健康的影响. 环境与健康杂志，1991，8（6）：247-249.

[666] 王章敬. 砷暴露对小鼠遗传毒性影响及硒的拮抗作用. 微量元素与健康研究，2006，23（6）：3-5.

[667] 王志成，富德，阎景龙，等. 低氟对儿童龋患率与血清中维生素 D3 水平的影响. 中国地方病学杂志，2003，22（1）：86.

[668] 王志平. 水域热污染的早期预测：HSPs 法初探. 海洋预报，2004，21（4）：57-59.

[669] 王子元，李玉贵，林磊光，等. 氯化锰对雄性小鼠生殖细胞诱变性的研究. 中国工业医学杂志，2002，15（1）：8-12.

[670] 王左敏，张博学，司燕，等. 北京怀柔区儿童全身氟摄入和尿氟的实验室研究——北京怀柔区调节水氟浓度预防龋齿可行性研究. 临床口腔医学杂志，2005，21（9）：35-36.

[671] 卫生部卫生防疫司. 人类接触环境污染物的评价（第一分册），1987：137-139.

[672] 尉正友，吕建芳，徐文英. 一起六价铬严重污染生产生活用水的调查. 职业与健康 ，2001，17（4）：62.

[673] 魏复盛. 水和废水监测分析方法（第四版）. 北京：中国环境科学出版社，2002.

[674] 魏建军，杨建国，赵明，等. 郑州市饮水型地方性砷中毒调查. 中国地方病防治杂志，2005，20（2）：38-40.

[675] 文涛，孙黎光，宗志宏，等. 慢性染铅对小鼠海马 Ca^{2+}-钙调蛋白依赖性蛋白激酶II表达的影响. 中国药理学与毒理学杂志 ，2005，19（5）：393-395.

[676] 我国二十六大气污染与居民死亡情况调查，卫生部卫生防疫司编，1984，6：33.

[677] 邬家祥，黄静. 石墨炉原子吸收测定生活饮用水及其水源水中的痕量锑的研究. 中国测试技术，2004，30（4）：71-72.

[678] 吴传庆，王桥，王文杰，等. 利用 TM 影像监测和评价大亚湾温排水热污染. 中国环境监测，2006，22（3）：12-13.

[679] 吴国平，胡伟，等. 室外空气污染对成人呼吸系统健康影响的分析. 中国环境监测，2001，17（T01）：33-38.

[680] 吴汉生. 饮用被六价铬污染之井水的居民健康危害调查. 环境与健康杂志，1986，3（6）：9.

[681] 吴兰香. 某化工厂铬污染对工人和居民的健康影响. 公共卫生与预防医学，2010，21（4）：106-107.

[682] 吴思英，田俊，王绵珍，等. 镉污染对居民亚健康状态和慢性病发生的影响. 中国公共卫生，2004，20（9）：1053-1054.

[683] 吴思英，田俊，王绵珍，等. 镉污染对育龄妇女生殖健康的影响. 中华流行病学杂志，2004，25（10）：852-855.

[684] 吴天龙，林植才，吴文勇，等. 离子选择电极法测定工业废水中氟化物的探讨. 环境，2006，z1：72-73.

[685] 吴伟，瞿建宏，陈家长，等. 多氯联苯（PCBs）胁迫下鲫鱼肝脏 EROD 酶活性与血清性激素含量的相关性研究. 生态与农村环境学报，2006，22（4）：52-56.

[686] 吴伟晴，吴本清，罗亮，等. 不同胎龄、出生体重新生儿血清甲状腺激素水平的变化. 中国实验诊断学，2010，14（6）：865-867.

[687] 吴新民，潘根兴，李恋卿. 南京市不同功能区土壤中铅的污染特征. 环境与健康杂志，2004，21（5）：291-293.

[688] 吴涌兴，朱嘉文. 无锡市不同类型饮水中亚硝酸盐、硝酸盐含量检测结果. 职业与健康，2006，22（13）：1010-1011.

[689] 武冬梅，孟紫强. SO_2 吸入对小鼠抗氧化酶及脂质过氧化的影响. 中国公共卫生，2003，19（5）：515-517.

[690] 武冬梅，孟紫强. 二氧化硫和铅联合染毒对小鼠遗传物质的损伤，中国环境科学，2003，23（5）：526-530.

[691] 武和平. 饮用水中亚硝酸盐气相色谱测定法. 中国卫生检验杂志，2005，15（6）：712-713.

[692] 武红叶，曾明. 六价铬致癌机制的研究进展. 癌变・畸变・突变，2006，18（6）：491-493.

[693] 武英，崔金山，张玉敏，等. 氯化锰对雄性大鼠亚急性生殖毒性机制研究. 中国工业医学杂志，2004，17（3）：183-185.

[694] 夏登胜，王松灵. 唾液硝酸盐、亚硝酸盐代谢及其对人体影响的研究. 北京口腔医学，2005，13（1）：57-59.

[695] 夏世钧，吴中亮. 分子毒理学. 武汉：湖北科学技术出版社，2001：84-100.

[696] 项华，王衡. 铅对妊娠期及新生期大鼠神经细胞 DNA 的损伤. 毒理学杂志，2005，19（3）：236.

[697] 肖纯凌，王任群，赵肃，等. 大气污染物对大鼠肺细胞毒性及病理学研究. 中国公共卫生，2004，20（10）：1200-1202.

[698] 肖纯凌，王任群，赵肃，等. 模拟大气污染所致大鼠气管的病理学改变. 中国公共卫生，2005，21（9）：1147-1148.

[699] 肖发生. 原子荧光法测定地表水中的汞. 化工之友，2006，7：7.

[700] 肖芳，钟才高，张洪霞. Cr（Ⅵ）对 L-02 肝细胞线粒体能量代谢的影响. 实用预防医学，2006，13（5）：1190-1194.

[701] 肖经纬，李斌，钟才高. 六价铬致 DNA 损伤机制的研究进展. 国外医学（卫生学分册），2006，33（2）：97-100.

[702] 肖汝，汪群慧，杜晓明，等. 典型污灌区土壤中多环芳烃的垂直分布特征. 环境科学研究，2006，19（6）：49-53.

[703] 谢军勤，余龙江，王建国，等. 重金属及农药在孝感市食品及人体中蓄积的研究. 湖北职业技术学院学报，2003，6（4）：78-81.

[704] 谢黎虹，许梓荣. 重金属镉对动物及人类的毒性研究进展. 浙江农业学报，2003，15（6）：376-381.

[705] 徐辉碧，周井炎，杨祥良，等. 环境污染物镉毒性作用机理研究进展. 广东微量元素科学，2001，8（3）：9-12.

[706] 谢玉秋，李延珍，宋富帮. 急性亚硝酸盐中毒急救与观察. 医学研究杂志，2006，35（7）：94-95.

[707] 辛伟红，侯铁宁. 松花江甲基汞污染区流行病学调查. 中国地方病防治杂志，2003，18（2）：103-104.

[708] 熊亚. 环境铅接触对健康的影响. 微量元素与健康研究，2003，20（1）：48-50.

[709] 徐辉，常明，董云鹏，等. 氟中毒大鼠骨、肾组织自由基水平的变化. 中国地方病防治杂志，2004，19（4）：193-195.

[710] 徐辉，崔亚南，张桂珍，等. 氟中毒大鼠肾组织形态改变与氧化应激. 中国地方病防治杂志，2002，17（5）：261-263.

[711] 徐慧娟，吴新辰，张华. 一起亚硝酸盐污染饮用水的中毒事故调查. 环境与健康杂志，2002，19（3）：257.

[712] 徐明，杨坚波，林玉娣，等. 饮用水微囊藻毒素与消化道恶性肿瘤死亡率关系的流行病学研究. 中国慢性疾病预防与控制，2003，11（3）：112-113.

[713] 徐培成，叶细标，许缃，等. 低水平汞暴露对牙科专业人员健康的影响. 中国临床医学，2004，11（4）：634-636.

[714] 徐培娟，古桂雄. 环境镉对健康及生殖的危害. 国外医学（妇幼保健分册），2004，15（1）：35-37.

[715] 徐培娟，于繁荣，古桂雄，等. 婴幼儿血镉含量对细胞因子损伤的影响. 中国妇幼健康研究，2006，17（4）：251-252.

[716] 徐群清，梁峰，莫少泽，等. 砷中毒对小鼠脑细胞内钙离子浓度影响的研究. 微量元素与健康研究，2006，23（4）：8-9，12.

[717] 徐向荣. 氧化氮的危害及其卫生检测方法. 职业与健康，1999，2：22-24.

[718] 徐晓凡. 天津市环境空气 SO_2 污染现状及分析. 环境科学与管理，2006，31（6）：178-180.

[719] 徐兆发，裴秀丛，陈慧中. 慢性镉所致肾脏毒性作用机制的研究进展. 卫生毒理学杂志，2004，18

（4）：52-54.
[720] 徐肇诩，刘允清，俞大乾，等. 沈阳市大气污染对死亡率的影响. 中国公共卫生学报，1996，15：61-64.
[721] 徐紫君，周坚勇. 催化动力学光度法测定水中痕量锰. 中国卫生检验杂志，2002，12（2）：189.
[722] 许川. 微囊藻毒素污染状况、检测及其毒效应. 国外医学卫生学分册，2005，32（1）：56-60.
[723] 许瑛华，杨业，杜达安. 水中氯仿及四氯化碳的顶空固相微萃取测定法. 环境与健康杂志，2002，19（3）：252-253.
[724] 许韫，李积胜，李俊逸. 汞中毒对大鼠学习记忆能力和海马 NADPH-d 阳性神经元的影响. 毒理学杂志，2006，20（6）：383-384.
[725] 薛山涛，薛文山，董红艳，等. 电镀厂周围环境与人群血、尿、发六价铬水平调查. 环境与健康杂志，1999，16（1）：31-32.
[726] 闫蕾，贾光. 职业接触铬盐生物标志物的研究进展. 中华预防医学杂志，2006，40（6）：441-443.
[727] 闫蕾，王丽，贾光，等. 职业接触可溶性铬盐个体暴露与尿铬水平的相关性研究. 中华预防医学杂志，2006，40（6）：386-389.
[728] 杨发忠，颜阳，张泽志，等. 多环芳烃研究进展. 云南化工，2005，32（2）：44-48.
[729] 杨烽，王大宁，李积胜. 砷对小鼠学习与记忆能力的影响. 微量元素与健康研究，2003，20（1）：1-2.
[730] 杨辉，刘超. 纳米材料毒理学研究进展. 军事医学科学院刊，2007，31（3）：282-286.
[731] 杨嘉谟，王赟，苏青青. 长江武汉段水体悬浮物中有机氯农药的残留状况. 环境科学研究，2004，17（6）：27-29.
[732] 杨建明，陈琼宇，曾祥斌，等. 镉对雄性生育功能的影响. 中国公共卫生，2000，16（4）：313-314.
[733] 杨瑾，李金有，孙天佑，等. 亚慢性砷中毒大鼠血脂谱变化特征及机理研究. 中国地方病学杂志，2003，22（2）：107-110.
[734] 杨克敌. 我国环境卫生专业现状及发展趋势. 环境与健康杂志，2004，21（1）：10-11.
[735] 杨丽萍，陈发虎，等. 兰州市大气降尘污染物来源研究. 环境科学学报，2002，22（4）：101-104，499-502.
[736] 杨秋慧，杨建伯，吕严，等. 饮高氟水小鼠脑海马回组织超微结构观察. 中国地方病学杂志，2000，19（5）：333-334.
[737] 杨荣山，邢俊峨，徐维玲，等. 铬污染对学龄儿童免疫球蛋白的影响. 中国学校卫生，1996，17（3）：199.
[738] 杨若明，张经华，陈超. 北京地区燃煤中硫、灰分的测定和分析. 中央民族大学学报：自然科学版，2001，10（1）：76-80.
[739] 杨水莲，倪为民，李晓军，等. 健康人群尿汞本底值的调查. 中华劳动卫生职业病杂志，2006，24（7）：418-419.
[740] 杨学斌，肖萍，潘喜华，等. 镉染毒去卵巢大鼠模型的骨量丢失.环境与健康杂志，2002，19（5）：367-369.
[741] 杨银书，赵红斌，李天真，等. 多氯联苯对大鼠肾脏 bcl-2 及 TGFβ_1 表达影响的研究. 中国比较医学杂志，2005，15（3）：133-135.
[742] 杨玉洁，宋伟强. 城市交通干线两侧机动车尾气污染状况分析. 辽宁城乡环境科技，2006，26（1）：26-28.
[743] 杨芝华，考庆君. 三价铬和六价铬小鼠急性毒性及致突变性研究. 浙江预防医学，2011，23（1）：17-21.

[744] 姚培杰. 西安市饮水型地方性氟中毒病情调查结果分析. 中国地方病学杂志，2005，24（1）：67-69.
[745] 叶琳，李静，隋春生，等. 松花江汞污染综合治理后儿童发汞含量的调查. 中国公共卫生，2005，21（2）：197-198.
[746] 叶平，咸树梅，纪庆宪，等. 氟中毒大鼠骨骼 X 线动态观察及硒的影响. 中国地方病学杂志，2000，19（4）：260-261.
[747] 叶素兰，余治平. Cu^{2+}、Pb^{2+}、Cd^{2+}、Cr^{6+}对鳙胚胎和仔鱼的急性致毒效应. 水产科学，2009，28（5）：263-267.
[748] 仪慧兰，孟紫强. SO_2对蚕豆根尖细胞微核的诱导作用. 生态学报，2003，23（2）：292-296.
[749] 易超，于素芳. 六价铬化合物致肺癌机制的研究进展. 中国公共卫生，2006，22（4）：497-498.
[750] 殷德荣，周晓萍. 气相色谱法测定纯净水中痕量三氯甲烷和四氯化碳. 预防医学文献信息，2000，6（2）：153.
[751] 殷秀芬，曲静，王芝芳，等. 房培芹威海市某煤制气厂附近大气质量及其对儿童健康与肺功能的影响. 预防医学论坛，2005，11（2）：179-180.
[752] 游一中. 常州低空霉菌调查及主要霉菌抗原性的研究. 中华医学杂志，1984，64（11）：660-663.
[753] 于慧芳，赵旭东，张晓鸣，等. 北京地区人乳有机氯农药蓄积水平的动态研究. 环境与健康杂志，2001，18（6）：352-354.
[754] 于强，李亚明，张华，等. 近海贻贝、牡蛎中有机氯农药和多氯联苯的气相色谱法测定. 分析测试学报，2002，21（2）：91-93.
[755] 余日安，陈学敏. 低剂量的硒与镉联合作用对大鼠肝细胞 DNA 损伤的影响. 卫生毒理学杂志，2003，17（4）：200-202.
[756] 俞顺章，赵宁，资晓林，等. 饮水中微囊藻毒素与我国原发性肝癌关系的研究. 中华肿瘤杂志，2001，23（2）：96-99.
[757] 俞苏霞，蒋世熙，吴南翔，等.污染区人群耵聍和乳汁中多氯联苯负荷水平的研究.中华预防医学杂志，2004，38（6）：431.
[758] 虞锐鹏，戴军，陈尚卫，等. 反相高效液相色谱法测定蓝藻中的微囊藻毒素. 分析科学学报，2005，21（6）：613-615.
[759] 原福胜，马亚萍，武忠诚. 不同粒径大气颗粒物中金属元素含量及其对人双核淋巴细胞微核率的影响. 卫生研究，1999，28（1）：21-22.
[760] 袁宝珊，曹晋军. 氮氧化物遗传毒性和致癌性研究进展. 甘肃环境研究与监测，1998，1：48-51.
[761] 袁国良. 秦皇岛市饮用水中氯仿和四氯化碳含量的分析. 环境与健康杂志，1990，7（4）：188-189.
[762] 袁红兰. 贵州酸雨和 SO_2污染的危害及防治对策. 环境保护，2006，（8A）：74-77.
[763] 袁晶，夏世钧. 室内空气污染与健康. 医学与社会，1998，11（2）：23-26.
[764] 云中杰，陈培忠，边建朝，等. 山东省地方性氟中毒病区村水氟检测结果分析. 中国地方病学杂志，2005，24（5）：551-553.
[765] 翟日洪，甘永金，周少诗，等. 砷暴露致人淋巴细胞染色体损伤的实验研究. 中华劳动卫生职业病杂志，2003，21（3）：231.
[766] 翟勇，董健，曹新珍，等. 高氟饮水与儿童血铅水平关系的流行病学研究. 中国妇幼保健，2006，21（8）：1088-1089.
[767] 詹立，吴德生. 建立更完善的环境卫生标志体系. 环境与健康杂志，2004，21（1）：13-16.

[768] 张本延，叶方立，朱长才，等. 锰对新生鼠肝组织HSP70合成的影响. 中国公共卫生，2000，16（2）：115-116.

[769] 张波，秦国华，孟紫强. 二氧化硫对小鼠肾脏的氧化损伤作用. 工业卫生与职业病，2004，30（1）：29-31.

[770] 张晨，凌冰，刘继文，等. 氟、砷对大鼠生殖发育和微量元素的影响. 卫生毒理学杂志，2003，17（4）：223-225.

[771] 张晨，刘继文，凌冰，等. 氟砷联合染毒对大鼠子代大脑氧化性损伤的研究. 卫生毒理学杂志，2000，14（3）：156-159.

[772] 张晨，王国荃，刘继文，等. 氟砷染毒对大鼠子代血清宏量元素的影响. 中国公共卫生，2000，16（9）：792-794.

[773] 张传禄，欧阳云，李华丽. 原子吸收光谱法测定30例锰作业工人的发锰. 实用预防医学，2004，11（3）：188-189.

[774] 张德超. 2003—2005年通州市自来水中氯仿和四氯化碳的含量. 环境与健康杂志，2007，24（2）：100.

[775] 张恩仁，张经. 长江河口悬浮物对几种金属吸附的pH效应. 海洋与湖沼，2003，34（3）：267-273.

[776] 张广生，金银龙. 铬化合物肾脏毒性研究进展. 卫生研究，2006，35（5）：659-662.

[777] 张广生，程义斌，康家琦，等. 铬化合物暴露对人群肾脏损害研究. 世界公共卫生联盟第一届西太区公共卫生大会/全球华人公共卫生协会第五届年会. 中华预防医学会第三届学术年会，2009：562-563.

[778] 张广生，程义斌，康家琦，等. 某铬盐厂职工及周围人群体内铬负荷水平调查. 环境与职业医学，2011，28（5）：301-303.

[779] 张广生，金银龙. 铬化合物肾脏毒性研究进展. 卫生研究，2006，35（5）：659-662.

[780] 张国福，彭亮，贺殿. 交流示波极谱法测定工业污水中的微量汞. 分析科学学报，2006，22（3）：365-366.

[781] 张海松，孙莹，陆晓波，等. 孕哺期幼鼠染铅对中枢神经系统的脂质过氧化作用. 中国临床康复，2005，9（41）：136-137.

[782] 张红宇，孟祥玉. 甲基汞对不同发育阶段大鼠大脑神经元细胞核染色质转录活性的影响. 癌变·畸变·突变，2005，17（3）：136-139.

[783] 张宏，王凯忠，刘国津，等. DDT人体蓄积与乳腺癌. 中华肿瘤杂志，2001，23（5）：408.

[784] 张纪满，程良智. 湿法消解-原子荧光法测定尿汞. 中国卫生检验杂志，2006，16（7）：877-878.

[785] 张济，李桂荣，刘岚铮，等. 红细胞中铬含量作为铬盐接触者生物标志物的研究. 中华预防医学杂志，2006，40（6）：390-394.

[786] 张京川，王明清，于光祥，等. 饮水中六价铬在人发中的蓄积水平. 宁夏医学杂志，1989，11（1）：47-48.

[787] 张景明，胡冠九，周春宏，等. 多氯联苯的气相色谱/质谱/质谱（GC/MS/MS）法测定. 中国环境监测，2003，19（3）：5-8.

[198] 张菊，陈振楼，许世远，等. 上海城市街道灰尘重金属铅污染现状及评价. 环境科学，2006，27（3）：519-523.

[789] 张俊平. 多环芳烃接触者外周血淋巴细胞DNA损伤检测. 职业与健康，2006，22（12）：897-898.

[790] 张俊增，张红进，梁爱芝. 毛细管柱、电子捕获检测器-气相色谱法测定水和废水中多氯联苯（PCBs）. 光谱实验室，1999，16（3）：329-332.

[791] 张磊. 第二松花江下游居民发汞水平及影响因素分析. 环境科学研究，2005，18（6）：113-115.

[792] 张玲，林勤，马品江，等. 砷对小鼠肝、肾毒性作用的研究. 中国地方病学杂志，2003，22（z1）：451-453.

[793] 张明访，向全永，彭芳，等. 饮水氟含量与地方性氟中毒的剂量-反应关系. 职业与健康，2006，22（8）：566-568.

[794] 张宁惠. 利用大口径毛细柱气相色谱法检测水中三氯甲烷和四氯化碳. 应用化工，2001，30（1）：40-41.

[795] 张瑞菊，涂彧. 地表水中天然和人工放射性的研究现状. 国外医学（放射医学核医学分册），2005，29（4）：176-177.

[796] 张素霞，梁建民，崔利. 铬酸盐中毒致急性肾衰竭 1 例. 中国血液净化，2006，5（2）：116.

[797] 张维昊，肖邦定，方涛，等. 天然水华蓝藻中微囊藻毒素的提取和净化研究. 环境污染与防治，2003，25（5）：265-267.

[798] 张卫，任爱国，裴丽君，等. 汞砷等元素在多指（趾）畸形发生中的作用. 中国生育健康杂志，2005，16（1）：25-28.

[799] 张晓红，张勇慧，陈辉. 洛阳市酸雨形势及成因分析. 河南科技大学学报（自然科学版），2005，26（5）：98-101.

[800] 张新英，胡衡生，雷婷婷，等. 城市空气污染物与交通流量的关联度分析. 环境与健康杂志，2004，21（2）：94-95.

[801] 张信江，符刚，杜辉，等. Rb 和 p53 蛋白在燃煤型砷中毒患者皮损中表达的研究. 遵义医学院学报，2002，25（1）：18-19.

[802] 张轩. 职业性六价铬盐所致 DNA 损伤及其遗传易感性研究. 浙江大学硕士研究生毕业论文，2011.

[803] 张莹，彭茵，陈文兴. 水中痕量铅、镉的巯基棉富集-火焰原子吸收光谱测定法. 环境与健康杂志，2006，23（5）：454-455.

[804] 张莹，杨大进，方从容，等. 我国食品中有机氯农药残留水平分析. 农药科学与管理，1996，1: 20-23.

[805] 张颖，孙贵范，王路，等. 氟化物对大鼠颅骨成骨细胞 DNA 损伤的研究. 卫生毒理学杂志，2004，18（1）：33-34.

[806] 张勇，常艳文，马可，等. 可吸入颗粒上多环芳烃来源的识别和解析. 中国环境监测，2006，22（6）：96-100.

[807] 张勇慧，周兵利，陈红，等. 洛阳市环境空气中铅污染现状及防治措施. 环境科学与技术，2005，28（B12）：41-42.

[808] 张育艳，申毅. 气相色谱仪测定生活饮用水中氯仿及四氯化碳. 分析仪器，2006，1：60.

[809] 张月琴，汪燮卿，杨海鹰. 气体中氮氧化物分析方法进展.现代科学仪器，2009，3：109-111.

[810] 张运林，秦伯强，陈伟民，等. 太湖水体中悬浮物研究. 长江流域资源与环境，2004，13（3）：266-271.

[811] 张占英，俞顺章，陈传炜，等. 节球藻毒素在小鼠体内分布的研究. 卫生毒理学杂志，2002，16（1）：5-8.

[812] 张志红. 三种蓝藻毒素的神经毒性研究进展. 国外医学（卫生学分册），2002，29（6）：26-29.

[813] 张志杰. 测空气中 SO_2 时的主要影响因素. 辽宁城乡环境科技，2006，26（1）：29-30.

[814] 张志军. 火焰原子吸收法测定土壤中的铬. 环境科学与管理，2006，31（6）：23-24.

[815] 章海波，骆永明，滕应，等. 珠江三角洲地区典型类型土壤中 DDT 残留及其潜在风险. 土壤，2006，

38（5）：547-551.

[816] 章文. 应用附生苔藓类植物监测大气二氧化硫. 福建环境，1995，12（4）：32-34.

[817] 赵宝新. 太原市 PM_{10} 与 SO_2 空气污染对儿童肺功能的影响. 环境与职业医学，2003，20（3）：203-206.

[818] 赵碧云，贺彬，朱云燕，等. 滇池水体中总悬浮物含量的遥感定量模型. 环境科学与技术，2001，24（2）：16-18.

[819] 赵殿五. 环境的飘尘污染. 环境污染治理技术与设备，1980，1：20-22.

[820] 赵红斌，史智勇，王宇红，等. 多氯联苯对体外培养大鼠海马神经元毒性的研究. 西北国防医学杂志，2002，23（3）：171-173.

[821] 赵津，高振镛. 工业废气 CO_2 和 NO_x 辐射的处理，城市环境与城市生态，1990，4：36-38.

[822] 赵荣飚，秦占芬，赵汝松. 水和生物样品中痕量多氯联苯的分析方法研究. 分析化学，2005，33（10）：1361-1365.

[823] 赵蓉，廖艳，衡正昌，等. 氟对小鼠睾丸细胞 DNA 损伤与修复的研究. 现代预防医学，2000，27（1）：22-24.

[824] 赵时敏，陈文瑛，林丹. 福建省部分地热水中天然放射性水平分析. 预防医学文献信息，2004，10（2）：封三-封三.

[825] 赵小颖. 六价铬职业接触工人外周血氧化应激水平调查. 浙江大学学位论文，2009.

[826] 赵永成，张亚利，王继先，等. 环境镉暴露对妊娠结局和胎儿生长发育的影响. 中国工业医学杂志，2004，17（4）：212-214.

[827] 赵玉婉，陈坤，马新源，等. 有机氯农药与乳腺癌发病的环境流行病学研究. 中国环境科学，2004，24（1）：41-44.

[828] 赵云峰，吴永宁，王绪卿. 食品安全与中国居民膳食中农药残留的研究. 中华流行病学杂志，2003，24（8）：661-663.

[829] 赵振新，蔡承铿. 铬渣对大鼠肝脏的致癌性研究. 环境与健康杂志，1992，9（3）：132.

[830] 甄世祺，王彩生，陈晓东，等. 江苏省沿海地区地方性氟中毒和砷中毒重点调查结果分析. 中国地方病学杂志，2004，23（1）：85.

[831] 郑玉新，冷曙光，吴宜群，等. 重度铅污染地区儿童铅中毒的分子流行病学研究. 中华流行病学杂志，2002，23（3）：175-178.

[832] 中国预防医学科学院环境卫生监测所. 我国人群体内有害物质蓄积水平的动态研究. 有机氯化合物分册，1990：2-26.

[833] 钟格梅，唐振柱. 我国环境中镉、铅、砷污染及其对暴露人群健康影响的研究进展. 环境与健康杂志，2006，23（6）：562-565.

[834] 仲来福，张瑾岗，张富勤，等. 四氯化碳致大鼠肝损伤的机理. 中国药理学与毒理学杂志，1989，3（4）：298-303.

[835] 周春宏，柏仇勇，胡冠九，等. 江苏省典型饮用水源地多氯联苯污染特性调查. 化工时刊，2005，19（3）：22-25.

[836] 周好乐，李杰，杨茜，等. 锰对人外周血淋巴细胞微核率和姊妹染色单体交换频率的影响. 环境与健康杂志，2002，19（3）：206-207.

[837] 周克昌，于素芳，谢克勤. 铬化物生产工人的铬吸收排泄关系及鼻损伤. 中华劳动卫生职业病杂志，1990，8（3）：140-143.

[838] 周来东. 成都市春季大气飘尘目标变换因子分析. 四川环境，1995，14（3）：69-72.

[839] 周伦，鱼达，余海，等. 饮用水源水中微囊藻毒素与大肠癌发病的关系. 中华预防医学杂志，2000，34（4）：224-226.

[840] 周书凯，朱静媛，程学敏，等. 生活炉灶所致室内空气污染对人体健康的影响. 郑州大学学报：医学版，2003，38（4）：589-590.

[841] 周晓惠. 大气中二氧化硫测定方法的改进. 甘肃环境研究与监测，2003（1）：38-39.

[842] 周晓萍，潘国绍，陈志军，等. 绍兴市本地食品有害物质污染状况监测. 中国公共卫生，2004，20（9）：1117-1118.

[843] 周琢. 河南地区人体脂肪及乳中六六六、DDT 的蓄积水平. 卫生防疫，1981，9（3）：1-9.

[844] 周琢.河南省 1 524 例人体血液中六六六、DDT 的残留量. 卫生防疫，1981，12（4）：24-29.

[845] 朱参胜，冯清华，白广禄，等. 陕西省饮水氟砷测定实验室间质量控制结果与分析. 中国地方病学杂志，2006，25（2）：198-200.

[846] 朱凤鸣，刘芳，邹学贤. 昆明西郊镉污染对人体健康的影响. 中国卫生检验杂志，2002，12（5）：602-603.

[847] 朱惠民，胡宣扬，胡学刚，等. 石家庄市中学生头发中铅、镉、铬的含量测定. 河北医学院学报，1983，4（1）：5-8.

[848] 朱建华，王莉莉. 不同价态铬的毒性及其对人体影响. 环境开发，1997，12（3）：46-48.

[849] 朱赖明，张海生，陈立奇. 铅稳定同位素在示踪环境污染中的应用. 环境研究，2002，15（1）：27-30.

[850] 朱善良，陈龙. 镉毒性损伤及其机制的研究进展. 生物学教学，2006，31（8）：2-5.

[851] 朱益民，陈坤，黄幸纾，等. 黄铁矿废水污染对居民疾病死亡的影响. 中华预防医学杂志，1998，32（2）：124-125.

[852] 朱志超，孔玲莉，夏锴，等. 武汉市 PM_{10} 源解析及其对策研究. 环境科学与技术，2009，32（9）：64-67.

[853] 朱中平，沈彤，俞翠莲，等. 环境铅污染对儿童行为影响的队列研究. 环境与健康杂志，2006，23（2）：102-105.

[854] 祝卫国. 甲基汞对急性分离小脑神经细胞内游离钙水平的影响. 环境与健康杂志，2000，17（2）：70-72.

[855] 邹本东，徐子优，华蕾，等. 因子分析法解析北京市大气颗粒物 PM_{10} 的来源. 中国环境监测，2007，23（2）：79-85.

[856] 邹亚玲，来瑞平，周利红，等. 多氯联苯增强苯并[a]芘致 HepG2 细胞 DNA 的损伤作用. 中华预防医学杂志，2006，40（2）：97-100.

[857] 左金龙，崔福义，刘智晓. 饮用水中蓝藻毒素污染研究进展. 环境污染治理技术与设备，2006，7（3）：8-13.